微生物学实验教程系列

资源与环境微生物学实验教程

主　编　杨金水
副主编　屈建航
主　审　袁红莉

科　学　出　版　社

北　京

内 容 简 介

  环境安全关乎人类生存与健康，资源与环境微生物学实验是高校一门重要专业课程。本书在科学出版社的组织和中国农业大学的支持下，由多所院校一线教师集体编写而成。全书以微生物在水体、土壤、大气、难降解化合物、环境质量监测及环境领域中的基础理论及实际应用方面的重要作用为主，设置了 29 个实验，注重实用性和先进性，以拓展学生对微生物学在工、农、环保等领域应用的认识，提高综合能力。

  本书可作为农林院校、综合性大学、师范院校的生命科学相关专业、环境科学与工程及其他相关专业的本科生和研究生的教材或教学参考书使用，也可供相关专业的教师和研究人员参考。

图书在版编目 (CIP) 数据

资源与环境微生物学实验教程／杨金水主编 . —北京：科学出版社，2014.4

微生物学实验教程系列

ISBN 978-7-03-039901-4

Ⅰ. ①资… Ⅱ. ①杨… Ⅲ. ①环境微生物学–实验–高等学校–教材 Ⅳ. ①X172-33

中国版本图书馆 CIP 数据核字（2014）第 038620 号

责任编辑：王玉时／责任校对：钟　洋
责任印制：张　伟／封面设计：迷底书装

科 学 出 版 社 出版
北京东黄城根北街 16 号
邮政编码：100717
http://www.sciencep.com

北京凌奇印刷有限责任公司 印刷
科学出版社发行　各地新华书店经销

*

2014 年 4 月第　一　版　开本：720×1000　B5
2022 年 8 月第五次印刷　印张：16
字数：338 000
定价：49.80 元
（如有印装质量问题，我社负责调换）

微生物学实验教程系列编委会

本书编委会名单

主　　编　杨金水

副 主 编　屈建航

编写人员　(按姓氏汉语拼音排序)

　　　　　高同国　河北农业大学

　　　　　李炳学　沈阳农业大学

　　　　　李海峰　河南工业大学

　　　　　吕志伟　聊城大学

　　　　　屈建航　河南工业大学

　　　　　王风芹　河南农业大学

　　　　　杨金水　中国农业大学

主　　审　袁红莉　中国农业大学

总　　序

中国农业大学生物学院微生物学科创建于 1958 年，由原北京农业大学植保系和土化系的微生物学教研组合并组建而成，是我国高等院校第一个农业微生物学专业。1981 年被国务院学位委员会列为第一批博士点，1993 年被评为农业部重点学科，2001 年被评为国家级重点学科。

本学科特色是研究、挖掘和利用丰富的微生物资源，为农业生产服务。研究方向包括根瘤菌资源调查和系统发育学、固氮酶的生化机制及遗传调控、真菌生理及遗传学、药用及食用真菌学、微生物发酵工程、土壤和环境微生物学，并在此基础上，加强了微生物分子遗传，增加了病毒学、免疫学和生物质能源等研究方向。1985 年，原在植保系的微生物专业参与了中国农业大学生物学院的组建，建立了微生物系，于 2003 年更名为"微生物及免疫学系"。目前本系开设的本科生课程包括：微生物生物学，原核生物进化与系统分类学，真菌生物学，微生物生理学，微生物遗传学，微生物发酵工程，食用菌学，资源与环境微生物学，病毒学及免疫学，每门课程均有理论课和实验课。

本系俞大绂教授等老一代学者及多位已经退休的老师们在微生物学教学思想、课程设置及团队建设等方面，为学科发展做出了巨大的贡献，也为后人的工作奠定了良好的基础。在教学中突出的特色是理论课程与实验课程的紧密结合，特别是对于本专业入门的实验课程，积极推进将"死标本"的观察转变为学生自行分离和观察活体标本，使学生们从被动地接受知识转变为主动地参与学习，有利于促进学生们掌握实验技能，并锻炼思考和分析能力。这种教学理念和模式一直沿用至今。目前本系担任教学工作的是一支中、青年教师结合的队伍，他们责任心强、思想活跃、虚心进取，不断进行教学改革，积极探讨在新的形势下，如何正确解决"基础与创新"、"理论与实践"、"教学与科研"的关系，认真履行着教师的职责。

本套实验教程的基本资料均来自教师们多年的积累。本系历来坚持教学与科研并重的原则，在多年的发展过程中，逐步规划将教师的科研方向与所承担的课程内容紧密相关，保证教学内容中基础知识与前沿知识相结合，很多实验设计出自任课教师的科研积累。大家齐心协力，勇于创新，不断更新实验教学内容，使各门实验课程的教学工作一直受到学生的好评。

本系承担的 9 门本科生微生物学实验课程一直没有编写正式出版的教材。最近，在大家的努力和领导的支持下，各位主编在近年完成实验课教学大纲修订的前提下，汇集了来自其他兄弟院校教师们的智慧，终于完成 9 本实验教程的编写，这是大家共同努力的结果。

衷心感谢南开大学邢来君教授、山东大学陈冠军教授、山西大学赵良启教授欣然接受我们的邀请，不仅为本套教材的审稿付出辛勤劳动，同时作为本套实验教程编委会成员，为保证教材的质量献计献策。感谢中国农业大学生物学院领导的支持和"教育部高等学校专业综合改革试点"项目的资助，感谢来自兄弟院校全体参编教师们的认真合作。感谢科学出版社为编辑和出版本套教材所付出的努力。希望这套实验教程的出版，为本学科和相关学科读者的学习和工作带来有益的参考，也希望广大读者提出批评和建议，以便我们今后做出修改。

2014 年 1 月

前　言

　　环境安全是人们赖以生存的基本保障，也是保障我国经济健康、持续发展的一个关键因素。因此，如何评价与人们生活息息相关的水体、土壤、空气、生活废弃物对人们健康及生活安全的影响成为人们日益关注的问题。环境微生物学是重点研究污染环境中的微生物学，是环境科学中的一个重要分支，是 20 世纪 60 年代末兴起的一门边缘学科。它主要以微生物学的理论与技术为基础，研究有关环境现象、环境质量及环境问题，与其他学科如土壤微生物学、水及污水处理微生物学、环境化学、环境地学、环境工程学等互相影响，互相渗透，互为补充。

　　本书作者在多年的教学科研工作中，有感于目前环境微生物学实验教材大多偏向于基础微生物学实验，这对于已经具备微生物学基础的读者而言参考价值不大，另外环境领域的研究技术日新月异，涵盖面日益宽广，有些教材内容过于繁多，因此结合自己承担的环境微生物学课程的实际教学效果和学生的反馈，在对自编的环境微生物学实验指导不断完善的基础上，联合多所院校的相关专业老师，阅读了大量国内外实验技术与方法，汲取众家之长，同时增补了多年科研工作中的实践经验，注重实用性及先进性，编著了《资源与环境微生物学实验教程》这本教材，希望对从事相关领域工作的科学技术人员及普及环境安全知识都具有一定的帮助。

　　本教材针对微生物在水体、土壤、大气、难降解化合物、环境质量监测及环境领域中的基础理论及实际应用方面的重要作用，分别设置了水中细菌学检测，环境水体中伤寒沙门菌的定量 PCR 检测，噬菌体的分离、纯化及效价测定，水中生化需氧量的测定，强化生物除磷技术，微生物脱氮技术，富营养化湖水中藻类的测定（叶绿素 a 法），水体沉积物中 DNA 的提取，活性污泥的培养及曝气生物滤池对污水的生物处理，厌氧颗粒污泥的培养及升流式厌氧污泥床对污水的生物处理，土壤微生物生物量的测定，土壤呼吸强度的测定，土壤脲酶活性测定，变性梯度凝胶电泳技术分析土壤中微生物的多样性，限制性片段长度多态性技术分析土壤中微生物的多样性，空气中微生物数量的检测，废气的生物滴滤塔处理，酚降解菌的分离筛选、降解能力的定量测定及菌种鉴定，木质素降解菌的分离纯化及木质素酶活性测定，半纤维素降解菌的分离筛选及木聚糖酶活性检测，卤代芳香烃降解基因的 PCR 检测，水质微型生物群落监测泡沫塑料块法，发光细菌法检测水体及土壤的急性毒性，应用 Ames 实验检测水体中的致突变污染物，木质纤维素废弃物制备燃料乙醇，石油污染土壤的微生物修复，微生物絮凝剂产生菌的筛选及絮凝剂成分分析，细菌冶金活性测定，微藻生物柴油的制备共 29 个实验，以扩展学生对微生物在工、农、环保等领域应用的认识，提高学生发现问题、提出问题、分析问题和解决实际环境及生物技术相关问题的能力，促进学生知识、能力和素质协调发展。

本书在科学出版社的组织下及中国农业大学生物学院"教育部高等学校专业综合改革试点"项目支持下，由中国农业大学生物学院微生物及免疫学系杨金水担任主编，中国农业大学袁红莉担任主审，由多所高校的相关专业老师组成了环境微生物学实验教程编写组集体编写而成。具体分工如下：吕志伟（聊城大学）负责实验一、十九、二十三、二十四的编写，高同国（河北农业大学）负责实验二、三、七、二十七的编写，李海峰（河南工业大学）负责实验四、五、六、十八的编写，屈建航（河南工业大学）负责实验八、十四、十五、十六、十七的编写，李炳学（沈阳农业大学）负责实验九、二十、二十一、二十六的编写，杨金水（中国农业大学）负责实验十、二十二、二十八、二十九的编写，王风芹（河南农业大学）负责实验十一、十二、十三、二十五的编写。全书由杨金水统稿。

本书可作为农林院校、综合性大学、师范院校的生物学专业、环境科学与工程及其他相关专业的本科生和研究生的教材或参考书使用，也可供相关专业的教师和研究人员参考。

由于编者水平有限，本书内容涉及广泛，书中难免还有遗漏和不当之处，敬请读者指正，以便在今后能进一步修正和完善。

编　者

2014 年 1 月

目　　录

第一章 水环境微生物学实验技术

实验一 水中细菌学检测

一、实验目的

1. 学习水样的取样方法，了解大肠菌群检测的常用方法。
2. 掌握利用多管发酵法测定水中大肠菌群数量的方法。

二、实验原理

生活用水的水源常被生活污水、工业废水或人与动物的粪便污染。粪便污物含有不同类型的微生物，有腐生性的和病原性的。腐生性微生物对人无害，而病原性微生物则能引起传染病的发生。水源水如湖水、河水、池水和溪水，常含有很多腐生菌，但仍可安全地饮用。然而水源水一旦被粪便污染，就可能被肠道病原体污染而引起肠道传染病甚至流行病，如霍乱、伤寒、细菌性痢疾和阿米巴性痢疾及脊髓灰质炎和传染性肝炎等病毒性疾病。因此，必须对生活用水及其水源水进行严格的细菌学检查。

然而肠道病原菌在水中容易死亡与变异，因此数量较少，要从中特别是自来水中分离出病原菌常较困难与费时，这样就要找到一个合适的指示菌。此指示菌要求是大量出现在粪便中的非病原菌，并且和水源病原菌相比较易检出。若指示菌在水中不存在或数量很少，则说明大多数情况下没有病原菌。最广泛应用的指示菌是大肠菌群（coliform group）。它的定义是：一群好氧和兼性厌氧、革兰氏阴性、无芽孢的杆状细菌，在乳糖培养基中，经37℃条件下24~48h培养能产酸产气。根据水中大肠菌群的数目来判断水源是否被粪便所污染，并间接推测水源受肠道病原菌污染的可能性。我国规定每100mL自来水中大肠菌群不得检出（GB 5749—2006）。

大肠菌群检测的技术有多种，目前国内外主要有以下几种。

1. 传统方法

传统方法主要包括多管发酵法和滤膜法，这两种技术在世界各国得到普遍应用。

（1）多管发酵法

多管发酵法使用历史较久，又称水的标准分析方法，为我国大多数卫生单位与水厂所采用。多管发酵法测定水中大肠菌群包括初发酵试验、平板划线分离、革兰氏染色、复发酵试验 4 步。初发酵试验和复发酵试验是根据糖发酵的原理，即大肠杆菌能发酵乳糖产酸产气。平板划线分离是采用复红亚硫酸钠琼脂培养基或伊红亚甲蓝培养基（EMB 培养基），二者均有选择作用。前者中的复红作指示剂，可被亚硫酸钠脱色，使培养基呈粉红色，大肠杆菌发酵乳糖产酸与复红反应形成深红色复合物，使大肠菌群的菌落变为带金属光泽的深紫色菌落；后者中的伊红、亚甲蓝两种染料作指示剂，大肠杆菌发酵乳糖产酸时，两种染料结合成复合物，使大肠菌群产生与前者相似的、带核心的、有金属光泽的深紫色菌落。

该方法优点是不需昂贵的仪器设备，经过基本微生物学培训的技术员即可操作；缺点是乳糖发酵管的制作耗时费力，检测样品需要做系列稀释，加上后续确认试验需要 96h 以上，而且属于半定量试验，其技术特点决定了该法有时还会低估样品中大肠菌群的数量甚至造成漏检。

（2）滤膜法

滤膜法也是水质微生物检测的一种标准方法。其主要原理是使用孔径为 0.45μm 的滤膜过滤水样，将大肠菌群在内的细菌截流在膜上，然后把膜放在选择性培养基中培养，计数膜上生长出的典型细菌菌落数。大肠菌群在含有乳糖的复红亚硫酸钠培养基上长出带有金属光泽的深紫色菌落，在伊红亚甲蓝培养基上也长出与前者相似的、带核心的、有金属光泽的深紫色菌落。

滤膜法属于定量试验，具有许多和试管发酵技术相同的优点。滤膜法非常便于检测较大体积的水样，这样就能增加检出的敏感性和可靠性；缺点是特异性不高，结果容易受水样中其他细菌的影响而出现误判，也需结合进一步的确认试验才能最终确定结果。滤膜法存在的最主要问题是饮用水常常因为消毒处理使其中的大肠菌群受到损伤，这种应激和损伤的大肠菌群无法在选择性固体培养基上生长出菌落。另外，滤膜法也非常不适合检测杂质较多、浊度较大的水样。

2. 酶活性检测法

与传统方法相比，本法具有更好的特异性，反应也更加快速、敏感。β-葡萄糖醛酸酶和 β-半乳糖苷酶是两种最常使用在大肠菌群检测中的酶类。很多研究发现，94%~96% 的大肠杆菌均表达 β-葡萄糖醛酸酶，而其他肠道细菌表达 β-葡萄糖醛酸酶的比例明显低于大肠杆菌，因此相对来说该酶可以作为大肠杆菌的标志性酶。多种底物可用于建立酶催化的显色反应或荧光反应，如羟基吲哚-β-D-葡萄糖苷酸（IBDG）和 4-甲基伞形酮-β-D-葡萄糖醛酸苷（MUG）等。5-溴-4-氯-3-吲哚半乳糖苷（X-gal）和邻硝基苯-β-D-吡喃半乳糖苷（ONPG）等则可用于检测 β-半乳糖苷酶的显色反应，此类方法已被《生活饮用水标准检验方法》GB/T 5750.12—2006 采用。

酶活性检测法（酶底物法）比传统方法省时省力（18~24h），而且特异性高；缺点是试剂花费较高，而且与传统方法一样不能解决无法培养的大肠杆菌的检出难题。水中的消毒剂、食品的处理过程及培养体系中可能存在的一些抑制因子都可能使大肠杆菌受损，使大肠杆菌失去增殖和酶合成的能力。

3. 纸片法

纸片法是以大肠菌群细菌生长发育时分解乳糖产酸，同时产生脱氢酶脱氢，氢可与无色的氯化三苯四氮唑（TTC）作用形成红色化合物使菌落（菌苔）变红的原理，将一定量的乳糖、指示剂（如 TTC）、溴甲酚紫、蛋白胨等吸附在特定面积的无菌滤纸上，大肠菌群细菌通过上述两种指示剂显示出发酵乳糖产酸、纸片变黄和形成红色斑点（红晕）的固有特性。以此特性作为阳性结果的唯一判定标准。

4. 免疫学方法

免疫学方法和分子生物学方法都能省略繁琐的培养和确认步骤，可以在几个小时内高特异性地辨别出可培养的和不可培养的大肠杆菌，基本可分为酶联免疫吸附试验（ELISA）和免疫荧光（IFA）两大类方法。ELISA 法检测大肠菌群会受到其他微生物共同抗原的干扰，可能会造成假阳性。同时，该方法对操作人员的技术水平要求较高，相关试剂成本也很高。

5. 分子生物学方法

该类方法大多数不需要培养步骤，理论上几个小时内即可完成检测。常用的检测大肠菌群的分子生物学方法有聚合酶链式反应（PCR）法和原位杂交（ISH）法。

（1）PCR 法

此方法原理是将滤膜上截留的细菌用化学方法裂解，释放出 DNA，再在相应的引物引导下用 *Taq* 酶扩增出产物，通过电泳条带染色或再与相应探针杂交判定结果。该方法的难点和缺点在于食品或水中微生物种类众多，必须要设计高特异性引物方能从中检出大肠菌群，而不出现假阳性。

（2）ISH 法

合成与特定病原体 DNA 或 RNA 序列相互补的探针，然后与病原体进行原位杂交，可以非常特异地检出特定的大肠菌群。最常用的探针是与 rRNA 互补的，其中 16S rRNA 和 23S rRNA 探针应用最为广泛，并被作为菌种鉴别的标准试剂。该类方法的缺点在于，水样一般来说营养缺乏，水体中污染的大肠杆菌核糖体丰度较低，因而 16S rRNA 含量也较低，会降低荧光信号强度。

6. Hygicult 载片培养法

该产品是一种结晶紫中性红胆盐琼脂载片，它把适合于大肠菌群快速生长的琼脂培养基浇注在一块带折叶设计的塑料桨片上，使培养基能方便、充分地与样品表面接触，并带有帽盖，可以使载片在无污染情况下放回到无菌培养管中进行转运和培养。大肠菌群细菌能够分解琼脂载片上的乳糖产酸和产气，并产生其他特征性的形态、颜色变化，从而通过目测对大肠菌群菌落数进行定性或定量的快速检测。其缺点是实验结果和采样对象的表面光滑程度有关。

7. 试剂盒法

大肠菌群快速检测试剂盒是近年来开发出的一类产品，其以 GB/T 4789.3—2003、GB/T 5750.12—2006 中 2.1 和 2.3 标准为依据，将传统的操作方法进行了优化和标准化，极大地减少了操作的难度，具有简单、快速、准确和价格低廉的特点，适用于食品中大肠菌群检测。不同厂家的产品使用方法略有不用，且均配有详细的操作说明，此处不再赘述。

本实验采用多管发酵法，以 GB/T 5750.12—2006 的方法为准。

三、实验材料

1. 培养基

（1）单倍乳糖蛋白胨培养液

蛋白胨	10g
牛肉浸膏	3g
乳糖	5g
氯化钠	5g
溴甲酚紫乙醇溶液（16g/L）	1mL
蒸馏水	1000mL

制法：将蛋白胨、牛肉浸膏、乳糖及氯化钠溶于蒸馏水中，调整 pH 为7.2～7.4，再加入1mL 16g/L 的溴甲酚紫乙醇溶液，充分混匀，分装于装有导管的试管中，68.95kPa（115℃）高压灭菌20min，贮存于冷暗处备用。

（2）双倍乳糖蛋白胨培养液

按上述单倍乳糖蛋白胨培养液配置，除蒸馏水外，其他成分量加倍。

（3）伊红亚甲蓝培养基

蛋白胨	10g
乳糖	10g
磷酸氢二钾	2g
琼脂	20～30g
蒸馏水	1000mL
伊红水溶液（20g/L）	20mL
亚甲蓝水溶液（5g/L）	13mL

制法：将蛋白胨、磷酸氢二钾和琼脂溶解于蒸馏水中，校正 pH 为7.2，加入乳糖，混匀后分装，以68.95kPa（115℃）高压灭菌20min。临用时加热融化琼脂，温度为50～55℃时，加入伊红和亚甲蓝溶液，混匀，倾注平皿。

2. 试剂

（1）结晶紫染色液

结晶紫	1g
乙醇（95%，体积分数）	20mL
草酸铵水溶液（10g/L）	80mL

制法：将结晶紫溶于乙醇中，然后与草酸铵水溶液混合（注意：结晶紫不可用

龙胆紫代替，前者是纯品，后者不是单一成分，易出现假阳性，结晶紫溶液放置过久会产生沉淀，不能再用）。

（2）革兰氏碘液

碘	1g
碘化钾	2g
蒸馏水	300mL

制法：将碘和碘化钾先进行混合，加入蒸馏水少许，充分振摇，待完全溶解后，再加蒸馏水。

（3）脱色剂

乙醇（95%，体积分数）。

（4）沙黄复染液

沙黄	0.25g
乙醇（95%，体积分数）	10mL
蒸馏水	90mL

制法：将沙黄溶解于乙醇中，待完全溶解后加入蒸馏水。

3. 革兰氏染色法

1）将培养18～24h的培养物涂片。

2）将涂片在火焰上固定，滴加结晶紫染色液，染1min，水洗。

3）滴加革兰氏碘液，作用1min，水洗。

4）滴加脱色剂，摇动玻片，直至无紫色脱落为止，过20～30s，水洗。

5）滴加复染液，复染1min，水洗，待干，镜检。

4. 器材

无菌培养皿，玻璃涂棒，无菌吸管，无菌量筒，带塞子的灭菌细口瓶，酒精灯，培养箱等。

四、实验步骤

（一）水样的采取

1）自来水：先将自来水龙头用酒精灯火焰烧灼3min灭菌，再开放水龙头使水流5min后，以带塞子的灭菌细口瓶接取水样，以待分析。

2）池水、河水或湖水：应取距水面1～15cm的水样，先将灭菌的带玻璃塞瓶瓶口向下浸入水中，然后翻转过来，除去玻璃塞，水即流入瓶中。盛满后，将瓶塞盖好，再从水中取出，最好立即检查，否则需立即放入冰箱中4℃条件下保存（注意：水样保存时间不超过3d）。

（二）大肠菌群的检查

1. 乳糖发酵试验

取 10mL 水样接种到 10mL 双倍乳糖蛋白胨培养液中，取 1mL 水样接种到 10mL 单倍乳糖蛋白胨培养液中，另取 1mL 水样注入 9mL 灭菌生理盐水中，混匀后吸取 1mL（即 0.1mL 水样）注入 10mL 单倍乳糖蛋白胨培养液中，每一稀释度接种 5 管。

注意：对已处理过的出厂自来水，需经常检验或每天检验一次的，可直接接种 5 份 10mL 水样双倍培养基，每份接种 10mL 水样。

检验水源水时，如污染较严重，应加大稀释度，可接种 1mL、0.1mL、0.01mL 甚至 0.1mL、0.01mL、0.001mL，每个稀释度接种 5 管，每个水样共接种 15 管。接种 1mL 以下水样时，必须做 10 倍递增稀释后，取 1mL 接种。每递增稀释一次，换用 1 支 1mL 灭菌刻度吸管。

将接种管置（36±1）℃培养箱内，培养（24±2）h，如所有乳糖蛋白胨培养管都不产酸产气，则可报告为总大肠菌群阴性，如有产酸产气者，则按下列步骤进行。

2. 分离培养

将产酸产气的发酵管分别转接在伊红亚甲蓝琼脂平板上，于（36±1）℃培养箱内培养 18~24h，观察菌落形态，挑取符合下列特征的菌落做革兰氏染色、镜检和证实试验：深紫黑色、具有金属光泽的菌落；紫黑色、不带或略带金属光泽的菌落；淡紫红色、中心较深的菌落。

3. 证实试验

经上述染色镜检为革兰氏阴性无芽孢杆菌，同时接种乳糖蛋白胨培养液，置（36±1）℃培养箱中培养（24±2）h，有产酸产气者，即证实有总大肠菌群存在。

五、实验结果

根据证实为总大肠菌群阳性的管数，查最可能数（most probable number，MPN）检索表，报告每 100mL 水样中的总大肠菌群最可能数值。5 管法结果见表 1-1。15 管法结果见表 1-2。稀释样品查表后所得结果应乘以稀释倍数。如所有乳糖发酵管均为阴性时，可报告总大肠菌群未检出。

表 1-1　用 5 份 10mL 水样时各种阳性和阴性结果组合时的最可能数

5 个 10mL 管中阳性管数	最可能数
0	<2.2
1	2.2
2	5.1
3	9.2
4	16.0
5	>16

表1-2 总大肠菌群 MPN 检索表

（总接种量55.5mL，其中5份10mL水样，5份1mL水样，5份0.1mL水样）

接种量/mL			总大肠菌群	接种量/mL			总大肠菌群
10mL管	1mL管	0.1mL管	/（MPN/mL）	10mL管	1mL管	0.1mL管	/（MPN/mL）
0	0	0	<2	1	0	0	2
0	0	1	2	1	0	1	4
0	0	2	4	1	0	2	6
0	0	3	5	1	0	3	8
0	0	4	7	1	0	4	10
0	0	5	9	1	0	5	12
0	1	0	2	1	1	0	4
0	1	1	4	1	1	1	6
0	1	2	6	1	1	2	8
0	1	3	7	1	1	3	10
0	1	4	9	1	1	4	12
0	1	5	11	1	1	5	14
0	2	0	4	1	2	0	6
0	2	1	6	1	2	1	8
0	2	2	7	1	2	2	10
0	2	3	9	1	2	3	12
0	2	4	11	1	2	4	15
0	2	5	13	1	2	5	17
0	3	0	6	1	3	0	8
0	3	1	7	1	3	1	10
0	3	2	9	1	3	2	12
0	3	3	11	1	3	3	15
0	3	4	13	1	3	4	17
0	3	5	15	1	3	5	19
0	4	0	8	1	4	0	11
0	4	1	9	1	4	1	13
0	4	2	11	1	4	2	15
0	4	3	13	1	4	3	17
0	4	4	15	1	4	4	19
0	4	5	17	1	4	5	22
0	5	0	9	1	5	0	13
0	5	1	11	1	5	1	15
0	5	2	13	1	5	2	17
0	5	3	15	1	5	3	19
0	5	4	17	1	5	4	22
0	5	5	19	1	5	5	24

续表

接种量/mL			总大肠菌群	接种量/mL			总大肠菌群
10mL管	1mL管	0.1mL管	/(MPN/mL)	10mL管	1mL管	0.1mL管	/(MPN/mL)
2	0	0	5	3	0	0	8
2	0	1	7	3	0	1	11
2	0	2	9	3	0	2	13
2	0	3	12	3	0	3	16
2	0	4	14	3	0	4	20
2	0	5	16	3	0	5	23
2	1	0	7	3	1	0	11
2	1	1	9	3	1	1	14
2	1	2	12	3	1	2	17
2	1	3	14	3	1	3	20
2	1	4	17	3	1	4	23
2	1	5	19	3	1	5	27
2	2	0	9	3	2	0	14
2	2	1	12	3	2	1	17
2	2	2	14	3	2	2	20
2	2	3	17	3	2	3	24
2	2	4	19	3	2	4	27
2	2	5	22	3	2	5	31
2	3	0	12	3	3	0	17
2	3	1	14	3	3	1	21
2	3	2	17	3	3	2	24
2	3	3	20	3	3	3	28
2	3	4	22	3	3	4	32
2	3	5	25	3	3	5	36
2	4	0	15	3	4	0	21
2	4	1	17	3	4	1	24
2	4	2	20	3	4	2	28
2	4	3	23	3	4	3	32
2	4	4	25	3	4	4	36
2	4	5	28	3	4	5	40
2	5	0	17	3	5	0	25
2	5	1	20	3	5	1	29
2	5	2	23	3	5	2	32
2	5	3	26	3	5	3	37
2	5	4	29	3	5	4	41
2	5	5	32	3	5	5	45

续表

接种量/mL			总大肠菌群	接种量/mL			总大肠菌群
10mL 管	1mL 管	0.1mL 管	/（MPN/mL）	10mL 管	1mL 管	0.1mL 管	/（MPN/mL）
4	0	0	13	5	0	0	23
4	0	1	17	5	0	1	31
4	0	2	21	5	0	2	43
4	0	3	25	5	0	3	58
4	0	4	30	5	0	4	76
4	0	5	36	5	0	5	95
4	1	0	17	5	1	0	33
4	1	1	21	5	1	1	46
4	1	2	26	5	1	2	63
4	1	3	31	5	1	3	84
4	1	4	36	5	1	4	110
4	1	5	42	5	1	5	130
4	2	0	22	5	2	0	49
4	2	1	26	5	2	1	70
4	2	2	32	5	2	2	94
4	2	3	38	5	2	3	120
4	2	4	44	5	2	4	150
4	2	5	50	5	2	5	180
4	3	0	27	5	3	0	79
4	3	1	33	5	3	1	110
4	3	2	39	5	3	2	140
4	3	3	45	5	3	3	180
4	3	4	52	5	3	4	210
4	3	5	59	5	3	5	250
4	4	0	34	5	4	0	130
4	4	1	40	5	4	1	170
4	4	2	47	5	4	2	220
4	4	3	54	5	4	3	280
4	4	4	62	5	4	4	350
4	4	5	69	5	4	5	430
4	5	0	41	5	5	0	240
4	5	1	48	5	5	1	350
4	5	2	56	5	5	2	540
4	5	3	64	5	5	3	920
4	5	4	72	5	5	4	1600
4	5	5	81	5	5	5	>1600

六、思考题

1. 假如水中有大量的致病菌——霍乱弧菌，用多管发酵法检查大肠菌群，能否得到阴性结果？为什么？
2. EMB 培养基含有哪几种主要成分？在检查大肠菌群时，各起什么作用？
3. 经本实验检查，所用的水样是否合乎饮用水标准？

七、参考文献

邢德峰，任南琪，李建政. 2003. 荧光原位杂交在环境生物学中的应用. 环境卫生学，16（3）：55-58.

GB 5749—2006，生活饮用水卫生标准.

GB/T 5750. 12—2006，生活饮用水标准检验方法-微生物指标.

Prescott AM，Fricker CR. 1999. *In situ* reverse transcription for the specific detection of bacteria and protozoa. Lett Appl Microbiol，29（6）：396-400.

van Poucke SO，Nelis HJ. 2000. Rapid detection of fluorescent and chemiluminescent total coliforms and *Escherichia coli* on membrane filters. J Microbiol Methods，42（3）：233-244.

实验二 环境水体中伤寒沙门菌的定量 PCR 检测

一、实验目的

1. 了解环境中常见的肠道病原微生物及其组成。
2. 掌握环境常见病原细菌的检测方法及原理。
3. 学会利用定量 PCR 的方法检测环境水体中肠道病原细菌的数量。

二、实验原理

水环境的病原性污染是当今世界上危害最严重的问题之一，尤其是在发展中国家，由于污水大多未经处理直接排入河流，水中细菌严重超标。人畜粪便等生物污染物污染水体可能引起细菌性肠道传染病，如伤寒、痢疾、肠炎、霍乱等。因此，中华人民共和国卫生部颁布的《生活饮用水的卫生标准》中规定了饮用水中不得含有病原微生物，不得引起水介传染病的流行。因此，研究水体病原性污染状况，分析病原体对人类健康造成的风险具有十分重要的意义。

全球大约有 12 亿人口享受不到安全用水，25 亿人口没有卫生设备。据世界卫生组织调查资料显示：全世界 80% 的疾病、50% 的癌症与饮用水不洁净有关。水体中的病原菌主要指传染性肠道病原菌，如伤寒沙门菌、传染菌痢的志贺菌、霍乱弧菌、大肠杆菌等，其中伤寒沙门菌是引起人类感染霍乱、伤寒等肠道传染病和导致食物中毒的主要病原菌，仅在美国每年就有 80 万 ~400 万人感染，数百人死亡。伤寒沙门菌引起的伤寒病在不发达国家和发展中国家仍是重要的公共健康问题，据估计，每年全世界死于伤寒感染的病例达 20 万。沙门菌属是一大群寄生于人类和动物肠道中，生化反应和抗原构造相似的革兰氏阴性杆菌。目前已知的超过 2200 个血清型，对人类有致病性的主要是伤寒沙门菌（*Salmonella typhi*）和副伤寒沙门菌（*Salmonella paratyphi*），但有些动物沙门菌偶尔也会感染人类，如鼠伤寒沙门菌（*Salmonella typhimurium*）和肠炎沙门菌（*Salmonella enteritidis*）等。根据肠道疾病的症状，沙门菌可分为伤寒种和非伤寒种。非伤寒种沙门菌引起的胃肠炎通常是自限的，而伤寒则是致命性的疾病。感染人类的途径主要是粪-口途径，水体是重要的传播媒介，病原菌通过污水，或者牲畜、野生动物的粪便来污染供水系统和食物。因此，对水域性病原菌进行常规监测，对公共健康来说非常重要，但由于缺乏精确和费用低廉的检测方法，预防和控制水域传染病暴发受到阻碍。对于水体中病原菌的检测主要基于选择性培养和标准的生物化学方法。但这些方法存在一定缺陷，首先，水体中病原菌含量通常很少，取样和计数过程可能导致较大误差；其次，水体中病原菌有些很难或无法培养；最后，培养法费时、费力、检测单一。而近年来发展起来的 PCR 技术具有灵敏度高、特异性好等优点，已在医学及相关领域的病原体检测中体现出其优越性，在环境水体检测中还处于探索阶段。

实时定量 PCR（real-time quantitative PCR）技术，是指在 PCR 反应体系中加入荧光基团，利用荧光信号累积实时监测整个 PCR 进程，最后通过标准曲线对未知模板进行定量分析的方法（图 2-1）。实时定量 PCR 的化学原理包括探针类和非探针类两种。非探针类是利用荧光染料或特殊设计引物指示扩增的增加，探针类则利用与靶序列特异杂交的探针来指示扩增产物的增加。相比之下，非探针类操作更加简便、容易。实时定量 PCR 扩增曲线可以分成 3 个阶段：荧光背景信号阶段（基线期）、荧光信号指数扩增阶段（指数期）和平台期。在基线期，扩增的荧光信号被荧光背景信号所掩盖，无法判断产物量的变化；而在平台期，扩增产物已不再呈指数级的增加，根据最终的 PCR 产物量不能计算出起始 DNA 拷贝数；只有在指数期，PCR 产物量的对数值与起始模板量之间存在线性关系，可以选择在这个阶段进行定量分析。阈值是在荧光扩增曲线上人为设定的一个值，它可以设定在指数期任意位置上，阈值的缺省设置是 3 ~15 个循环的荧光信号的标准偏差的 10 倍。在做实时定量 PCR 实验时，经常采用手动设置，手动设置的原则要大于样本的荧光背景值和阴性对照的荧光最高值，同时要尽量选择进入指数期的最初阶段。所谓 C_t 值就是在荧光 PCR 扩增过程中，当扩增产物的荧光信号达到设定的阈值时所经过的扩增循环次数。它与模板的拷贝数存在着线性关系，起始拷贝数越多，经过的循环数就越少，C_t 值也就越小，反之亦然。只要获得未知样品的 C_t 值，即可计算出该样品起始拷贝数。

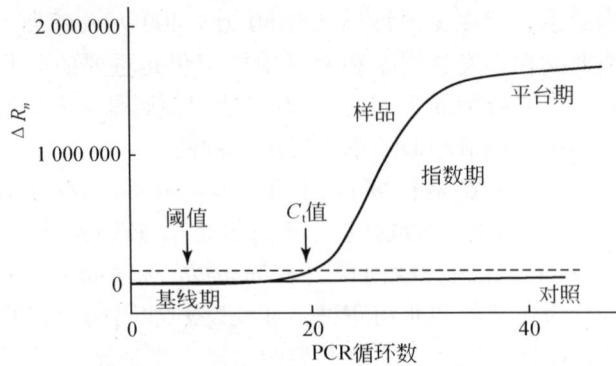

图 2-1　实时定量 PCR

ΔR_n 为反应经 n 次循环后测得的荧光强度；C_t 值为阈值循环数，

即每个反应管内的荧光信号达到设定的阈值时所经历的循环数

　　理想的 PCR 扩增过程的效率是 100%，但实际上由于各种原因，扩增效率并不是 100%，即模板不是呈 2 次幂增长，而是

$$X_n = X_0(1 + E)^n \tag{2-1}$$

式中，X_n 为循环 n 个周期后扩增的产物量；X_0 为初始模板的量；E 为扩增效率；n 为循环数。

　　当扩增到达 C_t 值时，就有

$$X_n = X_0(1 + E)C_t \tag{2-2}$$

　　两边取对数，得

$$C_t = \frac{-\lg X_0}{\lg(1 + E)} + \frac{\lg X_n}{\lg(1 + E)} \tag{2-3}$$

　　对于特定的 PCR 而言，$\lg X_n$ 和 E 均为常数，因此 C_t 值与 $\lg X_0$ 呈线性关系，这就是实时定量 PCR 定量检测的数学依据。

　　SYBR Green Ⅰ是一种能与双链 DNA 结合发光的荧光染料。当其与双链 DNA 结合后，发出荧光，而从 DNA 双链上释放出来后，荧光信号急剧减弱。因此，SYBR Green Ⅰ的荧光信号强度与双链 DNA 的数量相关，可以根据荧光信号检测出 PCR 体系存在的双链 DNA 数量（图 2-2）。

　　通常情况下，环境水体中含有的病原微生物数量很低，为了提高检测效果，快速高效的浓缩方法是必不可少的。现阶段用于水体病原菌的浓缩方法有很多，如微孔滤膜过滤、离心、离子交换树脂、溶剂提取、磁性颗粒、单克隆抗体等。其中微孔滤膜过滤法具有效果稳定、操作简便、应用广泛的优点，因此本实验中，首先利用滤膜对收集到的水样进行浓缩，然后利用实时定量 PCR 技术，对水体中存在的伤寒沙门菌进行检测。

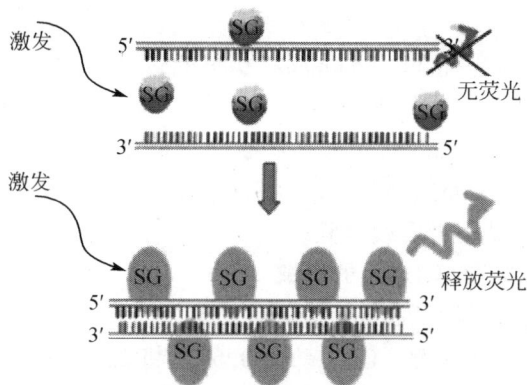

图 2-2 SYBR Green Ⅰ工作原理图

SG 为 SYBR Green Ⅰ，SYBR Green Ⅰ与 DNA 双链结合可以发出荧光

三、实验材料

1. 器材

实时定量 PCR 仪，凝胶成像仪，台式高速冷冻离心机，微量移液器，无菌瓶，Nanodrop 分光光度计，电子天平，SYBR Premix DimerEraser，0.22μm 硝酸纤维素滤膜，Whatman 2 号滤纸。

2. 试剂

pMD18-T 载体，pMD18-T 载体连接试剂盒，*Taq* 酶，DL2000 marker，细菌基因组 DNA 提取试剂盒，细菌 DNA 纯化试剂盒，感受态 *Escherichia coli* DH5α，IPTG/X-gal/氨苄青霉素（Amp）蓝白斑筛选培养基，伤寒沙门菌标准菌（如 CMCC 50071）。

质粒提取试剂：溶液Ⅰ为 50mmol/L 葡萄糖、25mmol/L Tris·HCl（三羟甲基氨基甲烷·HCl）（pH8.0）、10mmol/L 乙二胺四乙酸（EDTA）（pH8.0），高压灭菌，4℃保存；溶液Ⅱ为 0.2mol/L NaOH、1%十二烷基磺酸钠（SDS），现用现配；溶液Ⅲ为 60mL 15mol/L KAc、11.5mL 冰醋酸、28.5mL 水，混合，高压灭菌，4℃保存。

3. 培养基

细菌培养基：牛肉膏 3g，蛋白胨 10g，NaCl 5g，蒸馏水 1000mL，pH7.0~7.2，121℃灭菌 20~30min。

四、实验步骤

1. 样品采集

实验样品可以是池水或污水处理厂排放的二级废水。池水或二级废水采集时应用无菌瓶进行收集；样品收集后应立即处理，如不能及时处理应置于低温（−20℃

或–70℃）保存。

2. 样品处理

首先将采集到的样品经过 Whatman2 号滤纸过滤，除去水中的杂质。随后用 0.22μm 硝酸纤维素滤膜对样品进行过滤（注意：由于水体中伤寒沙门菌数量较少，为保证实验的准确性，提高检测效果，应尽量多过滤水样）。过滤后，用无菌水反复冲洗硝酸纤维素滤膜，收集冲洗液。将冲洗液于 4℃ 条件下，12 000r/min 离心 15min，最后浓缩的样品用于后续实验。

3. 伤寒沙门菌标准菌总 DNA 的提取

挑取细菌单菌落，接种到 30mL 细菌培养基中，在 37℃，250r/min 条件下培养菌液至对数生长期晚期（注意：OD_{600} 约为 0.6）。将 25mL 上述培养液接种到 500mL 新鲜培养基中，37℃，250r/min 条件下培养至对数期，收集培养液，将培养液于 6000r/min 离心 15min 收集菌体，采用细菌基因组 DNA 提取试剂盒提取沙门菌的总 DNA 用于后续实验（注意：在提取 DNA 的过程中各操作步骤要轻柔，尽量减少 DNA 链的断裂）。

4. 普通 PCR 扩增

以上述标准菌的总 DNA 为模板，选取针对伤寒沙门菌的鞭毛蛋白基因 *H1-d* 的特异性引物 ST3（5′-AGA TGG TAC TGG CGT TGC TC-3′）和 ST4（5′-TGG AGA CTT CGG TCG GCT AG-3′）为扩增引物，扩增片段长度为 343bp。对上述片段进行 PCR 扩增，PCR 扩增反应体系为

10×*Taq* 酶反应 Buffer	2.5μL
dNTP mixture（2.5mmol/L）	0.5μL
ST3 引物（12.5pmol/μL）	0.5μL
ST4 引物（12.5pmol/μL）	0.5μL
Taq 酶（5U/μL）	0.4μL
模板（基因组总 DNA）	10ng
加 ddH₂O 至反应总体积	25μL

PCR 反应条件：94℃ 预变性 3min；94℃ 变性 30s，60℃ 退火 40s，72℃ 延伸 60s，40 个循环；72℃ 延伸 5min。PCR 产物以 2% 的琼脂糖凝胶电泳鉴定后回收所扩增的片段。

5. PCR 扩增片段的纯化

采用细菌 DNA 纯化试剂盒对上述扩增的大小为 343bp 的片段进行纯化。纯化后的片段可以直接作为实时定量 PCR 反应的标准品，但为保证标准品的扩增质量及效率，一般将该片段连接到载体上，进一步转化到感受态细胞中，然后提取重组质粒用于实时定量 PCR 中标准品的制备（步骤 6~8）。

6. 载体连接与转化

将纯化回收的上述 PCR 产物，按照 pMD18-T 载体连接试剂盒操作要求，将片

段连接到 pMD18-T 载体上。

将连接好的载体转化到感受态 E. coli DH5α 中，操作步骤如下。

1）取出-70℃冻存的 DH5α 感受态细胞 100μL 于冰上解冻。取 4μL 连接产物加入感受态细胞，体积不超过感受态细胞的 5%，轻旋几次管混合。每个转化实验设置至少两个管，包括一管准备的转入已知量标准超螺旋质粒 DNA 的细菌感受态细胞，以及一管没有任何质粒 DNA 的细菌感受态细胞。细胞在冰上存放 30min。

2）将管转移到浮漂上，置于预热 42℃ 循环水浴中，精确 90s。不要振荡管。

3）迅速转移管至冰浴上。让细胞冷却 1～2min。

4）每管加入 800mL SOC 培养基（具体配方参见实验十五）。将培养基水浴加热到 37℃ 后，转移管到 37℃ 摇床上，150r/min 振荡培养菌液 45min，使细菌恢复并表达由质粒编码的抗生素抗性标记。

5）取 200μL 摇好的菌液涂布到含 Amp 抗生素、表面涂布 100μL 0.1mol/L IPTG 和 25μL 0.05g/mL X-gal 的 SOB 琼脂培养基（具体配方参见实验十五）平板上。

6）将平板置于室温直至液体被吸收后，倒置平板，于 37℃ 培养 12～16h，待菌落长至合适大小时，置于 4℃ 冰箱中，以促进蓝白斑的显色，用于筛选阳性克隆。

注意：连接时，注意保持低温状态，因为连接酶很容易降解；做转化时，避免感受态细胞反复冻融，并且要严格控制好热激的温度及时间。

7. 重组质粒提取

1）挑取单菌落接种 200mL 具有 Amp（或卡那霉素）抗生素的液体细菌培养基中，在 37℃ 摇床转速 200r/min 培养过夜。

2）12 000r/min 离心 1min，将培养物收集到 50mL 离心管，去掉上清（注意：可重复收集）。

3）加入 5mL 冰预冷的溶液 I，振荡器混匀，使所有菌体重悬。

4）加入 5mL 冰预冷的溶液 II，轻轻转动离心管混匀。

5）加入 5mL 冰预冷的溶液 III，颠倒混匀，冰上置 5min，10 000r/min 离心 15min。

6）吸取上清（注意：勿吸入蛋白沉淀）加入到另一个干净的离心管中，加入 2 倍体积无水乙醇沉淀，常温下 10 000r/min 离心 15min。

7）用 70% 乙醇洗涤沉淀一次，在 37℃ 条件下烘干，加入适量的 RNA 酶水，37℃ 放置 30min。

8）加入等体积酚/氯仿/异戊醇（P：C：I），颠倒混匀，10 000r/min 离心 10min，重复数次直到没有蛋白质存在为止。

9）小心吸取上清（注意：勿吸入下层有机相）加入另一管，加入等体积的氯仿/异戊醇（C：I），颠倒混匀后，10 000r/min 离心 10min，重复 2 次。

10）加入 2 倍体积的无水乙醇和 1/10 倍的乙酸钠，10 000r/min 离心 15min，放入 37℃ 烘干。

11）加入适量的双蒸水溶解。

注意：加入溶液Ⅱ后不要剧烈振荡，只需轻轻颠倒几次离心管，因为过于剧烈会导致基因组断裂。

8. 标准品制备

提取质粒后，利用紫外分光光度计测定其纯度及 OD_{260}，按式（2-4）计算质粒浓度，以基因组相当量拷贝数（genome equivalent copy，GEC）来表示。pMD18-T 载体为 2692bp，插入片段长度为 343bp，重组后质粒大小为 3035bp，根据经验 $1OD_{260}=50\mu g/mL$ 双链 DNA，1000bp 碱基 $=6.6\times10^{5}Da$ 的双链 DNA，则

$$\text{基因组相当量拷贝数（GEC/mL）}=\frac{OD_{260}\times50\mu g/mL\times10^{-6}}{3.035\times6.6\times10^{5}}\times6.02\times10^{23} \quad (2\text{-}4)$$

9. 实时定量 PCR 标准曲线绘制

将质粒按 10 倍梯度稀释，稀释后溶液分别作为模板，进行实时定量 PCR 扩增，每个浓度重复 5 次，取平均值进行回归，以 $\lg X_0$ 为横坐标，以 C_t 值为纵坐标得出实时定量 PCR 的标准曲线。

10. 样品总 DNA 的提取

用细菌基因组 DNA 提取试剂盒进行样品中细菌的总 DNA 的提取，或者参考"实验八　水体沉积物中总 DNA 的提取"所描述的步骤提取样品的总 DNA。

11. 实时定量 PCR 扩增

以样品的总 DNA 为模板，进行实时定量 PCR 扩增。扩增的同时以上述质粒为标准品绘制标准曲线。伤寒沙门菌实时定量 PCR 检测体系为

SYBR Premix DimerEraserTM（2×）	10μL
ST3 引物（12.5μmol/L）	0.4μL
ST4 引物（12.5μmol/L）	0.4μL
模板	1.6μL
补充 ddH₂O 至反应总体积	20μL

实时定量 PCR 扩增条件：95℃预变性 10min；94℃变性 30s，60℃退火 35s，40 个循环。

注意：不要在反应管的盖上或壁上做标记，会影响荧光读数，整个过程要戴口罩、手套，保持管底清洁。

12. 结果判断

根据标准曲线，判断采集到的水样中伤寒沙门菌的基因组相当量拷贝数含量。

五、实验结果

1. 绘制出实时定量 PCR 标准曲线。

2. 实验报告中附带总 DNA、常规 PCR 扩增及质粒提取后检测的电泳图。

3. 根据标准曲线计算出样品中伤寒沙门菌的基因组相当量拷贝数。

六、思考题

1. 为什么标准的实时定量 PCR 中用质粒作为标准品？
2. 实时定量 PCR 可以用来检测伤寒沙门菌的原理是什么？
3. 如何提高实时定量 PCR 的灵敏性及准确度？

七、参考文献

李一松，王明娜，吕琦，等. 2008. SYBR Green Ⅰ 荧光定量 PCR 检测乳中携带 *sea* 基因金黄色葡萄球菌的研究. 食品科学，29（07）：235-239.

王耀，郑秋月，曹际. 2006. SYBR® Green Ⅰ 实时 PCR 快速检测沙门菌. 中国食品卫生杂志，18（4）：314-316.

赵利方，张崇淼，王晓昌. 2011. 二级处理出水中伤寒沙门菌的定量 PCR 检测. 环境与健康杂志，28（2）：154-156.

Gibson KE, Schwab KJ. 2011. Detection of bacterial indicators and human and bovine enteric viruses in surface water and groundwater sources potentially impacted by animal and human wastes in Lower Yakima Valley, Washington. Applied and Environmental Microbiology, 77（1）：355-362.

Lee YK, Mazmanian SK. 2010. Has the microbiota played a critical role in the evolution of the adaptive immune system? Science, 330（6012）：1768-1773.

McGuinness S, Barry T, O'Grady J. 2012. Development and preliminary validation of a real-time RT-PCR based method targeting tmRNA for the rapid and specific detection of *Salmonella*. Food Research International, 45（2）：989-992.

实验三　噬菌体的分离、纯化及效价测定

一、实验目的

1. 学习从自然环境中分离、纯化噬菌体的原理及方法。
2. 了解噬菌体效价的含义。
3. 掌握用双层琼脂平板法测定噬菌体效价的操作技能。

二、实验原理

病毒是地球上数量最多的生命体，其中细菌病毒（噬菌体）又是地球上最重要和最多的病毒类型。噬菌体广泛存在于自然生态系统中，其种类和数量随着季节更替而发生变化，噬菌体对环境生物体的新陈代谢、生态系统调控、全球生物地球化

学循环（尤其是碳循环）及生物多样性保存等方面均起着非常重要的作用，因此它是维持环境生态平衡最重要的生物因子之一。噬菌体拥有地球上最大的遗传基因库，研究噬菌体对于丰富微生物遗传基因资源、了解噬菌体在生态系统中的地位、推动病毒生态学研究具有一定的积极意义。此外，噬菌体因具有独特的结构特征而成为研究生命起源、进化、遗传、变异、代谢等生命基本现象的重要材料。

噬菌体（bacteriophage，phage）是感染细菌、真菌、放线菌或螺旋体等微生物的病毒的总称，它们属于非细胞型微生物，是专性寄生物，不能独立进行代谢活动与繁殖，只能在特异的宿主细胞内进行复制，是地球上最丰富的生命形式。有关噬菌体的发现最早可以追溯到 19 世纪末。1896 年，英国细菌学家 Hankin 报道在印度 Ganges 河和 Jumna 河中有明显的抗霍乱弧菌的不明物质存在，并发现该物质能透过微孔滤膜，具有热敏感性，可以抑制霍乱流行病的传播。1915 年英国细菌学家 Twort 在培养葡萄球菌过程中，发现菌落上有透明斑，提出了溶菌物质可能是一种病毒的假设，同时 d'Hérelle 在志贺菌上发现相同的现象，于是他将这种能使菌落形成透明斑及使浑浊液体澄清的溶菌因子命名为噬菌体，如图 3-1 所示。

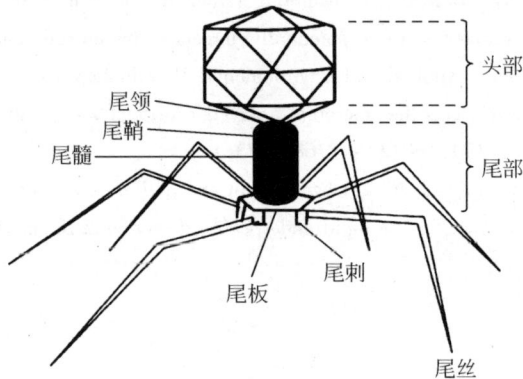

图 3-1　噬菌体的形态

国际病毒分类委员会（International Committee on Taxonomy of Virus，ICTV）2005 年发表的《病毒分类-国际病毒分类委员会第 8 次报告》根据病毒核酸类型、形态结构、基本特征及宿主菌类型等特征对细菌病毒进行命名和分类，分别为：群 Ⅰ——双链 DNA 病毒；群 Ⅱ——单链 DNA 病毒；群 Ⅲ——双链 RNA 病毒；群 Ⅳ——单链正链 RNA 病毒。多数噬菌体仅由蛋白质和核酸两种成分组成，蛋白质构成的衣壳包裹着核酸。根据噬菌体与宿主的关系，可将其分为烈性噬菌体与温和噬菌体。烈性噬菌体通过吸附（噬菌体吸附到易感细菌的受体上）、侵入（噬菌体 DNA 穿过细胞壁注入易感细胞）、生物合成（阻断宿主菌的自身合成，利用宿主菌的遗传物质合成噬菌体自身遗传物质）、装配（在细胞质内按一定程序组成成熟的病毒粒子）与释放（当子代噬菌体达到一定数目后，通过一定的裂解机制，细菌被裂解，释放出新合成的子代噬菌体，又重新感染新的敏感细菌）等步骤使宿主细胞裂解死亡；而温和噬菌体侵染宿主后，则将其核酸整合在宿主基因组上，并以原噬菌体状态存在，宿主则转为溶原性菌株，但有时也有概率较小的温和噬菌体与烈性噬菌体一样，引起宿主细胞的裂解死亡。自然界单独存在的噬菌体不表现出生命特征，但具有潜在生命力（图 3-2）。

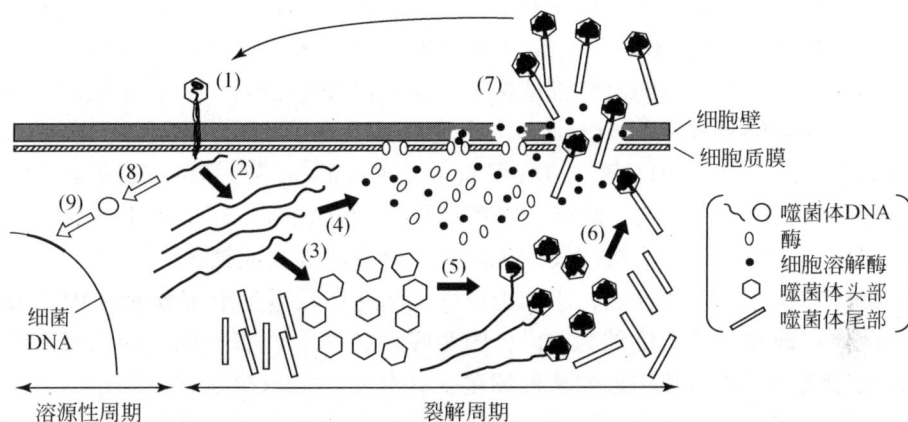

图 3-2　噬菌体的生活周期示意图（Matsuzaki et al.，2005）

（1）~（7）为烈性噬菌体，（8）和（9）为温和噬菌体。（1）吸附和 DNA 注入；（2）DNA 的复制；
（3）头部和尾部的形成；（4）合成 holin 酶和溶菌素；（5）DNA 装配；（6）病毒粒子形成；（7）裂解细胞壁和释放子代噬菌体；（8）噬菌体 DNA 环化；（9）噬菌体 DNA 整合到宿主染色体上

　　噬菌体与生态环境之间具有密切关系，但至今噬菌体如何发挥作用没有明确。目前研究细菌病毒的方法主要有培养分离法和分子生物学的方法。依靠培养分离法共获得 5000 株细菌病毒株，其中 600 多株完成了全基因组的测序工作，这些工作对丰富微生物资源、解析噬菌体的作用机制、寻找新的基因资源等都具有重要意义。分子生物学研究多集中于噬菌体多样性与生态环境之间关系上，其中又以环境中 T4型噬菌体的多样性研究最多，迄今已研究了海洋、稻田、南极湖和北冰洋湖泊系统的多样性。国内王光华教授研究了中国东北旱地黑土与稻田环境中 T4 型噬菌体 $g23$基因的多样性，得出 T4 型细菌病毒在陆地生态环境群落分布受到地理环境和生态过程的双重影响的结论。噬菌体多样性十分丰富，单一方法很难解析噬菌体在环境中的作用，因此必须将两种方法相结合，充分发挥两者的优势。

　　此外，噬菌体在医学和食品领域也具有广阔的应用前景。在医学领域，随着抗生素应用带来的一系列诸如抗生素残留、多重耐药菌株的层出不穷及耐药性转移等弊端的出现，寻找有效、安全、无公害的抗菌或抑菌制剂替代抗生素势在必行。在抗生素发现并广泛应用之前，人们就尝试应用噬菌体防治细菌感染。d'Hérelle 于1919 年尝试应用噬菌体治疗痢疾，单剂量噬菌体注射后，患者症状立即减轻，数天后康复，自此关于噬菌体用于治疗的研究越来越受到关注。目前已经在小鼠、奶牛、兔等动物的各种疾病防治中得到了一定程度的应用，且取得了效果。临床研究表明可应用噬菌体治疗假单胞菌、葡萄球菌、克雷伯杆菌、沙门菌、大肠杆菌、志贺菌、链球菌、变形菌、粪肠球菌等细菌引起的皮肤感染、泌尿系统感染、口腔感染和腹膜炎等，其给药方式有皮下注射、口服、局部及全身用药。此外，2001 年 Weber 等对 20 例肿瘤患者和 27 例细菌感染者使用噬菌体治疗，发现所有患者的化脓、创伤、肺炎等并发现象都很快消失。仓鼠模型研究表明噬菌体能够很好地阻止由艰难梭菌引起的结肠炎的发生。2004 年 Michael 提出使用噬菌体治疗艾滋病的再度感染。近年噬菌体在癌症方面应用的研究也见报道。在食品安全领域，2006 年美国食品药品监督管理局（Food and Drug Administration，FDA）已批准了可以将李斯特菌（*Lisiteria*）噬菌体作为食品添加剂。2011 年，FDA 又批准了 EcoShield™ 产品可应用于红碎肉中降低大肠杆菌 O157：H7 污染。此外，噬菌体作为模式病毒，还被用于评价水和污水的处理效率、阐明病毒灭活机制及改进病毒检测方法等其他领域。

　　噬菌体在自然界广泛存在，水和土壤中的噬菌体数量是细菌数量的 10 ~ 100 倍，推测噬菌体在地球上的丰度约为 10^{31}，因为噬菌体是专性寄生物，所以某种噬菌体往往只能感染一种或与其相近的某种细菌，其分布一般取决于宿主细菌的分布，自然界中凡是有细菌的地方均可发现其特异的噬菌体存在。烈性噬菌体侵染细菌后迅速复制、转录并进行一系列基因表达，从而引起敏感细菌裂解，释放出大量子代噬菌体，然后它们再扩散和侵染周围细胞，最终使含有敏感菌的悬液由混浊逐渐变清，或者在含有敏感细菌的平板上出现肉眼可见的空斑——噬菌斑（图 3-3）。利用这一特性，在样品中加入敏感菌株与液体培养基进行培养，使噬菌体增殖、释放，从而分离到该敏感菌的特异噬菌体。一个噬菌体产生一个噬菌斑，利用这一现象可将分离到的噬菌体进行纯化与测定噬菌体的效价。

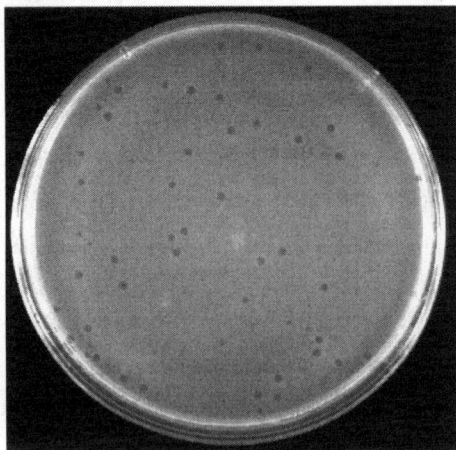

图 3-3　噬菌斑效果图

噬菌体的效价即 1mL 样品中所含侵染性噬菌体的粒子数。效价的测定一般采用双层琼脂平板法，即通过在含有特异宿主细菌的琼脂平板上，对噬菌体产生肉眼可见的噬菌斑的个数进行计数。但由于噬菌斑计数方法的实际效率难以接近 100%（一般偏低，因为少数活噬菌体可能未引起感染），为了准确地表达病毒悬液的浓度（效价或滴度），一般不用病毒粒子的绝对数量而是用噬菌体形成单位（plague-forming unit，pfu）表示。

本实验是从阴沟污水中分离大肠杆菌噬菌体，然后进一步纯化，并进行噬菌体效价的测定。

三、实验材料

1. 菌种

大肠杆菌（敏感指示菌）斜面菌种一支。

2. 培养基

三倍浓缩的牛肉膏蛋白胨液体培养基 100mL，试管液体培养基（每管装 0.9mL），上层牛肉膏蛋白胨半固体琼脂培养基（含琼脂 0.7%，试管分装，每管 5mL），下层牛肉膏蛋白胨固体琼脂培养基（含培养基 10mL，琼脂 2%）。

3. 器材

无菌试管，蔡氏过滤器（孔径 0.22μm），抽滤瓶，接种环，接种针，玻璃刮铲，培养皿，三角瓶，移液管（1mL、5mL），恒温水浴箱，真空泵，离心机等。

4. 样品来源

阴沟污水。

四、实验步骤

1. 噬菌体分离

1）制备菌悬液：取培养好的大肠杆菌斜面一支（37℃培养 18～24h），加 4mL 无菌水洗下菌苔，制成菌悬液。

2）增殖噬菌体：在装有 100mL 三倍浓缩的牛肉膏蛋白胨培养液的三角瓶中加入污水样品 200mL 及大肠杆菌菌液 2mL，于 37℃振荡培养 12～24h。

3）制备噬菌体裂解液：将上述混合液离心（2500r/min，15min），所得上清液用细菌过滤器过滤。将已灭菌的蔡氏过滤器用无菌操作安装于灭菌抽滤瓶上，连接抽滤瓶，将离心上清液倒入滤器，开动真空泵，过滤除菌。所得滤液倒入灭菌三角瓶内，37℃培养过夜，以做无菌检查（注意：所用滤膜为 0.22μm，以除去上清液中的大肠杆菌）。

4）确证实验：经无菌检查没有细菌生长的滤液进一步证明噬菌体的存在。①于牛肉膏蛋白胨琼脂平板上滴加大肠杆菌菌液一滴，用无菌玻璃刮铲涂布成一薄层。②等平板菌液干后，滴加上述滤液一小滴或数滴于平板上，再将此平板置于37℃培养过夜，如滤液内有大肠杆菌噬菌体存在，则加滤液处没有大肠杆菌生长，而形成无菌生长的透明噬菌斑。

2. 噬菌体的纯化

1）如果已证明确有噬菌体存在，用接种环取滤液一环接种于液体培养基内，再加入 0.1mL 大肠杆菌悬液，混合均匀。

2）取上层琼脂培养基，融化并冷至 48℃（可预先融化、冷却，放 48℃ 水浴箱内备用），加入以上噬菌体与细菌的混合液 0.2mL，立即混匀。

3）立即倒入底层培养基平板上，铺匀。置 37℃ 培养 24h。

4）此法分离出的单个噬菌斑，其形态、大小常不一致，需要进一步纯化。采用接种针（或无菌牙签）在单个噬菌斑中刺一下，小心采取噬菌体，接入含有大肠杆菌的液体培养基内，于 37℃ 培养。

5）等待管内菌液完全溶解后，过滤除菌，即得到纯化的噬菌体。

注意：纯化时可以用电子显微镜对噬菌体的形态、大小及尾部形态进行观察区分。

3. 高效价噬菌体制备

刚分离到的噬菌体往往效价不高，需要进行增殖。将纯化好的噬菌体滤液与液体培养基按 1∶10 混合，加入等量的大肠杆菌悬液，于 37℃ 培养，重复移种多次，收集培养液后过滤，得到高效价的噬菌体制品。

4. 噬菌体效价的测定

本实验中采用双层琼脂平板法对噬菌体的效价进行测定。

1）将大肠杆菌噬菌体原液用液体培养基按 10 倍稀释法进行稀释，使其成 10^{-1}、10^{-2}、10^{-3}、10^{-4}、10^{-5}、10^{-6} 6 个稀释度，混合均匀。

2）取 15 支灭过菌的空试管，分别用于 4 个稀释度及对照（注意：每个处理 3 个重复）。用无菌吸管分别吸取 10^{-3}、10^{-4}、10^{-5}、10^{-6} 噬菌体稀释液 0.1mL 加入到空试管中，标记为 10^{-4}、10^{-5}、10^{-6}、10^{-7}，另外 3 支试管为对照，加入 0.1mL 无菌水。

3）将大肠杆菌培养液摇匀，分别吸取 0.9mL 菌液加入到上述 15 支试管中，混合均匀。

4）取 15 支已融化好的上层培养基，分别编号，每个稀释度 3 支，冷却至 48℃，放入 48℃ 水浴箱内。

5）分别将 12 支混合液和 3 支对照管对号加入到上层培养基试管内。每管加入混合液后，立即摇匀。

6）将摇匀的上述 15 支试管分别对号倒入已凝固的底层琼脂平板（注意：事先标好稀释度），摇匀，待凝。

7）凝固后，将以上平板置 37℃ 培养 18～24h 后，统计每个平板上噬菌斑的数目。

8）效价计算：取噬菌斑平均数在 30～300 个 pfu 数的平板计算每毫升未稀释的原液的噬菌体效价。

$$噬菌体效价 = pfu 数 × 稀释倍数 × 10$$

五、实验结果

1. 绘图表示平板上出现的噬菌斑。
2. 记录平板中每稀释度的 pfu 数于表 3-1 中，并计算所得噬菌体的效价。

表 3-1 平板中每稀释度的 pfu 数

噬菌体稀释度	pfu 数			
	1	2	3	平均
10^{-4}				
10^{-5}				
10^{-6}				
10^{-7}				
对照				

六、思考题

1. 为什么可以用噬菌斑的数量计算噬菌体的效价？
2. 在固体培养基平板上为什么能形成噬菌斑？
3. 如果在测定平板上，偶尔出现其他细菌的菌落，是否影响你的噬菌体效价测定？

七、参考文献

曹振辉，金礼吉，徐永平，等 . 2013. 噬菌体控制主要食源性致病菌的研究进展 . 食品科学，34（05）：274-277.

冯书章，刘军，孙洋 . 2007. 细菌的病毒–噬菌体最新分类与命名 . 中国兽医学报，27（4）：604-608.

沈萍，范秀容，李广武 . 1999. 微生物学实验 . 北京：高等教育出版社 .

Brüssow H. 2005. Phage therapy：the *Escherichia coli* experience. Microbiology，151（7）：2133-2140.

Gill JJ, Pacan JC, Carson ME, et al. 2006. Efficacy and pharmacokinetics of bacteriophage therapy in treatment of subclinical *Staphylococcus aureus* mastitis in lactating dairy cattle. Antimicrob Agents Chemother，50：2912-2918.

Paulina B, Krystyna D, Grzegorz S, et al. 2010. Bacteriophages and cancer. Arch Microbiol，192：315-320.

实验四　水中生化需氧量的测定

一、实验目的

1. 了解并掌握生化需氧量（BOD）的含义。
2. 学习测定 BOD 的原理与常见方法。
3. 学习 BOD 的计算方法。

二、实验原理

在水环境的各类污染物中耗氧污染物仍是当前影响水体水质的重要因素，其主要危害是消耗水中溶解氧，导致水质恶化。在我国，各主要河流、湖泊中有机污染物（主要的耗氧污染物）超标的情况仍相当严重。由于水中有机物的成分十分复杂，在现有的技术装备条件下，很难定量分析各种有机物的含量。因而，在未来相当长的时间内，采用生化需氧量（biochemical oxygen demand，BOD）、化学需氧量（chemical oxygen demand，COD）、总有机碳（total organic carbon，TOC）、总需氧量（total oxygen demand，TOD）等指标综合反映有机污染物的污染程度，仍将是水环境监测中的重要方法。

BOD 是指在一定条件下，好氧微生物分解水中的可氧化物质（特别是有机物）的生物化学过程中所消耗的溶解氧量（dissolved oxygen，DO）。用 BOD 作为水质有机污染指标是从英国开始的，以后逐渐被世界各国所采用。水体中有机物的含量越高，DO 的消耗就越多，BOD 就越高，水质也就越差。因此，BOD 是反映水体被有机物污染程度的一项综合指标。微生物分解有机物大致可分为两个阶段：第一阶段进行的主要内容是碳水化合物的氧化，因此称为碳化阶段，在 20℃ 条件下这一过程一般需要 7~20d 才能完成；第二阶段是指含氮化合物在硝化细菌的作用下被氧化为氨，如果氧气充足，氨会再次被氧化为亚硝酸和硝酸，通常把这一过程称为硝化阶段。此阶段进程更为缓慢，温度为 20℃ 时需 100d 以上才能完成。研究表明，经过 5d 的生化过程，碳化阶段可以进行一大半，并且开始进入硝化阶段。对生活污水来说，相当于完全氧化分解耗氧量的 70%，因此，目前国内外均采用 20℃ 条件下培养 5d 的生化需氧量（BOD_5）作为水体质量的重要参数，BOD_5 的值已成为水体环境评估中必须监测的一项重要指标。

现阶段测定 BOD 的方法主要有以下 4 种。①标准稀释法。该方法将水样稀释至一定浓度后，在 20℃ 恒温下培养 5d，分别测定培养前后水中 DO 的量，就可以计算出相对应的 BOD（即 BOD_5）。该方法 1936 年被美国公共卫生协会标准方法委员会

（American Public Health Association，APHA）采用，ISO/TC 147 也推荐该法，其是国际上约定俗成的分析方法，应用广泛。我国颁布的水质分析方法 GB/T 7488—1987 及 2009 年中华人民共和国环境保护部修订的标准 HJ 505—2009 采用的也是该方法。该法适用于 $2mg/L<BOD_5<6000mg/L$ 的水样，当 $BOD_5>6000mg/L$ 时，稀释带来的误差会比较大。②微生物电极法。该方法将水中氧气的量与电流联系起来，利用电流与水样中可生化降解的有机物的差值与氧的减少量存在定量关系这一前提来换算出水样的 BOD。通常采用 BOD_5 标准样品作参比，然后换算出水样 BOD_5。与标准稀释法相比，该法的测定周期短，重现性较好，测定精度也有所提高，但是不适于测定含高浓度杀菌剂和农药类等有害物质的废水。③活性污泥曝气降解法。该方法是先控制温度为 $30\sim35℃$，然后利用活性污泥强制曝气，降解待测废水样品 2h，再利用重铬酸钾把生物降解前后的样品进行充分消解，最后测定生物降解前后的 COD，其差值即 BOD。根据与标准方法的实验结果对比，可再进一步换算为 BOD_5。该方法的最大优点是针对某种特定废水的测定可靠性较高，测定范围较宽，一般不需要对水样进行稀释。但这种方法对温度的控制不易把握，而且整个测定过程较为繁琐。④测压法。该法是在密闭的培养瓶中，水样中的 DO 被其中的微生物消耗，而微生物因呼吸作用会产生与消耗 O_2 的量相当的 CO_2，当 CO_2 被吸收剂吸收后导致密闭系统的压力降低，然后再根据压力计测得的压降求出水样的 BOD。测压法相当于通过物理方法测定水样的 BOD，无需化学分析，水样一般不需要稀释，操作比较简单。不过这种方法的准确度和精确度还有待于进一步提高。

　　以上是常用的 4 种测定方法，但是，随着社会经济的发展与对环境监测技术要求的不断提高，经典的测定方法也日益凸显了一些缺点和不足，如操作步骤相对复杂、过于耗时、存在明显的滞后性等。因此，一些新型的 BOD 快速测定法也应运而生了，其中发展较为迅速与得到广泛认可的一种方法称"BOD 微生物传感器法"。这种传感器主要由固定化微生物膜、物理换能器和信号输出装置组成。

　　传感器的主要原理是（图 4-1）：当没有有机物存在（即处于氧饱和的磷酸盐缓冲液中）的条件下，微生物处于内源呼吸阶段，氧气扩散达到平衡时，BOD 电极输出的电流就会达到稳定状态；而当加入有机物以后，微生物的代谢就有外源呼吸发生，由溶液扩散到基础电极的氧会逐渐减少，最终建立起新的耗氧和供氧的动力学平衡。在一定条件下，由两个稳态所得的电流差值与被测样品的浓度呈线性关系，这样就可以求出所需要的 BOD。除了以上介绍的这一类常规的微生物传感器外，研究人员还开发了很多新型的如采用可发荧光的基因工程菌作为菌剂的传感系统。其中，使用结合了电荷耦合器件（CCD）的摄像头及多功能的计数器把细菌发出的光加以显示和转化，样品污染的程度就可以很直接地从可视的颜色的渐变度与三维成像模式来判断。当然也可以读出具体的数值，而且这种传感系统测定的 BOD 与常规方法测定的结果相关性很好。除此以外，还有更多独具特点且效果稳定快速的传感系统在不断的研发和推广当中。

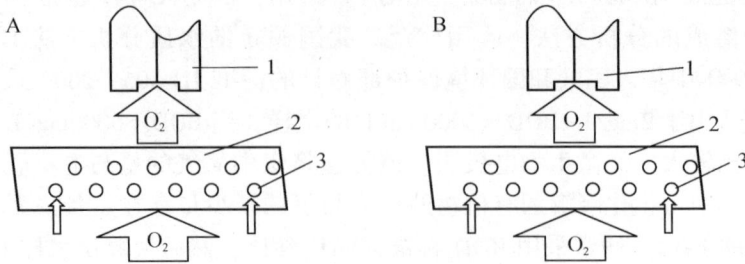

图 4-1　　BOD 微生物传感器原理示意图

A. 外源呼吸状态；B. 内源呼吸状态；1. 氧电极；2. 固定化微生物膜；3. 微生物

　　BOD 微生物传感器法最大的优点是快速，一般仅需要 10～20min，可实现在线监控，在实际环境监测中的应用潜力更为巨大。但是就目前来说，大多数的传感器用于水质监测时的普适性还不够好，在一些强酸、强碱和盐度较高的水环境中应用还是会受到不同程度的制约，而且由于对微生物的固定化技术还不够完善，有时导致传感器的稳定性不是太好。

　　因此，目前国内外普遍规定用 5 日培养法（与标准稀释法类似）测定水中的 BOD，即以 20℃条件下培养 5d 所消耗的水中溶解氧作为生化需氧量，常用的 BOD 测定仪如图版 2 所示。以下就该方法做一些具体介绍。

三、实验材料

1. 试剂

　　在测定过程中，除特别说明以外，仅使用符合国家标准的分析纯试剂和蒸馏水，或者具有同等纯度的水。水中铜含量不得高于 0.01mg/L，并不应有氯、氯胺、苛性碱、有机物和酸类。

　　（1）接种水

　　如果实验样品本身未含足够合适的微生物，应该通过以下方式之一来获取接种水。

　　1）从污水管道或没有明显工业污染的住宅区污水管中采取城市废水。

　　2）可取花园土壤 100g 加到 1L 水中，混合均匀并静置 10min 后取 10mL 上清，用水稀释至 1L 备用。

　　3）污水处理厂出水或含有城市污水的河水或湖水。

　　4）有时也可以用商品化的微生物进行接种，其中的微生物来自于废水环境，包括假单胞菌、芽孢杆菌、诺卡菌和链霉菌等。

　　（2）化学试剂

　　1）0.2mol/L 氢氧化钠溶液：将 8g 氢氧化钠溶于水，稀释至 1000mL。

　　2）0.2mol/L 盐酸溶液：16.6mL 浓盐酸溶于水，稀释至 1000mL。

3）亚硫酸钠（Na_2SO_3）溶液：终浓度为 1.575g/L，此溶液不稳定，易被氧化，需使用时现配。

4）氯化钙溶液：称取 27.5g 无水氯化钙溶于水中，并稀释至 1L。

5）氯化铁溶液：称取 0.25g 三氯化铁（$FeCl_3 \cdot 6H_2O$）溶于水中，并稀释至 1L。

6）磷酸盐缓冲液：将 8.5g 磷酸二氢钾（KH_2PO_4）、21.75g 磷酸氢二钾（K_2HPO_4）、33.4g 七水磷酸氢二钠（$Na_2HPO_4 \cdot 7H_2O$）及 1.7g 氯化铵（NH_4Cl）共同溶解于约 500mL 蒸馏水中，稀释并定容至 1000mL，混合均匀。

7）硫酸镁（$MgSO_4 \cdot 7H_2O$）溶液：配置浓度为 22.5g/L。

（3）稀释水

在 1 只 1000mL 容量瓶中预先加入约 500mL 水，再分别加入氯化铁溶液、氯化钙溶液、硫酸镁溶液与磷酸盐缓冲溶液各 1mL，然后用水稀释至 1000mL，并混合均匀。将此溶液恒温在 20℃左右，然后用小型无油空气泵进行曝气，瓶口盖以两层经洗涤晾干的纱布。曝气时间 1h（也可鼓入适量纯氧）以上，使水中的溶解氧接近饱和（不低于 8mg/L）。此稀释水的 5 日生化需氧量应小于 0.2mg/L（8h 内使用）。

2. 器材

溶氧仪；恒温培养箱，能控制在（20±1）℃；250mL 溶解氧瓶或具塞试管瓶 2～6 个；单层玻璃采水器；量筒；容量瓶；三角瓶和移液管等（注意：所有玻璃器皿都要认真清洗，否则对测定结果有影响）。

四、实验步骤

一般采集的样品应该立即测定，而不能保藏，因为在室温下，采集的样品停留 8h 后，初始的 BOD 有 40%以上可能被消除。因此，在实验前 8h 左右就应该给生化培养箱接通电源，并使温度控制在 20℃左右正常运行。还要将实验中可能用到的稀释水、接种水和接种的稀释水放入培养箱内恒温储藏备用。

1. 水样预处理

1）水样的 pH 若不在 6～8 时，可用盐酸或氢氧化钠稀溶液调节，不管有无沉淀生成，但用量不要超过水样体积的 0.5%。

2）水样中含有铜、铅、锌、镉、铬、砷、氰等有毒物质时，可使用含有经驯化的微生物接种液的稀释水进行稀释，或者增大稀释倍数，以减少有毒物的浓度及可能造成的影响。

3）含有少量游离氯的水样，一般放置 1～2h 游离氯即可消失。对于游离氯在短时间不能消散的水样，可加入亚硫酸钠溶液以除去。

4）从水温较低的水域中采集的水样，可遇到 DO 过饱和，此时应将水迅速升温为 20℃左右，充分振荡，以赶出过饱和的 DO。从水温较高的水域或污水排放口采得的水样，则应迅速使其冷却为 20℃左右，并充分振荡，使之与空气中的氧分压接近平衡。

5）试验水样的稀释，将已知体积的水样置于稀释容器中，用稀释水或接种稀释水进行稀释，轻轻地混合，避免夹杂空气泡。

2. 不经稀释水样的测定

1）溶解氧含量较高、有机物含量较少的地表水，可不经稀释而直接以虹吸法将约20℃的混匀水样转移入两个溶解氧瓶内，转移过程应注意不使其产生气泡。以同样的操作使两个溶解氧瓶充满水样后溢出少许，加塞。瓶内不应留有气泡。

2）其中一瓶随即测定溶解氧，另一瓶的瓶口进行水封后，放入培养箱中，20℃培养5d。在培养过程中注意添加封口水。

3）从开始放入培养箱算起，经过5昼夜后，弃去封口水，测定剩余的溶解氧。

3. 需要经过稀释的水样的测定

（1）稀释倍数确定

可先用重铬酸钾法测得其COD，然后估计BOD_5的可能值来设定稀释倍数。使用稀释水时，可由COD分别乘以系数0.075、0.15、0.225，即获得3个稀释倍数。使用接种稀释水时，则分别乘以系数0.075、0.15、0.25，即获得3个稀释倍数。

（2）稀释操作

按照选定的稀释比例，用虹吸法沿筒壁先引入部分稀释水（或接种稀释水）于1000mL量筒中，加入需要量的均匀水样，再加入稀释水（或接种稀释水）至800mL，用带胶板的玻璃棒小心上下搅匀（注意：搅拌时勿使玻璃棒的胶板露出水面，防止产生气泡）。之后测定培养5d前后的溶解氧。另取两个溶解氧瓶，用虹吸法装满稀释水（或接种稀释水）作为空白试验，测定培养5d前后的溶解氧。

4. 数据处理

1）未经稀释的水样按下式计算。

$$BOD_5 = DO_1 - DO_2$$

式中，BOD_5为水样的BOD_5（mg/L）；DO_1为水样在培养前的溶解氧浓度（mg/L）；DO_2为水样在培养5d后的溶解氧浓度（mg/L）。

2）经稀释后培养的水样按下式计算。

$$BOD_5 = \frac{(a_1 - a_2) - (b_1 - b_2)f_1}{f_2}$$

式中，a_1为水样在培养前的溶解氧浓度（mg/L）；a_2为水样经5d培养后的剩余溶解氧浓度（mg/L）；b_1为稀释水（或接种稀释水）在培养前的溶解氧浓度（mg/L）；b_2为稀释水（或接种稀释水）经5d培养后的剩余溶解氧浓度（mg/L）；f_1为稀释水（或接种稀释水）在培养液中所占比例；f_2为水样在培养液中所占比例。

5. 影响因素

（1）稀释水

稀释水中的溶解氧要求为8~9mg/L（20℃），并且稀释水自身的BOD_5应小于

0.2mg/L。

（2）水样的稀释倍数

正确的稀释倍数，应使培养后剩余的溶解氧浓度为原始浓度的1/3～2/3，或者消耗的溶解氧在2mg/L以上，而剩余溶解氧在1mg/L以上。

（3）测定温度

要严格控制培养温度在20℃，否则有机物的氧化速率加快或减慢都会直接影响测定结果的数值。

（4）pH

一般对有机物进行有效降解的微生物适宜在pH6.5～8.3存活，因此，在对BOD_5的测定过程当中，稀释水的pH最好用缓冲液调为7.2左右。

（5）有毒物质

很多工业废水中含有重金属离子或有机农药等可能对微生物产生毒害的物质，这样会使微生物的生长受到明显干扰，因此在测定前一定要对水样进行预处理。

（6）硝化作用

微生物在水中除了会氧化有机物耗氧以外，还会在硝化菌和亚硝化菌的作用下将氨类物质转化为亚硝酸盐或硝酸盐，这一过程会影响最终的测定结果。因此，根据不同来源的水样，应加入硝化抑制剂（通常采用丙烯基硫脲或烯丙基硫脲）来避免硝化作用导致的误差。

（7）DO

一般稀释水的溶解氧（DO）应控制在8～9mg/L较为合适，稀释水中的DO过高或过低都会导致BOD_5测定的试验失败。

6. 注意事项

1）每次转移水样时，要注意一定不能引入气泡。

2）稀释水应在临使用时现配，并且要保证其中有足够的溶解氧和适量的无机营养物。

3）对于污染程度严重的废水，应参照有关标准对水样进行稀释。

4）对于毒性较大、微生物含量较少的废水，必须对其进行接种培养。

五、实验结果

1. 计算所测定水样的BOD_5。

2. 试比较不同来源与BOD_5数值不同的水样在感官上有哪些异同。

3. 请总结BOD_5测定失败可能的原因。

六、思考题

1. 试总结BOD_5测定整个过程中需注意的事项。

2. 如何较为快速地确定对水样的稀释倍数？

3. 不同的 BOD_5 测定方法对应什么样的测试样品较为合理？

七、参考文献

池振明. 2005. 现代微生物生态学. 北京：科学出版社.

崔建升，马莉，王晓辉，等. 2005. BOD 微生物传感器研究进展. 化学传感器，25（1）：6-10.

江梅，范云慧，瑞凤霞. 2010. 五日生化需氧量（BOD_5）测定时防止氨氮干扰的方法探讨. 净水技术，29：62-65.

杨艳，郝燕，刘晓梅. 2011. 生化需氧量 BOD_5 测定影响因素. 环境研究与检测，2：67-69.

Dhall P, Kumar A, Joshi A, et al. 2008. Quick and reliable estimation of BOD load of beverage industrial wastewater by developing BOD biosensor. Sens Actuators B, 133：478-483.

Sakaguchi T, Kitagawa K, Ando T, et al. 2003. A rapid BOD sensing system using luminescent recombinants of *Escherichia coli*. Biosens Bioelectron, 19：115-121.

实验五　　强化生物除磷技术

一、实验目的

1. 了解微生物除磷的原理及常见的几种除磷工艺。

2. 学习并掌握聚磷菌分离和筛选的基本方法。

3. 学习计算聚磷菌除磷率的方法。

二、实验原理

水体富营养化（eutrophication）是指在人类活动的影响下，生物所需的氮、磷等营养元素大量进入湖泊、河流、海湾等缓流水体，引起藻类及其他浮游生物过度繁殖、水体 DO 下降、水质恶化、鱼虾死亡的现象。水体富营养化已经成为一类世界性的环境污染问题。在我国，处于富营养化状态的湖泊有 80% 以上，而 73% 以上都达到严重的污染程度。磷是藻类生长和繁殖所需最少的生命元素，而且与碳和氮元素的循环模式相比，磷缺乏气态形式的转化，只在水体中存在，因而磷也是导致水体发生富营养化的限制性因素，对水体富营养化防治的关键在于除磷。目前，污水除磷的方法主要分为 3 种：物理吸附法、化学沉淀法及生物除磷法。其中物理吸附法主要是利用某些具有多孔或大比表面积的固体物质对水中磷酸根离子的吸附来实现废水除磷的过程，但其存在吸附容量低、运行成本高等问题。化学沉淀法通过向污水中投加 Fe、Al、Ca 等金属的离子来与其中的磷酸根产生沉淀，从而达到将水中的磷加以去除的目的。最常用的有石灰、硫酸铝和氯化亚铁。不过该法中所用的药剂价格昂贵，运行费用较高，容易造成二次污染。

废水的生物除磷（biological phosphorus removal，BPR）生态效应与经济效益良好，具有效率高、二次污染少等优点，是目前得到广泛研究与发展的除磷方法。它主要是利用聚磷菌（phosphorus accumulating organisms，PAOs）具有可以在厌氧条件下释放磷并且随后在好氧条件下过量吸收磷（且吸磷量远远大于释磷量）的这一特征来实现的。聚磷菌不属于分类学上的概念，只是对具有"超量吸磷"特征的一类微生物的总称。因为它们可以把所吸收的过量的磷以多聚磷酸盐（polyphosphate，poly-P）的形式储藏在体内，所以相对于正常细胞的磷含量（1%~3%），有些聚磷菌菌体的磷含量可为细胞干重的10%以上。而且，因为在"超量吸磷"的过程中可以使外界环境中的磷含量明显减少，聚磷菌就成为了污水生物除磷的主要执行者。

目前常见的生物除磷工艺包括：A/O生物除磷工艺（anaerobic-oxic）、A^2/O生物脱氮除磷工艺（anaerobic-anoxic-oxic）、SBR工艺（sequencing batch reactor activated sludge process，序列间歇式活性污泥法）。

1. A/O生物除磷工艺

此工艺（图5-1）也称厌氧-好氧生物除磷工艺，由厌氧段和好氧段组成，是最早开发应用的基本工艺，结构简单，前段为厌氧池，城市污水和回流污泥进入该池，并借助水下推进式搅拌器的作用使其混合。回流污泥中的聚磷菌在厌氧池可吸收去除一部分有机物，同时释放出大量磷。然后混合液流入后段好氧池，污水中的有机物在其中得到氧化分解，同时聚磷菌将变本加厉、超量地摄取污水中的磷，然后通过排放高磷剩余污泥而使污水中的磷得到去除。好氧池在良好的运行状况下，剩余污泥中磷的含量在2.5%以上，整个A/O生物除磷工艺的BOD_5去除率大致与一般活性污泥法相同，而磷的去除率为70%~80%，处理后出水的磷浓度一般都小于1.0mg/L。

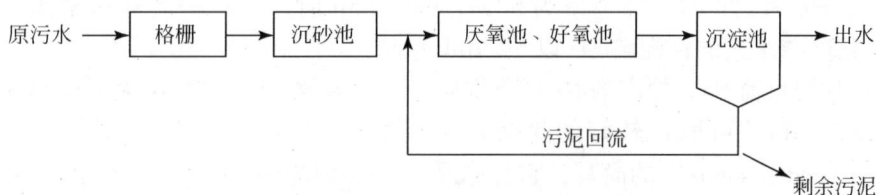

图5-1　A/O生物除磷工艺流程图

（1）A/O生物除磷工艺的主要特点

1）工艺流程简单。

2）厌氧池在前、好氧池在后，有利于抑制丝状菌的生长。混合液的污泥容积指数（SVI）小于100，污泥易沉淀，不易发生污泥膨胀，并能减轻好氧池的有机负荷。

3）在反应池内，水力停留时间较短，一般厌氧池的水力停留时间为1~2h，好氧池的水力停留时间为 2 ~ 4h，总共为 3 ~ 6h。厌氧池/好氧池的水力停留时间一般为 1 ：（2 ~ 3）。

4）剩余活性污泥含磷率高，一般为 2.5% 以上，故污泥肥效好。

5）除磷率难于进一步提高。当污水 BOD_5 浓度不高或含磷量高时，则 P/BOD_5 高，剩余污泥产量低，使除磷率难于提高。

6）当污泥在沉淀池内停留时间较长时，则聚磷菌会在厌氧状态下释放磷，从而降低该工艺的除磷率，因此应注意及时排泥和使污泥回流。

（2）A/O 生物除磷工艺的影响因素

1）溶解氧的影响。在厌氧池中必须严格控制其厌氧条件，使其既无分子态氧，也没有 NO_3^- 等化合态氧，以保证聚磷菌吸收有机物并释放磷。而在好氧池中，要保证 DO 不低于 2mg/L，以供给充足的氧，保持好氧状态，维持微生物菌体对有机物的好氧生化降解，并有效地吸收污水中的磷。

2）进水中 BOD_5/总磷（TP）。由于聚磷菌对磷的释放和摄取在很大程度上取决于起诱导作用的有机物，污水中的 BOD_5/TP 应大于 20 ~ 30，否则其除磷效果将下降。

3）NO_x^--N。氧化态氮（NO_x^--N）包括硝酸盐氮（NO_3^--N）和亚硝酸盐氮（NO_2^--N），由于它的存在会消耗有机物而抑制聚磷菌对磷的释放，继而影响聚磷菌在好氧条件下对磷的吸收。根据报道，NO_3^--N 浓度应小于 2mg/L，才不会影响除磷效果。但污水中只要 COD 与凯氏氮（KN）的比值 COD/KN 不低于 10 时，NO_3^--N 对生物除磷的影响就较小。

4）污泥龄 Θc。A/O 生物除磷工艺主要是通过排出富磷剩余污泥而去除磷的，故其除磷效果与排放的剩余污泥量多少直接相关。通常，污泥龄短时，产生的剩余污泥量较多，可取得较高的除磷效果，反之亦然。有人报道，Θc 为 30d 时，除磷率为 40%；Θc 为 17d 时，除磷率为 50%；Θc 为 5d 时，除磷率上升到 87%。因此，A/O 生物除磷工艺的污泥龄 Θc 以 5 ~ 10d 为宜。

5）污泥负荷 Ns。较高的 Ns 可取得较好的除磷效果，一般 Ns 大于 0.1kg BOD_5/（kg MLSS·d），可取得较好的除磷效果。MLSS 是混合液悬浮固体浓度（mixed liquid suspended solids）的简写，它又称混合液污泥浓度，表示的是在曝气池单位容积混合液内所含有的活性污泥固体物的总质量（mg/L）。

6）温度。在 5 ~ 30℃时，除磷效果较好，但在 13℃以上时，聚磷菌的释放和摄取与温度没有关系。

7）pH。pH 为 6 ~ 8 时，聚磷菌对磷的释放和摄取都比较稳定。

2. A^2/O 生物脱氮除磷工艺

此工艺由厌氧段、缺氧段和好氧段组成，是 20 世纪 70 年代由美国专家在厌氧-好氧生物除磷工艺（A/O 生物除磷工艺）的基础上开发出来的，该工艺同时具有脱氮除磷的功能。该工艺在厌氧-好氧生物除磷工艺中加一缺氧池，将好氧池流出的一部分混合液回流至缺氧池前端，以达到硝化脱氮的目的，A²/O 生物脱氮除磷工艺流程如图 5-2 所示。

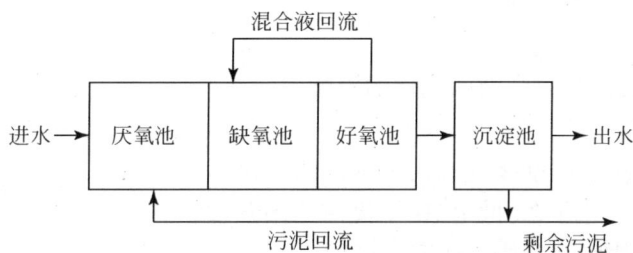

图 5-2　A²/O 生物脱氮除磷工艺流程图

在首段厌氧池主要是进行磷的释放，使污水中 P 的浓度升高，溶解性有机物被细胞吸收而使污水中 BOD 浓度下降。另外，NH_3-N 因细胞的合成而被去除一部分，使污水中 NH_3-N 浓度下降，但 NO_3^--N 含量没有变化。

在缺氧池中，反硝化菌利用污水中的有机物作碳源，将回流混合液中带入的大量 NO_3^--N 和 NO_2^--N 还原为 N_2 释放至空气中，因此 BOD_5 浓度继续下降，NO_3^--N 浓度大幅度下降，而磷的变化很小。

在好氧池中，有机物被微生物生化降解后浓度继续下降；有机氮被氨化继而被硝化，使 NH_3-N 浓度显著下降，但随着硝化过程的进展，NO_3^--N 的浓度增加，P 将随着聚磷菌的过量摄取，也以较快的速率下降。因此，A²/O 脱氮除磷工艺可以同时完成有机物的去除、硝化脱氮、磷的过量摄取而被去除等功能，脱氮的前提是 NH_3-N 应完全硝化，好氧池能完成这一功能，缺氧池则完成脱氮功能。

（1）A²/O 脱氮除磷工艺的特点

1）厌氧、缺氧、好氧 3 种不同的环境条件和不同种类微生物菌群的有机配合，能同时具有去除有机物、脱氮除磷的功能。

2）在同时脱氮除磷去除有机物的工艺中，该工艺流程最为简单，总的水力停留时间也少于同类其他工艺。

3）在厌氧-缺氧-好氧交替运行下，丝状菌不会大量繁殖，SVI 一般少于 100，不会发生污泥膨胀。

4）污泥中磷含量高，一般为 2.5% 以上。

5）厌氧-缺氧池只需轻搅拌，使之混合，以不增加溶解氧为度。

6）沉淀池要防止发生厌氧、缺氧状态，以避免聚磷菌释放磷而降低出水水质，以及反硝化产生 N_2 而干扰沉淀。

7）脱氮效果受混合液回流比大小的影响，除磷效果则受回流污泥中挟带 DO 和硝酸态氧的影响，因而脱氮除磷效率不可能很高。

（2）A²/O 脱氮除磷工艺的影响因素

1）污水中可生物降解有机物对脱氮除磷的影响。

2）污泥龄 Θc 的影响。

3）工艺系统中溶解氧（DO）的影响。

4）污泥负荷率 Ns 的影响。

5）KN/MLSS 负荷率的影响。

6）污泥回流比和混合液回流比的影响。

3. SBR 工艺

此工艺是一种按间歇曝气方式来运行的活性污泥污水处理技术，又称序批式活性污泥法。SBR 工艺于 20 世纪 70 年代由美国开发，并很快得到了广泛应用，我国于 20 世纪 80 年代中期开始了研究与应用。

SBR 工艺去除污染物的机制与传统活性污泥工艺完全相同，只是运行方式不同。传统工艺采用连续运行方式，污水连续进入生化反应系统并连续排出；SBR 工艺采用间歇运行方式，初沉池出水流入曝气池，按时间顺序进行进水、反应（曝气）、沉淀、出水、排泥或待机 5 个基本运行程序，从污水的流入开始到待机时间结束称为一个运行周期，这种运行周期周而复始反复进行，从而达到不断进行污水处理的目的。因此，SBR 工艺不需要设置二沉池和污泥回流系统。该方法的出水水质较好，但自动化控制的要求较高，成本较大。SBR 工艺的典型运行程序如图 5-3 所示。

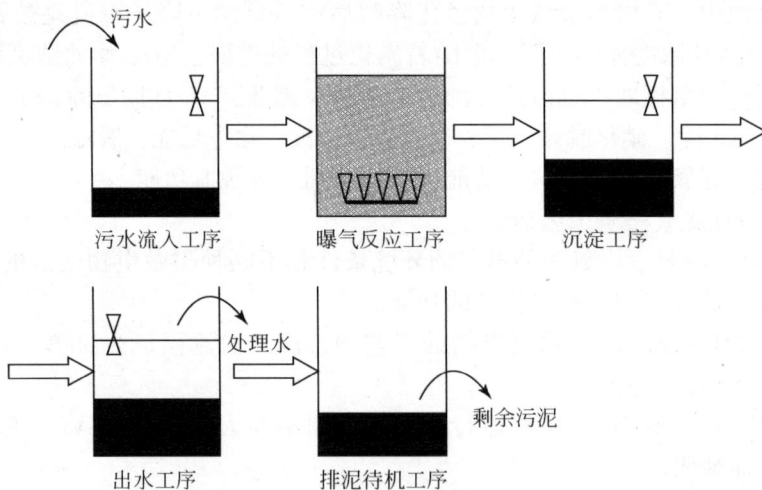

污水流入工序　　　曝气反应工序　　　沉淀工序

出水工序　　　排泥待机工序

图 5-3　SBR 工艺流程示意图

⧗ 代表进出水开关

（1）SBR 工艺的特点

1）工艺简单，处理构筑物少，无二沉池和污泥回流系统，基建费和运行费都较低。

2）SBR 用于工业废水处理，不需设置调节池。

3）污泥的 SVI 较低，污泥易于沉淀，一般不会产生污泥膨胀。

4）调节 SBR 运行方式，可同时具有去除 BOD 和脱氮除磷的功能。

5）当运行管理得当时，处理水水质优于连续式活性污泥法。

6）SBR 的运行操作、参数控制应实施自动化操作管理，以便达到最佳运行状态。

（2）SBR 工艺的影响因素

SBR 工艺同时具有去除 BOD、生物脱氮除磷的功能，影响其脱氮除磷的主要因素有 3 个方面：①易生物降解的基质浓度；②$NO_3^- - N$ 对脱氮除磷的影响；③运行时间和 DO 的影响。

当然，这些传统工艺都是基于强化生物除磷（enhanced biological phosphorus removal，EBPR）具有"厌氧释磷，好氧吸磷"这一特点设计的。目前，普遍认同的 EBPR 除磷机制如图 5-4 所示：在厌氧与好氧条件交替运行的情况下，活性污泥中的聚磷菌迅速增殖并很快成为其中的优势种群。在厌氧阶段（A），聚磷菌会分解胞内的 poly-P 来产生能量，以利于吸收废水中的有机物［主要是短链脂肪酸（volatile fatty acid，VFA）］并在细胞内合成聚羟基烷酸（polyhydroxyalkanoates，PHA），这一过程通常伴随着磷的释放，即外界环境中磷的浓度会增高；而在好氧阶段（B），聚磷菌利用分解胞内在厌氧条件下合成的 PHA 产生的能量来吸收远远多于自身生长所需要的磷，并且以 poly-P 的形式储存下来，等到系统进入厌氧阶段后再分解提供能量完成磷的过量吸收与少量释放的不断的循环，之后通过排出系统中含有吸收了大量磷的聚磷菌的污泥来达到去除污水中多余磷的目的。因此，细胞体内是否可形成 poly-P 与 PHA 两种内含物也是对聚磷菌的判断标准之一，在对聚磷菌的筛选过程中往往要对其体内是否累积 poly-P 与 PHA 做染色观察，从而初步判断菌株是否具有聚磷菌的典型代谢特征。

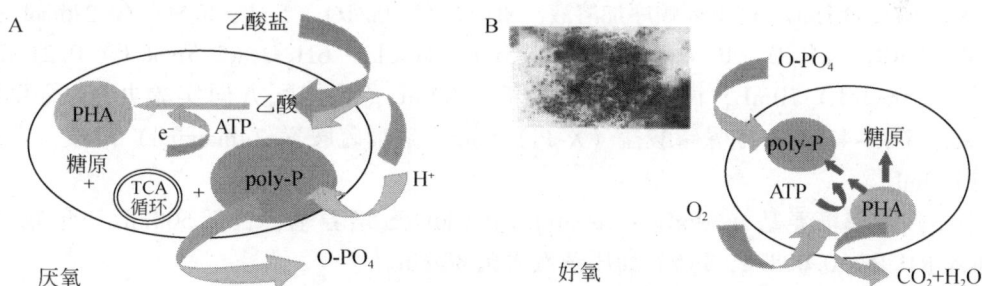

图 5-4　EBPR 的除磷机制模型（Seviour et al.，2003）

经过 EBPR 系统处理后，污水的总磷（total phosphorus，TP）去除率可高达 90%，可见 EBPR 的除磷效率很高（以上提到的工艺除磷率为 60% ~90%）。但是，EBPR 的正常运行也受到如 PAOs 的种类、数量、代谢活性、与其他微生物所形成的微生态系统的特性及 DO 浓度、pH、氮源、水温等影响。此外，由于活性污泥是一个混合体系，其中还存在另一类被称为聚糖菌（glycogen accumulating organisms，GAOs）的微生物类群。GAOs 通常与 PAOs 竞争碳源，却不能聚集磷，某些情况下

GAOs 的大量繁殖对 EBPR 系统的除磷效果有非常恶劣的影响。

因此，EBPR 系统的运行通常潜在不可预知的失败因素，这种失败主要是由对污泥中的微生物组成、种群变化规律等的掌握不够造成的。目前，很多研究人员希望通过分离筛选或人工构建得到高效的聚磷菌株，对其生长与代谢机制进行更为全面的研究，从而有针对性地设计出运行稳定且除磷效果理想的污水处理工艺。研究较多的聚磷菌包括不动杆菌（*Acinetobacter* sp.）、芽孢杆菌（*Bacillus* sp.）、假单胞菌（*Pseudomonas* sp.）、克雷伯杆菌（*Klebsiella* sp.）、产碱杆菌（*Alcaligenes* sp.）和节杆菌（*Arthrobacter* sp.）等。这些聚磷菌主要分离自活性污泥，有的菌株较为适合于对含磷量较高（10mg/L 以上）的污水进行处理，除磷率可在 80% 以上；有的比较适合低浓度磷的去除（1mg/L 左右），除磷率接近 100%，这样的除磷效果是物理法和化学法所难以比拟的。

分离与筛选法仍然是目前获得高效聚磷菌的主要方法，不过分离与筛选通常需要分成多个步骤，逐步进行筛选与验证。以下就近年来应用较多的"蓝白斑筛选法"及一种最近报道的"高通量筛选法"做一详细介绍。

三、实验材料

1. 培养基

1）YG 培养基（1L）：酵母浸膏 1.0g，葡萄糖 1.0g，K_2HPO_4 0.3g，KH_2PO_4 0.25g，$MgSO_4 \cdot 7H_2O$ 0.2g，pH6.5，琼脂 18.0g，115℃高压蒸汽灭菌 30min。

2）MOPS 培养基（10×）（100mL）：3-（*N*-吗啡啉）丙磺酸（MOPS）8.37g，三甲基甘氨酸（tricine）0.717g，定容到 44mL，10mol/L KOH 调 pH 至 7.4，0.01mol/L $FeSO_4 \cdot 7H_2O$ 1mL，按下列顺序加溶液，NH_4Cl（1.9mol/L）5mL，K_2SO_4（0.276mol/L）1mL，$CaCl_2 \cdot 2H_2O$（0.02mol/L）0.025mL，$MgCl_2 \cdot 6H_2O$（2.5mol/L）0.21mL，NaCl（5mol/L）10mL，微量元素混合液 0.02mL（具体配方同实验九），葡萄糖 0.1g，5-溴-4-氯-3-吲哚磷酸盐（X-Pi）5mg，微量硫胺素（thiamine）溶液，定容到 100mL。

3）限磷培养基（50mL）：取 50mL 10×MOPS 培养基，置于 500mL 三角瓶中，加入 KH_2PO_4 0.0087g，115℃高压蒸汽灭菌 30min。

4）过磷培养基（50mL）：取 50mL 10×MOPS 培养基，置于 500mL 三角瓶中，加入 KH_2PO_4 0.173g，115℃高压蒸汽灭菌 30min。

5）人工合成污水（1L）：$MgSO_4 \cdot 7H_2O$ 0.4g，$FeSO_4 \cdot 7H_2O$ 0.002g，$CaSO_4 \cdot 2H_2O$ 0.08g，乙酸钠 0.5g，牛肉膏 0.22g，$(NH_4)_2SO_4$ 0.2g，用 1.0mol/L NaOH 调节 pH 至 7.0，根据不同实验需求加入不同量的 K_2HPO_4 调节磷的初始浓度，115℃高压蒸汽灭菌 30min。

2. 试剂

1）染液 A：甲苯胺蓝 0.15g，孔雀绿 0.2g，95% 乙醇 2mL，冰醋酸 1mL，用蒸馏水定容至 100mL。

2）染液 B：碘 2g，碘化钾 3g，蒸馏水 300mL，先将碘和碘化钾在研钵中研碎，之后加 40~50mL 蒸馏水使其充分溶解，然后再加足量蒸馏水定容。

3）0.3% 苏丹黑 B 溶液：称取苏丹黑 B 0.3g，加入到 100mL 70% 的乙醇中，溶解后振荡混匀，静置，过夜备用。

4）0.5% 番红水溶液：称取 2.5g 番红，溶于 100mL 的无水乙醇中，然后再取番红乙醇溶液 20mL，加入到 80mL 蒸馏水中即可。

5）5% 过硫酸钾溶液：称取 5g 过硫酸钾溶解于 100mL 蒸馏水中。

6）磷酸盐标准液：磷酸盐标准贮备溶液（50μg/mL）配制方法，称取磷酸二氢钾（注意：使用前在 110℃ 条件下干燥 2h）（0.2197±0.001）g，溶解并定容至 1000mL（注意：若要长期保存，应在定容前往其中添加 1+1 硫酸 5mL，4℃ 条件下应可保存 6 个月左右）；磷酸盐标准液（2μg/mL）制备方法，吸取 10mL 磷酸盐标准贮备溶液于 250mL 容量瓶中，以蒸馏水稀释至标线，摇匀（注意：使用时现配比较好）。

7）钼酸铵溶液：称取 13g（注意：精确至 0.1g）钼酸铵于 100mL 水中，然后溶解 0.35g（注意：精确至 0.01g）酒石酸锑钾于 100mL 水中，在不断搅拌的同时把钼酸铵溶液缓缓加入 300mL 1+1 硫酸溶液中，然后加入酒石酸锑钾溶液，冷却，混匀，存于棕色瓶中（注意：冷藏可保存两个月）。

8）10% 抗坏血酸溶液：称取 2g 抗坏血酸溶解于 20mL 蒸馏水中，储存于棕色试剂瓶中（注意：4℃ 条件下一星期之内均可使用，若溶液变黄则不可再使用，需重配）。

9）1+1 硫酸：取浓硫酸与蒸馏水体积以 1∶1 混合（注意：酸入水，边加酸边搅拌，防止因局部过热发生危险）。

10）器材：光学显微镜，50mL 具塞刻度管，高压蒸汽灭菌锅，分光光度计，摇床，恒温培养箱，三角瓶，移液管，载玻片，试管，无菌水，Eppendorf 管，洗瓶，擦镜纸，吸水纸，香柏油及接种用具等（注意：由于环境中磷元素的来源广泛，容易对实验中磷浓度的测定造成干扰，实验中所有要使用到的玻璃器皿在使用前都要在 0.1mol/L 的盐酸中浸泡 3h 以上，再经过自来水与蒸馏水的反复冲洗、烘干，才能使用）。

四、实验步骤

（一）蓝白斑筛选法

首先采用 YG 培养基进行分离纯化，再利用限磷与过磷培养基初筛，两种平板上均变为蓝色的菌落即初筛得到的聚磷菌。初筛可以减少复筛步骤中聚磷率测定的菌株数量，有利于工作效率和准确性的提高。在复筛过程中，测定菌株的除磷率，当菌株的除磷率在50%以上时，即认为其是高效菌株。之后一般还会对其胞内的多聚磷酸盐颗粒（异染粒）和β-聚羟丁酸（PHB）进行染色，进一步确认其聚磷的代谢特性。

1. 聚磷菌的分离

1）称取5g活性污泥或沉积物样品，置于装有45mL无菌水的三角瓶中，于28℃，以150r/min摇床振荡1h，使样品均匀分散到无菌水中得到沉积物菌悬液。

2）吸取1mL菌悬液置于事先装入9mL无菌水的试管中，混合均匀，配置梯度为10^{-1}、10^{-2}、10^{-3}、10^{-4}的菌悬液，从各稀释度菌悬液中分别吸取200μL分别涂布于YG培养基平板上，于28℃恒温培养箱中倒置培养，每个稀释度设3个重复，并以不接菌的平板作为空白对照，以保证菌种分离过程中未受到杂菌的污染。

3）培养2～3d后，待平板上长出大小合适且没有叠加的菌落，从中分别挑取形态、颜色和大小不同的菌落，做好标记与记录，划线纯化。

2. 聚磷菌的定性筛选

1）将分离纯化好的菌种活化，分别点接到限磷和过磷两种培养基上，28℃培养1～5d，两种平板上均变为蓝色的菌落即初筛得到的候选聚磷菌菌株。

2）将初筛反应为阳性的菌株保存于YG培养基斜面，备用。

3. 聚磷菌内含物的染色

（1）多聚磷酸盐颗粒的染色

培养以上筛选到的菌体至对数期，收集并涂片，在火焰上固定后，加染色液A染色5min，水洗后再加染色液B染色1min，水洗，吸干，镜检。结果应该是菌体呈绿色，异染粒呈蓝黑色。

（2）β-聚羟丁酸的染色

收集菌体涂片，在火焰中固定后，用苏丹黑B染液染色3～5min。再用70%的乙醇脱色，要使背景变为无色为止。用蒸馏水洗5～10s后用0.5%的番红染液着色30s～1min，最后水洗，吸干，镜检。结果应该是菌体呈粉红色，PHB呈黑绿色。

（3）备选聚磷菌的保藏

将以上反应为阳性的菌株纯化好后接种于YG培养基斜面4℃保藏，备用。并留一份保存于30%的甘油管中，−70℃储存保留。

4. 高效聚磷菌的定量筛选

（1）菌体的活化与培养

将初筛到的聚磷菌菌株分别接种于含5mL YG液体培养基的试管中，28℃过夜培养活化；无菌条件下吸取种子液0.5mL于1.5mL无菌的Eppendorf管中8000r/min，离心5min，弃上清；加1.0mL无菌水悬浮，8000r/min，离心5min，共清洗两次（注意：活化培养基中含一定量的磷，若不加以清洗会影响后续培养液的初始磷浓度）；将清洗好的菌体分别接入200mL人工合成污水中，28℃，150r/min摇床振荡培养24h（注意：每个浓度设3个重复）；吸取10mL菌悬液于8000r/min，离心8min，取上清液测定总磷含量；以未接种的人工合成污水为空白对照，同样取 10mL 测定其中的总磷含量作为初始磷含量值。

（2）总磷浓度的测定

总磷测定方法采用钼酸铵分光光度法。本方法的最低检出浓度为 0.01mg/L，测定上限为 0.6mg/L。总磷是指溶解磷、颗粒磷、有机磷和无机形态磷的总和。在酸性条件下，砷、铬、硫的存在会对测定造成一定程度的干扰。

原理：在中性条件下，样品经过过硫酸钾的消解后，所有形态的磷都将被氧化为正磷酸盐（PO_4^{3-}）。而在酸性介质中，正磷酸盐会与钼酸铵发生反应，在锑盐存在时生成磷钼杂多酸后，立即被抗坏血酸还原，从而形成蓝色的络合物，在 700nm 处有最大吸收值。

测定步骤如下。①消解。往 50mL 刻度管中加入 5mL 样品，再加入 4mL 过硫酸钾，把塞塞紧后，再用纱布与细线把玻璃塞扎紧（注意：以防在消解时由于压力太大喷出）。将所需的刻度管加好水样与过硫酸钾后，放在大烧杯中置于高压蒸汽灭菌锅中消解，121℃保持压力 30min，然后取出冷却。再用蒸馏水稀释样品至标线。②显色。分别往每个刻度管中加入 1mL 抗坏血酸溶液混匀，30s 后再加入钼酸盐溶液 2mL，充分摇匀，室温 20℃以上时放置 30min。③测定。以水为空白（同样经过消解，加入显色剂处理）调节仪器的零点，利用 1cm 光径的比色皿在 700nm 处进行比色测定。④标准曲线绘制。取 50mL 具塞刻度管 7 支，分别加入磷酸盐标准使用液 0mL、0.5mL、1.0mL、3.0mL、5.0mL、10.0mL 与 15.0mL，加蒸馏水至 50mL。其他步骤同上，于 700nm 波长处，以水与试剂空白溶液为参比，测量吸光度。以吸光度为纵坐标，磷浓度（μg/mL）为横坐标，绘制标准曲线。

（3）菌株除磷率的计算

以未接菌的人工合成污水的总磷浓度作为初始对照，按下式计算菌株的除磷率。

聚磷率＝（初始总磷浓度–上清液总磷浓度）/初始总磷浓度×100%

（二）高通量筛选高效聚磷菌的新方法

初筛聚磷菌的培养基（PAM）成分为（1L）：柠檬酸钠 4.0g，NaCl 0.5g，$(NH_4)_2SO_4$ 2.5g，$CaCl_2$ 0.25g，$MgSO_4 \cdot 7H_2O$ 0.25g，Na_2HPO_4 12.8g，KH_2PO_4 3g，麦芽糖 0.01g，琼脂 20g。而在定量筛选时，需要添加 0.025g/L 甲苯胺蓝–O（培养液命名为 PAM-TBO）。

操作步骤如下。

1）分离纯化与初筛采用 PAM 培养基，操作步骤同"蓝白斑筛选法"。

2）定量筛选步骤为：在 96 孔板上分别加 0.2μL 液体 PAM 和 PAM–TBO 培养液，每个处理做 4 个重复。然后接种 20μL 菌液，不接种微生物的处理作为对照，于 28℃培养 24h，8000r/min 离心，取上清于 625nm 处测定吸光度。凡吸光度明显小于对照体系的菌种即聚磷菌，且褪色越明显表明菌株的聚磷能力越强。另外，如果初筛时用肉眼就可判定甲苯胺蓝明显褪色的话，也可以省去比色的步骤。

相比于之前的筛选方法，这种方法更适于大批量初步筛选环境样品中的聚磷菌，且步骤较为简便，覆盖面更广。之后为确保菌株具有较好的聚磷能力，当然最好再进一步对菌体内的 PHB 和 poly-P 及菌种的除磷率做进一步检测（具体步骤同上）。

五、实验结果

1. 观察菌体内的 poly-P 与 PHB 的形态。
2. 观察并记录高效聚磷菌菌株的菌落与菌体形态，试比较其异同。
3. 计算不同菌株的除磷率。

六、思考题

1. 为了使染色结果更加清晰，对于菌体的培养条件应该进行怎样的调整？
2. 试叙述聚磷菌的聚磷机制。
3. 获得高效聚磷菌菌株之后，还可以进行哪些方面的研究？
4. 不同来源的样品中高效聚磷菌的比例是否存在差异？为什么？

七、参考文献

蔡天明，管莉菠，崔中利，等. 2005. 高效聚磷菌株 GM1 的分离和聚磷特性研究. 土壤学报，42（4）:635-640.

马放，杨菲菲，李昂，等. 2011. 1 株高效反硝化聚磷菌的生物学特性研究. 环境科学，32（9）：2710-2715.

Chaudhry V, Nautiyal CS. 2011. A high throughput method and culture medium for rapid screening of phosphate accumulating microorganisms. Biores Technol, 102：8057-8062.

Gao JQ, Xiong ZT, Zhang JD, et al. 2009. Phosphorus removal from water of eutrophic Lake Donghu by five submerged macrophytes. Desalination, 242：193-204.

Le C, Zha Y, Li Y, et al. 2010. Eutrophication of lake waters in China：cost, causes, and control. Environ Manage, 45：662-668.

Li HF, Li BZ, Wang ET, et al. 2012. Removal of low concentration of phosphorus from solution by free and immobilized cells of *Pseudomonas stutzeri* YG-24. Desalination, 1：242-247.

实验六　微生物脱氮技术

一、实验目的

1. 了解脱氮微生物的组成类群。

2. 学习并掌握分离脱氮微生物的基本方法。

3. 学习并掌握微生物脱氮活性的检测方法。

二、实验原理

氮素是造成水体与环境污染的一类主要污染物质，当水体中氮素的浓度超过 0.2mg/L 时，即会引发富营养化的发生，促使藻类过度繁殖，破坏水体生态环境的平衡，恶化水质。饮用水中硝酸盐和亚硝酸盐浓度过高时还会妨碍人体血红蛋白氧的运输，并且有可能进一步转化为致癌的亚硝胺物质，影响人类及其他生物的健康。因此，对于水体中氮素的去除是环境治理中一项非常重要的实施内容。

水体中的氮素以有机氮与无机氮形式存在。有机氮主要有来源于农业垃圾、食品加工等工业废水及生活污水的蛋白质、多肽和氨基酸。而无机氮则以氨氮（NH_3-N）、亚硝态氮（NO_2^--N）和硝态氮（NO_3^--N）3 种形式存在，主要来自于农田排水、微生物对有机氮的分解及一些工业废水。除此以外，气态形式是氮素在自然界中的主要存在方式，在氮素循环的过程中，水体中的氮可以在微生物的作用下由有机态矿化为无机态，再由液体中的离子形态转化为气态分子状态——N_2，这就为我们能够将水体中的氮素去除提供了大大的便利。这也是微生物的脱氮过程。目前已经发现，有超过 50 个属的 130 个种的细菌具有脱氮作用。脱氮微生物几乎遍布土壤、淡水、海洋、植物与动物体等普通生境，来源十分广泛。微生物脱氮的基本原理是在传统二级生物处理（图 6-1）中，在将有机氮转化为氨氮的基础上，通过硝化菌的作用将氨氮通过硝化过程转化为亚硝态氮与硝态氮。时至今日，尚未发现一种细菌可以直接把氨氮转化为硝酸盐，因此硝化作用必须通过亚硝化细菌和硝化细菌共同完成；然后再利用反硝化菌将硝态氮转化为氮气，从而达到去除水体中过量氮素的目的。因此，具有脱氮作用的微生物主要是指硝化细菌和反硝化细菌。

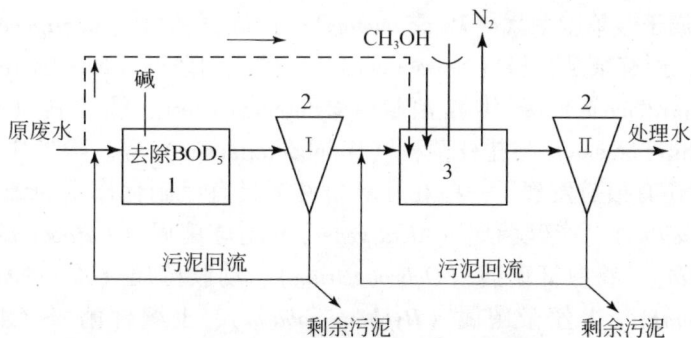

图 6-1　二级生物脱氮系统工艺流程图

1. 硝化氨化；2. 沉淀池；3. 反硝化反应器；Ⅰ. 初沉池；Ⅱ. 二沉池

（一）硝化细菌

硝化细菌是一类革兰氏阴性、不产芽孢的短杆、球形及螺旋形的好氧菌，它们在生命活动过程中不需要有机物作为营养物质，可以在氧化无机氮化合物的过程中固定 CO_2 并合成自身的有机物，故属于化能自养型的微生物。硝化细菌包括两个完全不同的代谢群。一类是具有硝化活性的硝化细菌，主要包括螺旋菌属（*Nitrospira*）、硝酸盐杆菌属（*Nitrobacter*）、球菌属（*Nitrococcus*）与硝化刺菌属（*Nitrospina*），它们可以把 NO_2^--N 氧化为 NO_3^--N；另一类被称为亚硝化细菌，主要由亚硝酸盐球菌属（*Nitrosococcus*）、亚硝化螺菌属（*Nitrosospina*）和亚硝酸单胞菌属（*Nitrosomonas*）的微生物组成，这类微生物可以将 NH_3-N 氧化成 NO_2^--N。硝化细菌的最适生长温度为 25～30℃，pH 为 7.5～8.0，但会被较高的光照强度与氧浓度抑制，pH 小于 6.0 时硝化作用会明显下降。令人惊喜的是，近年来还发现了一些异养硝化细菌，与自养型的硝化细菌相比，异养种类的生长速率更快，所需 DO 浓度较低，多数还能同时进行反硝化作用，可以降低运行成本，简化工艺，已成为生物脱氮新工艺的重要研究对象。生物的硝化过程需要由亚硝化细菌与硝化细菌共同参与。总体反应式为

$$NH_4^+ + 2O_2 \longrightarrow NO_3^- + 2H^+ + H_2O$$

（二）反硝化细菌

生物反硝化作用是指废水中的硝态氮或亚硝态氮在无氧或低氧条件下被微生物还原为氮气的过程。具有反硝化活力的微生物称为反硝化细菌，多为异养、兼性厌氧细菌，它们能够利用各种各样的有机质作为反硝化过程中的电子供体，其中包括碳水化合物、有机酸、醇，甚至是烷烃和苯的衍生物。反硝化细菌广泛分布于土壤、厩肥和污水中，据调查土壤微生物中约有 50% 的细菌具有反硝化能力。自然界中已发现的反硝化细菌分别属于假单胞菌属（*Pseudomonas*）、产碱杆菌属（*Alcaligenes*）、芽孢杆菌属（*Bacillus*），还有奈瑟菌科（Neisseriaceae）、硝化细菌科（Nitrobacteraceae）、红螺菌科（Rhodospirillaceae）、纤维黏菌科（Cytophagaceae）、螺菌科（Spirillaceae）、根瘤菌科（Rhizobiaceae）与盐杆菌科（Halobacteriaceae）等。除了典型的兼性厌氧菌之外，目前还有报道发现了一些在好氧条件下具有反硝化作用的细菌，如来源于芽孢菌属（*Bacillus*）、产碱菌属（*Alcaligenes*）、副球菌属（*Paracoccus*）、克雷伯杆菌属（*Klebsiella*）、苍白杆菌属（*Ochrobactrum*）、动胶菌属（*Zoogloea*）、假单胞菌属（*Pseudomonas*）、生丝微菌属（*Hyphomicrobium*）、土壤杆菌属（*Agrobacterium*）、黄杆菌属（*Eubacterium*）、丙酸杆菌属（*Propionibacterium*）、芽生杆菌属（*Blastobacter*）、盐杆菌属（*Halobacterium*）和根瘤菌属（*Rhizobium*）等的微生物。好氧反硝化菌的发现，使人们许久以来想要实现的简化传统脱氮工艺、降低脱氮成本及优化操作条件的可能性大大增加。

反硝化菌的碳源主要来自葡萄糖、甲醇和乳酸等有机物，最适的反应条件一般为 $10 \sim 35℃$，pH 为 $7.0 \sim 8.0$。一般只要溶解氧浓度合适，有 NO_3^--N 存在，温度与 pH 合适就有利于反硝化反应的进行。

反硝化作用的反应式可表示为

$$2NO_3^-+10e^-+12H^+\longrightarrow N_2+6H_2O$$

其中包括以下 4 个还原反应。

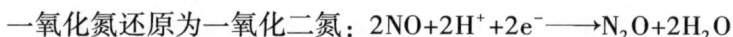

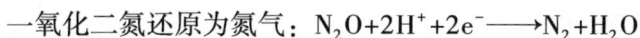

硝酸盐还原为亚硝酸盐：$2NO_3^-+4H^++4e^-\longrightarrow 2NO_2^-+2H_2O$

亚硝酸盐还原为一氧化氮：$2NO_2^-+4H^++2e^-\longrightarrow 2NO+2H_2O$

一氧化氮还原为一氧化二氮：$2NO+2H^++2e^-\longrightarrow N_2O+2H_2O$

一氧化二氮还原为氮气：$N_2O+2H^++2e^-\longrightarrow N_2+H_2O$

（三）影响脱氮效果的因素

1. pH

在硝化反应过程中，由于消耗了碱性物质 NH_3，生成 HNO_3，水中 pH 下降，而硝化反应对 pH 非常敏感，亚硝化细菌和硝化细菌都是在碱性条件下活性强，超过了一定的范围，其活性将显著下降。因此，当出现水体 pH 下降时，可以适当投加 $NaHCO_3$，维持碱度，中和 HNO_3，使 pH 维持在碱性（pH $7.5 \sim 8.0$），以满足硝化细菌对 pH 的要求，同时，投加 $NaHCO_3$ 还可以为硝化细菌提供碳源。

2. 溶解氧

硝化反应要保持好氧条件，在硝化反应的曝气池内，DO 含量不得低于 $1mg/L$，一般维持在 $2 \sim 3mg/L$ 为宜。反硝化反应应在好、厌氧交替的条件下进行，DO 浓度应控制在 $0.5mg/L$ 以下。当 DO $>1.0mg/L$ 时，反硝化速率可忽略不计。

3. 温度

硝化反应的适宜温度为 $20 \sim 35℃$，$15℃$ 硝化反应速度下降，$5℃$ 硝化反应几乎停止。反硝化反应可在 $15 \sim 35℃$ 进行，当温度低于 $10℃$ 或高于 $30℃$ 时，反硝化速率明显下降，当温度在 $3℃$ 以下时，反硝化作用将停止。

4. 碳氮比

根据计算理论值，每转化 $1g$ NO_3^--N 为 N_2 需要的碳源有机物为 $2.86g$，实际脱氮过程中比值应大于 3 以上，具体根据水体中有机物含量而定，一般认为当废水中 BOD_5 与总氮的比值在 $3 \sim 5$ 时，可不考虑外加碳源。低于此值应补充必要的外来碳源，通常补加甲醇为外来碳源。碳氮比可用 BOD_5/TN、BOD_5/NO_x^--N、COD/TN、COD/NO_x^--N 等形式表示。

5. 污泥龄

一般生物脱氮工艺中的污泥龄在 $2 \sim 4d$，有的可高为 $10 \sim 15d$，甚至 $30d$，较长的污泥龄可增加生物的硝化能力，并可减轻有毒物质的抑制作用，但过长的污泥龄将降低污泥的活性而影响处理效果。

6. 有毒有害物质

一些重金属、氰化物、砷化物等有毒物质在一定浓度下对硝化反应有抑制作用，因此在废水的生物脱氮过程中必须注意对这些有毒有害物质浓度的控制。

（四）生物脱氮的工艺

1. 厌氧-好氧生物脱氮工艺

此工艺又称为"前置式反硝化生物脱氮系统"。这是目前采用较为广泛的一种脱氮工艺。本工艺流程简单，无需外加碳源，因此，建设费用与运行费用均较低；缺点为沉淀池运行不当，不及时排泥，在池内能够产生反硝化反应，污泥上浮，处理水水质恶化，影响反硝化进展。

2. 氧化沟法脱氮工艺

在氧化沟内划分成好氧区、缺氧区，并按其进行适当的运行，能够取得硝化与反硝化的效果。原废水中的有机物可作反硝化反应的碳源。而在好氧区内，有机污染物为好氧细菌所分解，NH_3-N 经硝化反应形成硝酸氮（NO_3^--N），后者则在缺氧区反硝化反应的作用下，还原为气态氮，放回于大气。

3. SBR 工艺

该工艺具有投资少，耐冲击负荷，污泥不易膨胀，能够有效去除 N、P 的特点。SBR 工艺可以通过限制曝气或半限制曝气等运行工况在时间上实现缺氧、厌氧、好氧组合，并通过各个过程的时间控制，达到脱氮的目的。传统活性污泥脱氮技术目前已大量应用于城市污水工程，积累了许多实际经验，但仍存在一些问题急需解决。

4. 生物膜脱氮工艺

生物转盘、生物滤池、生物流化床等生物膜法反应器均可以设计成具有脱氮功能的反应器。目前，已开发了浮动床生物膜反应器脱氮系统、浸没式生物膜反应器脱氮系统、三级生物滤池脱氮系统。这些生物膜脱氮系统相对于活性污泥脱氮系统具有更好的稳定性、污泥浓度高、产泥量少，但能耗较高。

5. SHARON 工艺

SHARON 工艺应用硝化细菌和亚硝化细菌的不同生长速率，即在较高温度下，硝化细菌的生长速率明显低于亚硝化细菌的生长速率。因此，在完全混合反应器中通过控制温度和停留时间，可以将硝化细菌从反应器中冲洗出去，使反应器中亚硝化细菌占绝对优势，从而使氨氧化控制在亚硝化阶段。同时通过间歇曝气，可以达到反硝化的目的。其优点表现在以下几个方面：①硝化与反硝化两个阶段在同一个反应器中完成，可以简化流程；②硝化产生的酸度可部分地由反硝化产生的碱度中和；③可以缩短水力停留时间（HRT），减少反应器体积和占地面积；④可节省反硝化过程需要的外加碳源；⑤可节省供气量 25% 左右，节省动力消耗。

6. ANAMMOX 工艺

ANAMMOX 工艺是指在厌氧条件下，微生物直接以 NH_4^+ 为电子供体，以 NO_3^- 或 NO_2^- 为电子受体，将 NH_4^+、NO_3^- 或 NO_2^- 转变成 N_2 的生物氧化过程。该工艺具有以下特点：①在 ANAMMOX 过程中不需要将 NH_4^+ 转化氧化为 NO_3^-，而仅需转化为 NO_2^-，因此所需供氧量大大降低；②由于实现 ANAMMOX 的微生物为自养菌，无需外加碳源；③虽然此工艺的基质是氨和亚硝酸盐，但若这两种物质浓度过高会对厌氧氨氧化菌的活性产生抑制作用；④厌氧氨氧化菌的活动温度为 $20 \sim 43℃$，需要外部加热，因此该工艺的运行费用较高。

7. SHARON-ANAMMOX 联合工艺

将前面两种工艺联合起来，在反应系统中，进水总 NH_4^+ 的 50% 在半硝化反应器（SHARON）内发生如下反应（图6-2）：

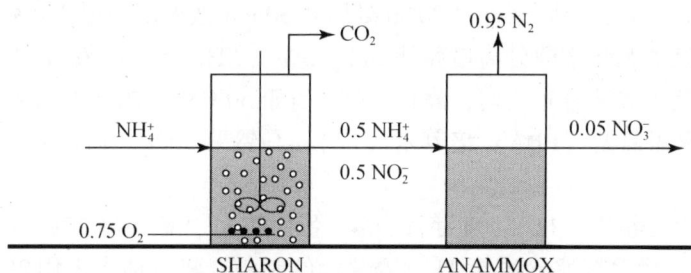

$$NH_4^+ + HCO_3^- + 0.75O_2 \longrightarrow 0.5NH_4^+ + 0.5NO_2^- + CO_2 + 1.5H_2O$$

图6-2　SHARON-ANAMMOX 联合工艺示意图

半硝化反应器的出水（含有 NH_4^+ 和 NO_2^-）作为厌氧氨氧化反应器（ANAMMOX）的进水。在厌氧氨氧化反应器内发生厌氧反应，有95%的氮转变成 N_2，另外，还有少量的 NO_3^- 随出水排出。其优点在于较之传统的硝化-反硝化工艺，该工艺耗氧量由 $4.6kg\ O_2/kg\ N_2$ 降到 $1.9kg\ O_2/kg\ N_2$，降低了耗氧约60%，且不需要添加碳源，产生的剩余污泥量很少。

8. CANON 工艺

CANON 工艺是指在限氧的条件下，利用完全自养性微生物将氨氮和亚硝酸盐同时去除的一种方法。该工艺可用于低浓度有机物的废水生物脱氮，可以采用单一反应器或生物膜反应器。此过程依赖于两类自养微生物——好氧硝化细菌和厌氧氨氧化细菌的协同作用。由于该工艺过程微生物是完全自养的，不需要外加碳源，尤其适合于处理有机物含量较低的高氨废水；在一个反应器内实现生物脱氮，减少设备费用和占地面积；由于在整个脱氮过程中也不需要通风曝气，因此能节约能耗。

三、实验材料

1. 培养基

1）硝化细菌培养基（1L）：$NaNO_2$ 1.0g，$MgSO_4 \cdot 7H_2O$ 0.03g，K_2HPO_4 0.75g，$MnSO_4 \cdot 4H_2O$ 0.01g，NaH_2PO_4 0.25g，Na_2CO_3 1.0g，pH8.0。

2）亚硝化细菌培养基（1L）：$(NH_4)_2SO_4$ 2.0g，$MgSO_4 \cdot 7H_2O$ 0.03g，K_2HPO_4 0.75g，$MnSO_4 \cdot 4H_2O$ 0.01g，NaH_2PO_4 0.25g，$CaCO_3$ 5.0g，pH7.2。

3）硅胶平板培养基：取等体积的盐酸（HCl 相对密度1.09）和硅酸钠（相对密度1.10）溶液，徐徐加入灭过菌的烧杯中，缓慢混合，均匀搅拌，倒入平皿内（注意：灌浇硅胶平板时，注意无菌操作技术）。每个皿 20~25mL，静置24h，待凝固后以缓流水冲洗 2~3d 以除去氯离子。为检测氯离子是否完全消失，可滴加1%的硝酸银溶液测试，如出现白色沉淀，需继续冲洗。之后用煮沸的蒸馏水冲洗平板3次或将平皿盖子打开并置于距紫外灯20cm处照射30min做灭菌处理。之后，分别吸取预先配制并灭好菌的硝化细菌分离培养基2mL，5%（NH_4）$_2SO_4$溶液1mL于无菌平板内，轻轻转动平皿使培养液分布均匀，静置片刻，置于50℃烘箱内至表面无水流动为止。

4）马铃薯葡萄糖（PDA）培养基（1L）：马铃薯300g，葡萄糖20g，琼脂 15~20g，pH 自然。

5）麦芽汁培养基（1L）：麦芽汁20g，蛋白胨1g，葡萄糖20g，琼脂20g。将上述物质溶解后，用蒸馏水定容至1L。麦芽汁的制备：将普通大麦用20℃左右的水浸泡4h，并在大麦表面覆盖一层湿布，每天补水1或2次，至麦芽长到与麦粒长度相仿时，将发好芽的大麦风干、捣碎，制成大麦粉。按照1:4的比例将大麦粉加至水中，在55℃的水浴锅中糖化 6~7h，至加碘后不变蓝色为宜。用纱布过滤，得到麦芽汁，放置一段时间，使杂质沉淀，然后将麦芽汁稀释到相对密度为 1.036~1.043，pH 调整为 6.4 左右，再加入质量浓度为20g/L的琼脂即可。

6）BPY 培养基（1L）：牛肉膏5g，蛋白胨10g，NaCl 5g，酵母膏5g，葡萄糖5g，琼脂 15~20g，pH 调至7.0。

7）反硝化细菌富集培养基（1L）：蛋白胨10.0g，KNO_3 1.0g，pH7.2~7.6，固体培养基需添加 15~20g 琼脂。

8）反硝化细菌培养基（1L）：KNO_3 2.0g，$MgSO_4 \cdot 7H_2O$ 0.2g，K_2HPO_4 0.5g，酒石酸钾钠（$C_4O_6H_4KNa$）20.0g，pH 约7.2。

9）硝酸盐还原产气培养基（1L）：牛肉膏3.0g，蛋白胨10.0g，KNO_3 1.0g，pH7.2~7.4。分装入试管后将杜氏管倒放入其中。

2. 试剂

（1）格里斯（Griess-Ilosvay）试剂

溶液Ⅰ：称取对氨基苯磺酸0.5g，溶于150mL 30%的乙酸溶液中，保存于棕色瓶中备用。溶液Ⅱ：称取 α-萘胺 0.5g，加入 50mL 蒸馏水后，煮沸，缓缓加入 150mL 30%的乙酸溶液，得到的溶液也保存于棕色瓶中。

（2）二苯胺硫酸试剂

称取二苯胺 1.0g，溶解于 20mL 蒸馏水中，之后缓缓加入浓硫酸 100mL，保存于棕色瓶中。

（3）NO_3^--N、NO_2^--N 测定试剂

1）盐酸溶液（1+6）：量取 50mL 浓盐酸加入到 300mL 蒸馏水中，摇匀即可。

2）10g/L 对氨基苯磺酸溶液：称取 5g 对氨基苯磺酸，溶于 350mL 盐酸溶液（1+6），用蒸馏水稀释定容至 500mL，储存于棕色试剂瓶中，可稳定数月。

3）1g/L 盐酸萘乙二胺溶液：称取 0.5g 盐酸萘乙二胺溶于 500mL 蒸馏水中，储存于棕色试剂瓶中并放到冰箱内保存，一般情况下可保持数周，如发现颜色变为深棕色即弃去重配。

4）100μg/mL 亚硝酸盐氮标准储备液：称取 0.4926g 亚硝酸钠在 110℃ 条件下干燥 2h，溶入少量水后全部转移入 1000mL 容量瓶中，加 1mL 三氯甲烷，定容，混匀，储于棕色试剂瓶中于冰箱内保存，有效期为两个月。

5）5.0μg/mL 亚硝酸盐氮标准使用液：移取 5.0mL 亚硝酸盐氮标准储备液于 100mL 容量瓶中，定容，混匀，现用现配。

6）100μg/mL 硝酸盐氮标准储备液：称取 0.7218g 硝酸钾，预先在 110℃ 条件下烘干，溶入少量无氨水后全部转移入 1000mL 容量瓶中，加 1mL 三氯甲烷，用无氨水定容，混匀，储于棕色试剂瓶中于冰箱内保存，有效期为 6 个月。

7）10μg/mL 硝酸盐标准使用溶液：量取 10mL 的硝酸钾标准储备液于 100mL 容量瓶中，加水至标线，混匀，应该在临用前配制。

8）无氨水：由蒸馏法制备，每升蒸馏水中加 0.1mL 硫酸（0.005mol/L），于全玻璃蒸馏器中重蒸馏，弃去 50mL 初馏液，接取其余馏出液体于具塞磨口的玻璃瓶中，塞好保存。

（4）总氮（TN）测定试剂

1）碱性过硫酸钾溶液：准确称取 $K_2S_2O_8$ 40.0g 与 NaOH 1.05g，将两种物质溶于无氨水中，稀释并定容至 1000mL，溶液放在聚乙烯瓶内，可贮存一周。

2）盐酸溶液（1+9）：取 10mL 浓盐酸加入至 90mL 蒸馏水中。

3）硝酸钾标准溶液（配置方法同上）。

3. 器材

显微镜，载玻片，无菌水，洗瓶，擦镜纸，吸水纸，香柏油，接种用具，锥形瓶，25mL 具塞刻度试管，滴管，10mm 石英比色皿，高压蒸汽灭菌锅，紫外可见分光光度计，摇床与分析天平等。

四、实验步骤

(一) 亚硝化细菌的分离与活性检测

1. 富集培养

称取土样 1g，接入到盛有 20mL 亚硝化细菌培养液的 250mL 锥形瓶中，28℃，150r/min 振荡培养 10～14d，每隔 1d 在白瓷板上分别加 2～3 滴格里斯试剂。然后用无菌滴管取出 1 滴培养液中的培养物加到试剂中，搅匀。检查培养液中 NO_2^- 的变化（注意：溶液由无色变为红色或粉红色时表明有 NO_2^- 的形成）。为了淘汰伴生的异养细菌，在富集培养 10d 后，应该用无菌滴管吸取 1～2 滴富集培养物接入新鲜的亚硝化细菌培养液中，继续振荡培养，并且监测 NO_2^- 的形成。也可通过不断补加 $(NH_4)_2SO_4$ 以利于亚硝化细菌的增殖，并有效地抑制伴生异养型细菌的生长。

2. 分离纯化

取富集培养液，通 CO_2 气体 30min，然后静置 30min。

硅胶平板分离：采用涂布分离法。取 0.1～0.2mL 富集培养液滴于 5～10 个亚硝化细菌分离培养基硅胶平板上，涂布分离；然后将硅胶平板放在盛有少量水的干燥器里（注意：防止水分蒸发，避免硅胶平板干裂），于 28℃ 恒温下培养 15～30d，当硅胶平板上出现亚硝化细菌极小的菌落后（多数菌落小于 0.1mm），挑取单菌落，编号并分别接种到亚硝化细菌培养液中，28℃ 恒温下培养 3～4 周，依上述方法检测溶液中 NO_2^- 浓度的变化。

3. 纯度检查

由于在对亚硝化细菌的培养过程中常会有异养型细菌伴随生长，必须用多种有机营养培养基检查培养物是否有异养型细菌的污染。通常用 BPY 培养基、麦芽汁培养基和马铃薯葡萄糖培养基分别检测异养型细菌、酵母菌与霉菌的存在。上述培养基平板或斜面接种培养物后若有微生物生长，表明分离瓶中培养物不纯；不生长，则为基本纯的培养物。若有异养型微生物存在，需要在分析原因后重复分离与纯化步骤，直至获得纯的亚硝化细菌。

(二) 硝化细菌的分离与活性检测

1. 富集培养

硝化细菌的富集与培养和亚硝化细菌的富集方法大体类似，当然其中也有一些区别。对 NO_3^- 的生成是通过二苯胺试剂来检测的。先取培养液与格里斯试剂反应，若没有红色产生，则滴加 2～3 滴二苯胺，若呈蓝色，则表明有 NO_3^- 生成，硝化细菌在其中发挥了作用。为了使硝化细菌快速增殖，可不断补加 $NaNO_2$ 提供能量并抑制伴生异养型细菌的生长。

2. 平板分离与纯化

硝化细菌的分离纯化也可采用硅胶平板法，不过要在平板上加入硝化细菌培养液和 5% 的 $NaNO_2$ 溶液 1mL。

3. 杂菌的检测

其中伴生的杂菌的检测方法同亚硝化细菌分离。

4. 硝化活性的检测

（1）硝化细菌的培养

取 6 个 250mL 的三角瓶，分成两组，做好标记，其中一组为空白对照。每个三角瓶中加入 50mL 硝化细菌培养液，灭菌。之后将纯化好的一个菌种接入培养液，对照组立即将培养液用 0.22μm 的滤膜过滤，滤液中亚硝酸盐的含量即初始值，先置于-20℃保存。另一组的三角瓶置于 28℃恒温培养 7～15d，之后取出培养液过滤，取滤液测定其中亚硝酸盐的含量。

（2）NO_2^--N 浓度的测定

采用格里斯试剂比色法（GB/T 5009.33—1996），该方法的原理是在弱酸条件下亚硝酸盐与对氨基苯磺酸重氮化后，再与 N-1-萘基乙二胺耦合形成紫红色物质。该物质在波长 540nm 下有最大光吸收，可使用紫外分光光度计进行检测。

该方法中亚硝酸盐的最低检出浓度为 0.003mg/L，最高检出浓度为 0.2mg/L。亚硝酸盐总量减去样品中剩余的亚硝酸盐的量即硝酸盐的量。

标准曲线的绘制：取 25mL 的刻度比色管 5 只，分别加入亚硝酸盐标准液 0.5mL、1.0mL、2.5mL、5.0mL 与 10.0mL，用水稀释至标线。各加入 1.0mL 对氨基苯磺酸溶液，摇匀后放置 2～8min，加 1.0mL N-（1-萘基）-乙二胺溶液，摇匀，以水作参比，540nm 处测定吸光度，绘制标准曲线。

样品测定：根据水样中的亚硝酸盐含量，吸取 10.0～15.0mL 水样于 25mL 比色管中，加水至 25mL，其他步骤同标准曲线绘制相同，测定吸光度后，根据标准曲线计算各培养基中亚硝酸盐的含量。

（3）硝化活性的计算

按下式计算硝化活性。

$$硝化活性 = （C_0 - C_1） / C_0 × 100\%$$

式中，C_0 为对照样品中亚硝酸根的浓度（mg/L）；C_1 为接种样品中亚硝酸根的浓度（mg/L）。

（三）反硝化细菌的分离与活性检测

1. 反硝化细菌的分离

取活性污泥样品 1g，溶入 100mL 的反硝化细菌富集培养基中，28℃恒温培养 1h，得到富集菌液。之后采用梯度稀释平板涂布法及划线法分离菌株。培养过程置于厌氧培养箱中，28℃恒温培养。对于筛选得到的菌株反复划线纯化后，定性检测菌株的反硝化潜力，即检测菌株是否具有硝酸盐还原活性且是否能够利用硝酸盐产气。

2. 反硝化活性检测

对定性方法筛选出的具反硝化潜力的细菌进行反硝化活性的定量测定时，首先将菌株接种至反硝化细菌培养基中，28℃恒温静置培养96h，5000r/min 离心10min（或者用孔径为 0.22μm 的滤膜进行过滤），取上清或滤液2mL，分别测定接种0h 与96h 时溶液中的总氮（TN）含量。

总氮的测定采用过硫酸钾氧化-紫外分光光度法。该方法的检测下限为 0.05mg/L，上限为4mg/L。测定原理为：过硫酸钾是一种强氧化剂，在 120～124℃ 的碱性基质条件下，不仅可将水样中氨氮和亚硝酸盐氮氧化为硝酸盐，同时也可以将水样中大部分有机氮氧化为硝酸盐。之后，用紫外分光光度法分别于波长 220nm 与275nm 处测定溶液的吸光度，按照公式 $A = A_{220} - A_{275}$ 计算硝酸盐氮的浓度，即原溶液中总氮的含量。

标准曲线的绘制如下。

1）分别吸取0mL、0.5mL、1.0mL、2.0mL、3.0mL、5.0mL、7.0mL 与8.0mL 的硝酸钾标准使用溶液于25mL 刻度试管中，用无氨水稀释至10mL 标线。

2）加入 5mL 碱性过硫酸钾溶液，塞紧磨口塞，用纱布及皮筋或绳子捆紧管塞，以防在高温高压条件下蹦出。

3）将刻度管置于高压蒸汽灭菌锅中，121℃消化30min，之后取出冷却至室温。

4）每个刻度管中加入（1+9）盐酸1mL，再用无氨水稀释至25mL 标线。

5）在紫外分光光度计上，以新鲜无氨水作空白对照，用 10mm 石英比色皿分别在220nm 与275nm 波长处测定吸光度。并利用校正的吸光度绘制标准曲线。

3. 样品中总氮浓度的测定

取培养液上清2mL（注意：使氮含量为 20～80μg 为好，因此最好根据样品中氮的大概含量确定要测定的体积）。操作步骤同上。然后按校正吸光度在标准曲线上查出相应的总氮量，样品的总氮量即

$$TN（mg/L）= m/V$$

式中，m 为从标准曲线上查得的含氮量（μg）；V 为所取水样体积（mL）。

4. 计算菌株反硝化活性

$$反硝化活性 = （C_0 - C_1）/C_0 \times 100\%$$

式中，C_0 为 0h 或对照样品初始总氮浓度（mg/L）；C_1 为接种样品中总氮的浓度（mg/L）。

五、实验结果

1. 观察硝化细菌、亚硝化细菌与反硝化细菌的菌落及菌体形态，并比较有何异同。

2. 分别计算脱氮微生物的硝化与反硝化活性。

六、思考题

1. 如果要分离好氧的反硝化细菌，应该对实验步骤做哪些调整？
2. 各类脱氮微生物在污水处理中分别起到什么作用？

七、参考文献

陈坚，刘和，李秀芬，等 . 2008. 环境微生物实验技术 . 北京：化学工业出版社 .

刘咏，钱家忠，魏兆军，等 . 2011. 反硝化细菌 Klebsiella sp. DB-1 的分离鉴定与活性研究 . 中国科学技术大学学报，41（1）：16-21.

肖晶晶，郭萍，霍炜，等 . 2009. 反硝化微生物在污水脱氮中的研究及应用进展 . 环境科学与技术，32（12）：98-102.

张景红，胡海涛 . 2010. 城市污水氮源与脱氮技术的发展 . 化学工程与设备，(02)：172-173.

Zhang JB，Wu PX，Hao B，et al. 2011. Heterotrophic nitrification and aerobic denitrification by the bacterium *Pseudomonas stutzeri* YZN-001. Bioresource Technol，102：9866-9869.

Zhang QL，Liu Y，Ai GM，et al. 2012. The characteristics of a novel heterotrophic nitrification- aerobic denitrification bacterium *Bacillus methylotrophicus* strain L7. Bioresource Technol，108：35-44.

实验七　富营养化湖水中藻类的测定（叶绿素 a 法）

一、实验目的

1. 了解富营养化产生的原因及评价方法。
2. 了解影响富营养化程度的主要因素。
3. 掌握叶绿素 a 的测定原理及方法。
4. 学习如何控制富营养化的方法。

二、实验原理

在自然条件下，随着河流夹带冲击物和水生生物残骸在湖底的不断沉降淤积，湖泊会从平营养湖过渡为富营养湖，这是一种极为缓慢的过程。而人类的活动，破坏了水体的生态平衡，加速了水体富营养化的这种过程。水体出现富营养化现象时，浮游藻类大量繁殖，形成水华，这种现象在海洋中则称为赤潮或红潮（图版 3）。

湖泊富营养化会破坏生态平衡，引起严重后果。富营养化促进细菌类微生物繁殖，加上大量动植物的呼吸作用，使水体耗氧量大大增加；沉于水底的死亡有机体的厌氧分解促使厌氧菌繁殖，产生有毒气体。这样由富营养化而引起的有机体大量生长又造成相反的结果，藻类、植物及水生动物趋于死亡甚至绝迹，生物多样性降低，水产资源遭到严重破坏，并引起一系列连锁效应，从而影响水资源的利用，给饮用、工农业供水、水产养殖、旅游及水上运输等带来巨大损失，并对人体健康构成危害。此外，富营养化还会增强水体中有机或无机污染物如农药、重金属等非营养物质的地球化学循环，会导致湖泊加速溶解气态的污染物质及增加传染病的发生率。

目前，全球水资源面临富营养化问题，并且有加速的趋势。欧洲曾统计了96个湖泊，其中80%的湖泊不同程度地受到氮、磷的污染，呈现出富营养化状态。而我国湖泊富营养化发展速度也相当快。调查结果表明，富营养化湖泊个数占调查湖泊的比例由20世纪70年代末80年代初的41%发展到20世纪80年代后期的61%，至20世纪90年代后期又上升到77%，并且部分水库也出现不同程度的富营养化。中华人民共和国环境保护部公布的2009年中国环境状况公报显示：26个国控重点湖泊（水库）中，营养状态为重度富营养的1个，占3.8%，中度富营养的2个，占7.7%，轻度富营养的8个，占30.8%。

湖泊污染源分为外源和内源，其中外源污染源主要有工业废水、生活污水及其他通过地面径流注入的污染物质，内源污染源指污染底泥、湖泊养殖及湖泊旅游等。国际经济合作与开发组织对水质富营养化开展了一系列的研究工作，最后确定氮、磷等营养物质的输入和富集是水体发生富营养化的最主要原因，大约80%的湖泊富营养化是受磷元素的制约，大约10%的湖泊与氮元素有关，余下10%的湖泊与其他因素有关。利贝格最小定律指出：植物生长取决于外界提供给它的所需养料中数量最少的一种。因此多数学者认为，磷是控制湖泊藻类生长的主要因素，氮其次。美国与加拿大的科学家经过长达37a的湖沼学实验也证实磷是富营养化的限制性因素，得出对内陆湖泊富营养化的治理控磷比控氮更为重要的结论，而环境因素造成的磷浓度的变化会通过藻类生物量表现出来，藻的生物量是表征水体富营养化的指标之一。由此，水体富营养化过程与氮、磷的含量密切相关，一般认为水体形成富营养化的指标是：水体中含氮量大于$0.2 \sim 0.3$mg/L，含磷量大于$0.01 \sim 0.02$mg/L，5d生化需氧量（BOD_5）大于10mg/L。在pH7~9的淡水中细菌总数达10^5个/mL，标志藻类生长的叶绿素a含量大于10μg/L。

目前广泛采用的富营养化的评价方法有：特征法、参数法、营养状态指数法、指示生物法、营养度指数法、评分法和神经网络法。特征法是根据湖泊富营养化的生态环境因子特征来评价湖泊营养状态的方法，最早是1937年由日本的吉村提出的。参数法是评价富营养化最常用的方法。参数法是根据湖泊主要的富营养化代表性参数，对这些参数进行大小分级，把湖泊水质划分为贫、中、富等多个营养类别。常用的参数有物理参数（透明度、水色、照度等）、化学参数（溶解氧、N、P、COD等）及生物参数（叶绿素、浮游植物种数、多样性指数等），如根据叶绿素a

含量进行营养分类（表7-1）。营养状态指数法是综合湖泊多项富营养化代表性指标，而对湖泊营养状态进行连续分级的方法。目前常用的营养状态指数法有卡尔森营养状态指数、修订的卡尔森指数和综合营养状态指数。指示生物法把浮游植物作为评价水质污染的指示生物用以划分水质的污染级别。营养度指数法（AHP-PCA）是将层次分析法和主成分分析法相结合提出的湖泊富营养化状态综合评价方法。评分法是利用湖泊藻类生长旺季的叶绿素a与相应期间的总磷、总氮、COD等相关关系确定评分值，从而判断湖泊营养程度的方法。人工神经网络理论是目前最活跃的前沿学科之一，在水质富营养化评价中最常用的神经网络法是多层前向反馈神经网络和径向基函数法。湖泊富营养化评价复杂多样，藻类在各种评价体系中均有重要地位，测定湖泊水样品中叶绿素的含量对评价湖泊富营养程度具有重要作用。

表7-1　湖泊富营养化的叶绿素a评价标准

指标	贫营养型	中营养型	富营养型
叶绿素a/（μg/L）	<4	4~10	>10

叶绿素是植物进行光合作用的主要色素，是一类含脂的色素家族，叶绿素a和叶绿素b是藻类植物叶绿体色素的重要组分，约占到叶绿体色素总量的75%。叶绿素在光合作用中起到吸收光能、传递光能的作用（少量的叶绿素a还具有光能转换的作用），因此叶绿素的含量与植物的光合速率密切相关，一定范围内，光合速率随叶绿素含量的增加而升高。在地表水环境的富营养化研究中，叶绿素a是表征浮游植物生物量的最常用的指标之一。同时，叶绿素a也是用来衡量水体水质，评价水体富营养化水平的标准之一。

叶绿素的实验室测量方法有分光光度法、荧光法、色谱法，其中以传统的分光光度法应用最为广泛。叶绿素a和叶绿素b都溶于乙醇、乙醚、丙酮等有机溶剂，不溶于水，有旋光性，主要吸收橙红光和蓝光。因此可以应用有机溶剂提取叶绿素，利用分光光度计在某一特定波长下测定提取液的吸光度，即可用公式计算出提取液中各色素的含量。根据朗伯-比尔定律，某有色溶液的吸光度 A 与其中溶质浓度 C 和液层厚度 L 成正比，即

$$A = \alpha \cdot C \cdot L$$

式中，α 为比例常数。

当溶液浓度以百分比浓度为单位，液层厚度为1cm时，α 为该物质的吸光系数。各有色物质溶液在不同波长下的吸光系数可通过测定已知浓度的纯物质在不同波长下的吸光度而求得。如果溶液中有数种吸光物质，则此混合液在某一波长下的总吸光度等于各组分在相应波长下吸光度的总和，这就是吸光度的加和性。

已知叶绿素a、叶绿素b的90%丙酮提取液在红光区的最大吸收峰分别为663nm和645nm。因此测定提取液在663nm、645nm、630nm波长下的吸光度，根据经验公式便可分别计算出叶绿素a（Ca）、叶绿素b（Cb）和总叶绿素（Cc）的

含量。

$Ca\ (\mu g/L) = 11.64\ (OD_{663}-OD_{750}) -2.16\ (OD_{645}-OD_{750}) +0.1\ (OD_{630}-OD_{750})$

$Cb\ (\mu g/L) = 20.97\ (OD_{645}-OD_{750}) -3.94\ (OD_{663}-OD_{750}) -3.66\ (OD_{630}-OD_{750})$

$Cc\ (\mu g/L) = 54.22\ (OD_{630}-OD_{750}) -14.8\ (OD_{645}-OD_{750}) -5.53\ (OD_{663}-OD_{750})$

说明：将样品提取液在 663nm、645nm、630nm 波长下的光密度值（OD_{663}、OD_{645}、OD_{630}）分别减去 750nm 下的光密度值（OD_{750}），此值为非选择性本底物光吸收校正值。

水样中叶绿素浓度为

叶绿素 a（$\mu g/L$）$= (Ca \times V_1) / (V_2 \times L)$

叶绿素 b（$\mu g/L$）$= (Cb \times V_1) / (V_2 \times L)$

叶绿素 c（$\mu g/L$）$= (Cc \times V_1) / (V_2 \times L)$

式中，V_1 为 90% 丙酮提取液的体积（mL）；V_2 为离心水样的体积（L）；L 为比色杯宽度（cm）。

三、实验材料

1. 器材

分光光度计（波长大于 750nm，精度为 0.5~2nm），真空泵（最大压力不超过 300kPa），台式离心机（3500r/min），冰箱，匀浆器或小研钵，移液管，1cm 比色杯，蔡氏过滤器（图 7-1），乙酸纤维滤膜（孔径 0.45μm）。

2. 试剂

$MgCO_3$ 悬液：1g $MgCO_3$ 细粉悬于 100mL 蒸馏水中。90% 的丙酮溶液：90 份丙酮 + 10 份蒸馏水。

3. 水样

两种不同富营养化程度的湖水水样各 2L。

四、实验步骤

1）采集水样：按浮游植物采样方法采集不同富营养化程度的水样。采样水层设置：水深小于 3m 时，只在中层采样，混合均匀水体，可以只采表层（0.5m）水样；水深 3~6m 时，在表层、底层采样，表层水在离水面 0.5m 处，底层水在离泥面 0.5m 处；水深 6~10m 时，在表层、中层、底层均采样；水深大于 10m 时，在表层、5m、10m 水深层采样，10m 以下除特殊需要外一般不采样，对于深水湖泊，取样的水层可以将取样间隔加大，如 0m、10m、20m、50m、100m。

2）过滤水样：在蔡氏过滤器上装好滤膜，根据富营养化程度不同，每种测定水样取 50~500mL 减压过滤，抽滤时负压不能过大（约为 50kPa）。待水样剩余若干毫升（10~20mL）之前加入 0.2mL $MgCO_3$ 悬液，摇匀直至抽干水样。加入

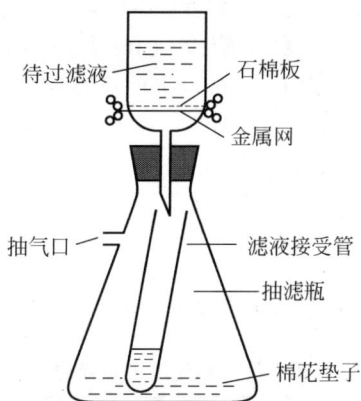

图 7-1　蔡氏过滤器示意图

MgCO$_3$可增进藻细胞滞留在滤膜上，同时还可防止提取过程中叶绿素 a 被分解。水样抽完后，继续抽 1～2min，以减少滤膜上的水分。如过滤后的滤膜不能马上进行提取处理，短期保存 1～2d 时，可以置于干燥器内，放冷暗处（4℃）保存，长期保存（30d）时，应放入低温冰箱（-20℃）保存［注意：样品采集后应尽快进行过滤处理，如不能立即处理时，样品应置于低温（4℃）、避光环境保存，以免叶绿素分解］。

3）提取：游离叶绿素不稳定，因此提取过程中所使用的容器应全部用洗涤剂清洗干净，避免酸性条件引起叶绿素 a 分解。将滤膜放于匀浆器或小研钵内，加 2～3mL 90% 的丙酮溶液，充分研磨，以提取叶绿素 a。将浆液移入离心管中，密封，外部罩上遮光物，充分振荡，放入冰箱（4℃）避光提取 18～24h，以使叶绿素 a 充分提取出来。提取完毕后，以 3500r/min 离心 10min。重复提取过程（注意：不需再冷藏）和离心过程 1 次。用 90% 的丙酮定容至 10mL，摇匀。

4）测定光密度：藻类叶绿素 a 具有其独特的吸收光谱（663nm），因此可以用分光光度法测其含量。用移液管将提取液移入 1cm 比色杯中，以 90% 的丙酮溶液作为空白，分别在 750nm、663nm、645nm、630nm 波长下测提取液的光密度值（OD）（注意：样品提取的 OD$_{663}$ 要求为 0.2～1.0，如不在此范围内，应调换比色杯，或者改变过滤水样量；OD$_{663}$ 小于 0.2 时，应该用较宽的比色杯或增加过滤的水样量；OD$_{663}$ 大于 1.0 时，可稀释提取液或减少过滤的水样量，使用 1cm 比色杯比色）。

5）叶绿素 a 浓度计算：将样品提取液在 663nm、645nm、630nm 波长下的光密度值（OD$_{663}$、OD$_{645}$、OD$_{630}$）分别减去在 750nm 下的光密度值（OD$_{750}$），此值为非选择性本底物光吸收校正值。叶绿素 a 浓度计算公式如下。

样品提取液中的叶绿素 a 浓度 Ca 为

Ca（μg/L）= 11.64（OD$_{663}$-OD$_{750}$）-2.16（OD$_{645}$-OD$_{750}$）+0.1（OD$_{630}$-OD$_{750}$）

水样中叶绿素 a 浓度为

$$\text{叶绿素 a（\mu g/L）} = Ca \times V_{\text{丙酮}} / （V_{\text{水样}} \times L）$$

式中，Ca 为样品提取液中叶绿素 a 浓度（$\mu g/L$）；$V_{\text{丙酮}}$ 为 90% 丙酮提取液体积（mL）；$V_{\text{水样}}$ 为过滤水样的体积（L）；L 为比色杯宽度（cm）。

　　注意：整个实验中所使用的玻璃仪器应全部用洗涤剂清洗干净，避免酸性条件引起叶绿素 a 分解。

五、实验结果

　　将光密度测定结果记录于表 7-2 中。

表 7-2　光密度测定结果

水样	OD_{750}	OD_{663}	OD_{645}	OD_{630}	叶绿素 a/（$\mu g/L$）
A 湖水					
B 湖水					

六、思考题

　　1. 比较两种水样中的叶绿素 a 浓度，判断它们的污染程度。

　　2. 哪些因素会影响水样叶绿素 a 浓度的测定结果？测定中应注意哪些问题？

七、参考文献

国家环境保护总局. 2010. 2009 年中国环境状况公报.

国家环境保护总局，水和废水监测分析方法编委会. 2002. 水和废水监测分析方法. 4 版. 北京：中国环境科学出版社.

金相灿，屠清瑛. 1990. 湖泊富营养化调查规范. 2 版. 北京：科学出版社.

潘红波. 2011. 湖泊富营养化问题及其防治浅议. 环境科技，24（1）：123-126.

Conley DJ, Paerl HW, Howarth RW, et al. 2009. Controlling eutrophication: nitrogen and phosphorus. Science, 323 (5917): 1014-1015.

Hecker M, Khim JS, Giesy JP, et al. 2012. Seasonal dynamics of nutrient loading and chlorophyll A in a northern prairies reservoir, Saskatchewan, Canada. Journal of Water Resource and Protection, 4 (4): 180-202.

Pan J, Liu Y, Li CH, et al. 2012. Eutrophication assessment of reservoir based on matter-element and extension. Advanced Materials Research, 599: 229-232.

实验八　水体沉积物中总 DNA 的提取

一、实验目的

1. 学习水体沉积物中总 DNA 提取的基本原理。
2. 掌握提取水体沉积物中总 DNA 的操作过程及 DNA 的保存方法。
3. 学习利用琼脂糖凝胶电泳对提取的 DNA 进行检测的方法。

二、实验原理

水体沉积物是一个特殊的生态环境，作为流域地表运移物质、大气沉降物质和水体内源物质的共同宿体，记录了区域气候变化、生态演化、人类活动等丰富的信息。目前，全球河流、水库、湖泊沉积物污染普遍，随着工业化的高速发展，这种状况已不仅发生在发达国家，还扩展到许多发展中国家。而由于沉积物与上覆水之间的交换作用，沉积物的污染能够再次成为水体污染的潜在来源，引起水体富营养化（图 8-1），并通过水体扩散危及人类生存环境，成为富营养化的潜在诱发因素。

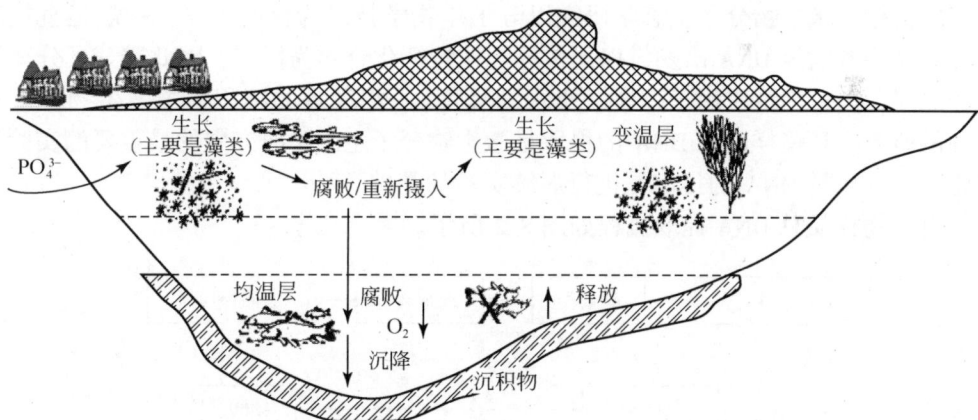

图 8-1　湖泊沉积物环境

一方面，微生物是自然界物质循环的主要推动力，既是营养物质的分解者和转化者，又是物质和能量的储存者，同时还是食物链中重要的生产者，沉积物中的微生物组成及其演变过程对水体的营养平衡具有很大的影响，进而影响水体营养化状况；另一方面，水体中的化学物质又可以通过自然沉降或其他途径传递到沉积物中，作为营养物质提供给沉积物中的微生物，影响沉积物中的微生物群落组成，包括微生物的种类和数量。因此，沉积物中的微生物种群组成情况，能够在一定程度上提示对水体沉积物沉积历史及性状的理解。

水体沉积物中蕴藏丰富的微生物资源，但传统的微生物分离与培养技术无法揭示微生物群落的原始结构。一般认为，环境样品中能用现有技术培养的微生物仅占微生物种群总数的 $0.001\% \sim 15\%$，沉积物中为 1% 左右。因此，仅靠现有的微生物培养技术不能完全揭示水体沉积物中的微生物多样性及基因多样性。而近些年来不断建立和发展起来的不依赖于分离培养的分子生态学方法，为其提供了强有力的技术支撑。

分子生态学是应用分子生物学的原理和方法来研究生命系统与环境系统相互作用的生态机制及其分子机制的科学，它是生态学与分子生物学相互渗透形成的一门新兴交叉学科，其研究内容包括种群在分子水平的遗传多样性及遗传结构，生物器官变异的分子机制，生物体内有机大分子对环境因子变化的响应，生物大分子结构、功能演变与环境长期变化的关系及其他生命层次生态现象的分子机制等。基于此，微生物分子生态学顾名思义就是利用分子生物学技术手段研究自然界微生物与生物及非生物环境之间相互关系及其相互作用规律的科学，主要研究微生物区系组成、结构、功能、适应性发展及其分子机制等微生物生态学基础理论。当前沉积物中微生物群落多样性的研究，主要依赖于分子生态学技术的发展。

DNA 作为沉积物中一种重要的生物大分子，它既是遗传物质，也是生物信息的载体，所携带的精确的遗传信息可作为研究水体沉积过程中生物和环境信息的一项很好的指标。微生物分子生态学研究以分子生物学技术为核心手段，一般是直接从环境样品的基因组 DNA 出发，以遗传标记或特征化合物为标记，因此避开了分离培养的局限，已被广泛应用于海洋、淡水湖（库）、沼泽等的沉积物中微生物群落多样性的研究。环境样品总 DNA 的提取是微生物分子生态学研究中的最重要的实验技术之一，高质量 DNA 的提取是进行后续实验的基础。

沉积物样品总 DNA 提取流程如图 8-2 所示。

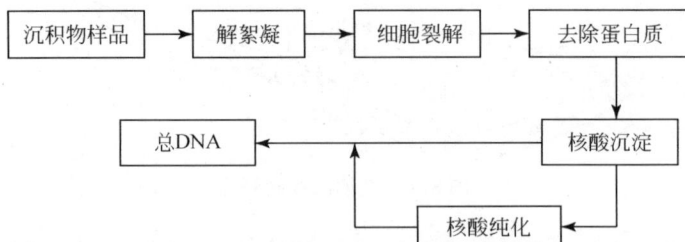

图 8-2　沉积物样品总 DNA 提取流程

直接对沉积物样品中的总 DNA 进行分析，其关键在于获得足够数量和纯度的沉积物样品总 DNA。然而，不同水体环境的沉积物成分差异大，加上黏土对 DNA 的吸附，抽提过程中 DNA 的降解与损失，酶类抑制剂等杂质的共提取及纯化效率的高低都会影响后续实验的开展。许多研究者也致力于沉积物样品总 DNA 提取方法的改进。较为经典的方法是 1996 年 Zhou 等报道的一种从土壤提取总 DNA 的方法，这为后来从土壤、沉积物、水体等环境样品提取总 DNA 提供了重要参考。本实验就采用该化学裂解法稍加改进后从水体沉积物样品中直接提取基因组总 DNA，该法同样适用于土壤等环境样品的总 DNA 提取。

沉积物样品采集后，可以直接裂解，也可以通过离心等方法先分离细胞，然后提取所得细胞的总 DNA。直接裂解法是不分离细胞，而是直接对样品进行裂解，将有相对更多的微生物被裂解。但是直接裂解法的弊端在于样品中的腐殖酸等杂质，会影响后续的分析，因此这种方法得到的 DNA 往往需要进行纯化。

1. 细胞裂解

细胞裂解是指破坏细胞壁和细胞膜使 DNA 释放出来的过程，该步骤是提取 DNA 过程中最重要的一步，直接影响 DNA 的提取效率。常用的环境样品细胞裂解方法包括化学裂解法、酶裂解法和物理方法（即机械裂解法）。化学裂解和酶裂解方法相对于机械裂解而言，比较温和而不易使 DNA 发生断裂，是传统的提取 DNA 的常用方法。

2. 去除蛋白质和 DNA 沉淀

酚–氯仿抽提法是传统的蛋白质去除方法，也有用纯氯仿或氯仿/异戊醇，其作为蛋白质变性剂，同时抑制了 DNase 的降解作用。抽提过程中，蛋白质分子溶于酚–氯仿相，而 DNA 溶于水相。离心分层后取出水层，多次重复操作，再合并含 DNA 的水相，利用核酸不溶于醇的性质，用乙醇沉淀 DNA。此时 DNA 是十分黏稠的物质，可用玻璃棒慢慢绕成一团，取出，使提取的 DNA 保持天然状态。核酸的沉淀除了使用乙醇外，还可以在异丙醇、聚乙二醇（PEG）等溶剂中进行。

3. DNA 纯化

沉淀得到的 DNA 通常会含有腐殖酸和酚-氯仿等杂质，这些杂质会通过降低限制性内切酶活性、降低 *Taq* 酶活性等影响后续的分子生物学操作。纯化 DNA 的方法主要有电泳回收、试剂盒回收、氯化铯密度梯度离心等。电泳初步分离 DNA 片段，对目的片段切胶用试剂盒回收。目前常用的试剂盒大多采用纯化柱离心法纯化 DNA，该方法的关键技术在于核酸吸附材料的选择，主要有树脂和硅胶膜，还有些填料为玻璃纤维；在一定的离子环境下，DNA 可被选择性地吸附到硅土、硅胶或玻璃表面而与其他生物、硅胶或生物分子分离。氯化铯密度梯度离心法具有很好的分辨率，双链 DNA、单链 DNA、RNA 和蛋白质具有不同的密度，因而可经密度梯度离心法形成不同密度的纯样品区带，该法适用于大量 DNA 样本的制备。

4. DNA 提取效果的检测

DNA 提取的量和纯度是衡量环境样品 DNA 提取质量的一个重要参考。常用琼脂糖凝胶电泳方法来检测 DNA 提取产物。通过 OD_{260}、OD_{280} 和 OD_{230} 的值，判定

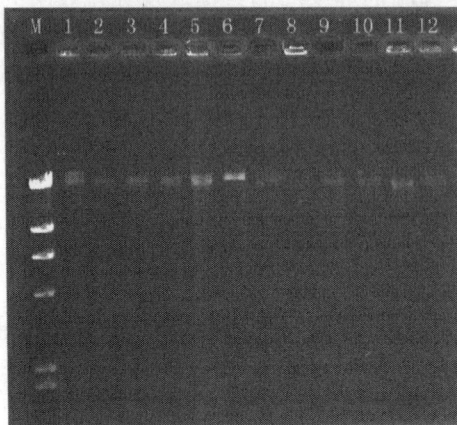

图8-3　沉积物基因组总 DNA 电泳结果

M. λ-*Hind* Ⅲ digest DNA；

1～12. 分别为沉积物各样品

DNA 的纯度。

在本实验中，采用化学裂解法提取沉积物样品总 DNA。其中 Tris-HCl 缓冲液，能够保证细胞裂解时 pH 保持稳定；NaCl 作为电解质，用于协调细胞膜内外离子平衡；EDTA 是 Ca^{2+} 和 Mg^{2+} 等二价金属离子的螯合剂，主要作用是抑制 DNase 的活性，有利于提取完整的 DNA；十六烷基三甲基溴化铵（CTAB）是阳离子去污剂，可以很好地去除多糖；SDS 是一种表面活性剂和还原剂，易与蛋白质结合，平均两个氨基酸上结合一个 SDS 分子，使蛋白质沉淀；氯仿有强烈的脂溶性，能够去除脂类杂质；TE 缓冲液是弱碱性，对 DNA 的碱基有保护性，DNA 在其中稳定性比较好，不易破坏其完整性或产生开环及断裂。

以本课题组对太湖沉积物样品提取的基因组总 DNA 为例，图8-3是该法提取的沉积物基因组总 DNA 经试剂盒纯化后的琼脂糖凝胶电泳图片。

三、实验材料

1. 沉积物样品

采用抓土漏斗式水体沉积物采样器，在未扰动的条件下，采集水体沉积物样品，冷藏带回实验室，于−20℃冰箱保存，进行分析。

2. 酶、试剂盒

蛋白酶 K，离心柱式琼脂糖凝胶 DNA 回收试剂盒（上海生工生物工程股份有限公司），DNA marker。

3. 所需试剂及其配制

1）提取缓冲液：0.1mol/L 磷酸盐（pH8.0），0.1mol/L EDTA（pH8.0），0.1mol/L Tris-HCl（pH8.0），1.5mol/L NaCl，1.0% CTAB。

2）1mol/L 磷酸盐缓冲液（pH8.0）：溶液 A 为 27.2g KH_2PO_4/100mL 去离子水（2mol/L）；溶液 B 为 45.6g K_2HPO_4/100mL 去离子水（2mol/L）。分别取溶液 A 5.3mL，溶液 B 94.7mL 混合，再加去离子水至 200mL。

3）0.5mol/L EDTA（pH8.0）：186.1g $Na_2EDTA \cdot 2H_2O$ 溶解于 800mL 蒸馏水中，在磁力搅拌器上剧烈搅拌，用 NaOH 调 pH 为 8.0，定容至 1000mL，高压蒸汽灭菌备用。

4）1mol/L Tris-HCl（pH7.5）：121g Tris 碱溶于 800mL 蒸馏水中，用盐酸调至

pH8.0（约需42mL浓盐酸），加水至1000mL。

5）20% SDS：在800mL无菌水中溶解200g电泳级SDS，加热至68℃助溶，加几滴浓盐酸调节pH至7.2，加水定容至1000mL，分装备用（注意：SDS无需灭菌）。

6）10×TE缓冲液（pH8.0）：配比为100mmol/L Tris-HCl（pH8.0），10mmol/L EDTA（pH8.0），分装后1.05kg/cm² （1.03×10⁵Pa）高压蒸汽灭菌20min。室温保存。

4. 器材

超净工作台，电子天平，精密pH计，高压蒸汽灭菌锅，高速冷冻离心机，涡旋振荡器，电热恒温水浴锅，紫外分光光度计，核酸电泳仪。

50mL离心管，1mL枪头，1mL移液枪，移液器，移液管（2mL、5mL、10mL），玻璃珠（直径2~3mm），无菌水。

四、实验步骤

1. 基因组总DNA的提取

（1）解絮凝

将5g沉积物样品溶于10mL无菌水，置于50mL无菌离心管中，8000g，4℃离心5min，弃上清，沉淀悬浮于10mL无菌水中。向管中加入3g无菌玻璃珠（直径2~3mm）。将离心管盖拧紧后置于涡旋振荡器上击打15min，去絮凝，8000g，4℃离心5min，弃上清液，沉淀用于细胞裂解（注意：为使细胞尽量分布均匀，旋涡混匀要足够充分）。

（2）细胞裂解

向沉淀中加入13.5mL提取缓冲液，用移液器反复吹打使之重悬，再加入50μL蛋白酶K溶液（10mg/mL），37℃，225r/min振荡30min后，加入1.5mL 20%的SDS溶液，65℃水浴2h（过程中间隔一定时间，进行轻摇）。

注意：1）水浴过程中切勿剧烈晃动，否则造成DNA链断裂。

2）裂解后的以下操作步骤，样品要始终放在冰上。

（3）基因组总DNA的抽提

水浴后的样品以4℃，2000~3000r/min离心5min，收集上清液，加入1:1（*V/V*）的氯仿或氯仿/异戊醇，混匀，4℃，9000r/min离心5min。将上清液转入一个无菌管中。如果难移出上清，先用牙签除去界面物质。在上清液中加入1:1的预冷的无水乙醇，4℃过夜沉淀DNA，9000r/min离心5min，小心移去上清，真空干燥后，用无菌ddH₂O或TE缓冲液溶解沉淀，即所得的基因组总DNA粗提液。

注意：加入1:1（*V/V*）的氯仿或氯仿/异戊醇，混匀后轻轻晃动10~15min，使其充分反应。需抽提2或3次直至上清液无杂物为止。可用移液枪转移上清液。TE缓冲液不可加得过多，50~100μL为宜，否则DNA的浓度太低，不利于后续操作。

（4）DNA 粗提液的纯度检测

使用紫外分光光度计对抽提得到的 DNA 粗提液，测定 OD_{260}、OD_{280} 和 OD_{230}，计算所得样品的 DNA 产量和纯度。

2. 基因组总 DNA 的纯化

采用离心柱式琼脂糖凝胶 DNA 回收试剂盒，按照操作说明对 DNA 粗提液进行纯化。纯化后的基因组总 DNA 进行 0.8% 琼脂糖凝胶电泳，检测后，作为 PCR 反应的模板。

五、实验结果

将 DNA 粗提液进行 0.8% 琼脂糖凝胶电泳检测的图片和基因组总 DNA 纯化后进行 0.8% 琼脂糖凝胶电泳的电泳图片附于实验报告中。

六、思考题

1. 在细胞裂解的水浴过程中应注意什么事项？

2. 在使用氯仿/异戊醇抽提的过程中每次离心后如何收集上清液？应注意哪些细节？

3. 如何确定粗提液的抽提达到了理想效果？

4. 在抽提完的上清液中加入 1∶1 预冷的无水乙醇 4℃过夜的目的是什么？

七、参考文献

屈建航，李宝珍，袁红莉. 2007. 沉积物中微生物资源的研究方法及其进展. 生态学报，27（6）：2636-2641.

赵晶，张锐，林念炜，等. 2003. 深海沉积物中微量 DNA 的提取及应用. 海洋与湖沼，34（3）：313-321.

Addison S, Sebire NJ, Taylor AM, et al. 2012. High quality genomic DNA extraction from postmortem fetal tissue. Journal of Maternal-Fetal and Neonatal Medicine, 25：2467-2469.

Guo F, Zhang T. 2013. Biases during DNA extraction of activated sludge samples revealed by high throughput sequencing. Applied Microbiology and Biotechnology, 97：4607-4616.

Qu JH, Yuan HL, Wang ET, et al. 2008. Bacterial diversity in sediments of the eutrophic Guanting Reservoir, China, estimated by analyses of 16S rDNA sequence. Biodiversity and Conservation, 17：1667-1683.

Verma D, Satyanarayana T. 2011. An improved protocol for DNA extraction from alkaline soil and sediment samples for constructing metagenomic libraries. Applied Biochemistry and Biotechnology, 65：454-464.

实验九 活性污泥的培养及曝气生物滤池对污水的生物处理

一、实验目的

1. 了解活性污泥培养及驯化过程，了解污泥培养过程中相关指标的测定。
2. 初步观察微型动物的形态，掌握微生物分离纯化的基本操作技术。
3. 了解污水的净化原理及方法，观察微生物净化污水的效果。

二、实验原理

活性污泥是指由细菌、菌胶团、原生动物、后生动物等微生物群体及吸附的污水中有机和无机物质组成的、有一定活力的、具有良好的净化污水功能的絮绒状污泥。除活性微生物外，活性污泥还挟带着来自污水的有机物、无机悬浮物、胶体物；活性污泥中栖息的微生物以好氧微生物为主，是一个以细菌为主体的群体，除细菌外，还有酵母菌、放线菌、霉菌及原生动物和后生动物。

活性污泥的含水率一般为98%~99%，在活性污泥中，微生物和有机物构成活性污泥的挥发性部分，它占全部活性污泥的70%~80%。它具有很强的吸附和氧化分解有机物的能力。活性污泥的培养，就是为活性污泥中的微生物提供一定的生长繁殖条件，即营养物质、溶解氧、适宜的酸碱度和温度等繁殖条件，在这种适宜的条件下，经过一段时间，就会有活性污泥形成，并且逐渐增多，最终达到可处理废水的污泥浓度。培养的目的是使微生物增殖，达到一定的污泥浓度；驯化则是对混合微生物群落进行淘汰和诱导，使具有降解废水活性的微生物成为优势。

活性污泥性能的优劣，对活性污泥系统的净化功能有决定性的作用。因此，需要对活性污泥进行测定，评价活性污泥的相关指标。SV是曝气池混合液在量筒中静止30min后，污泥所占体积与原混合液体积的比值。正常的活性污泥沉降30min后，可接近其最大的密度，故在正常运行时，SV大致反映了反应器中的污泥量，可用于控制污泥排放。一般曝气池中SV正常值为20%~30%。SV的变化还可以及时反映污泥膨胀等异常情况。因此，SV是控制活性污泥法运行的重要指标。

MLSS是指1L曝气池混合液中所含悬浮固体干重，它是衡量反应器中活性污泥数量多少的指标。它包括微生物菌体（Ma）、微生物自身氧化产物（Me）、吸附在污泥絮体上不能被微生物所降解的有机物（Mi）和无机物（Mii）。由于MLSS在测定上比较方便，工程上往往以它作为估量活性污泥中微生物数量的指标。在进行工程设计时，希望维持较高的MLSS，以缩小曝气池容积，节省占地和投资，但MLSS浓度也不能过高，否则会导致氧气供应不足。一般反应器中污泥浓度控制在2000~6000mg/L。

微型动物也是活性污泥的重要组成部分。活性污泥中细菌含量一般在 10^7 ~ 10^8 个/mL,原生动物 10^3 个/mL。原生动物中以纤毛虫居多数,固着型纤毛虫可作为指示生物。固着型纤毛虫如钟虫、累枝虫、盖纤虫、独缩虫、聚缩虫等出现且数量较多时,说明活性污泥培养成熟且活性良好。在处理生活污水的活性污泥中存在大量的原生动物和部分微型后生动物,通过辨别认定其种属,据此可以判别处理水质的优劣,因此将微型动物称为活性污泥系统中的指示生物。

微型动物在活性污泥系统中的指示作用详述如下。

(1)活性污泥良好时

当活性污泥性能良好时,活性污泥表现为絮凝体较大,沉降性好,镜检观察出现的生物有钟虫属、盖虫属、有肋木盾纤虫属、独缩虫属、聚缩虫属、各类吸管虫属、轮虫类、累枝虫属、寡毛类等固着型种属或匍匐型种属。

(2)活性污泥恶化时

活性污泥恶化时,絮凝体较小,出现的生物有豆形虫属、滴虫属和聚屋滴虫属等快速游泳型的生物。当污泥严重恶化时,微型动物大面积死亡或几乎不出现,污泥沉降性下降,处理水质能力差。

(3)从恶化恢复到正常时

活性污泥从恶化恢复到正常,在这段过渡期内出现的生物有漫游虫属、管叶虫属等慢速游泳型或匍匐型的生物。

(4)活性污泥膨胀时

活性污泥膨胀多发生在秋冬季节,此时污泥沉降性差,30min 沉降比高,而污泥浓度相对较低,导致污泥指数(SVI)相对偏高。丝状菌是导致污泥膨胀的主要生物,由于丝状菌大量繁殖,活性污泥呈棉絮状,颗粒细碎且颜色相对较浅。

(5)溶解氧不足时

曝气池中溶解氧持续不足时,活性污泥颜色较正常时发黑,并散发出臭味。

(6)溶解氧过高时

在一般情况下,每毫升活性污泥中通过镜检,可以观察到 300 个左右轮虫,很少能观察到肉足类生物。当曝气池中持续溶解氧过高时,会出现大量的肉足类及轮虫类生物。

(7)其他环境变化时

污水的 pH、温度、有机物的浓度,对活性污泥中的微生物种类及数量有一定的影响。因此,当活性污泥中指示性生物量急剧减少时,可能是受到有毒物质的影响或某些环境条件的突然变化,此时必须采取相应措施以减小对微生物的影响。

活性污泥对污水的净化处理效果受到许多因素影响。污水中有机物的含量较高(如食品厂、造纸厂、洗煤厂等排出的污水),碳源增多时,镜检活性污泥,发现丝状菌恶性繁殖,引起活性污泥膨胀,并随水面漂流,污水的净化效果明显下降。若向污水添加氯化物或通入氯气,也可加入浓碱水(Na_2CO_3 溶液或 NaOH 溶液),就可以使污水中微生物活动恢复正常，达到污水净化的目的。污水中若含有酚类、苯类等有毒物质较多时，镜检活性污泥时，假单孢菌、产碱杆菌、棒状杆菌等微生物占多数；若污水中含氰化物等较多时，镜检活性污泥，则诺卡菌最多，其他种类的微生物则较少。

在活性污泥法的污水处理工艺中，对曝气池内微生物进行镜检，是对活性污泥运行状态的判断，是污水处理的重要检测手段之一。根据曝气池内微生物种群的变化情况采取相应的工艺调整措施，确保活性污泥处于良好状态、污水处理达标。在净化后的清水池内，从水体下部取活性污泥少许，制成装片镜检，若其中轮虫数量较多，伸缩泡快速伸缩，证明水体中有机物含量很低，表明净化效果较好；若镜检结果与此相反，说明净化效果差，还需继续净化，原生动物图谱可以参考环境监测方法标准汇编。

通过对活性污泥中微生物的观察，还可以进行微生物分离纯化试验。培养基在微生物分离纯化试验起着至关重要的作用。分离微生物时，一般是根据该微生物对营养、pH、氧气等要求不同，而供给它们适宜的生活条件，或者加入某种抑制剂造成只利于此菌生长、不利于其他菌生长的环境，从而淘汰不需要的菌。分离微生物常用的方法有稀释平板法和划线分离法，根据不同的材料，可以采用不同的方法，其最终目的是要将培养基上出现的微生物单个菌落分离纯化。在用稀释平板分离微生物时，还可以同时对所分离的微生物进行计数。

三、实验材料

1. 溶液或试剂
牛肉膏，蛋白胨，琼脂，10% NaOH，淀粉，硫酸铵，磷酸氢二钾，氯化钠，碳酸钙，琼脂，七水合硫酸镁，磷酸二氢钾，孟加拉红，链霉素，酵母膏。

2. 器材
电炉，试管，三角瓶，玻璃棒，天平，pH 试纸，记号笔，灭菌锅，平板，1000mL 量筒，1/10 000 电子天平，烘箱，培养箱，抽滤漏斗，定量滤纸，马弗炉，干燥器（备有以颜色指示的干燥剂），坩埚，坩埚钳子，曝气池，生活污水，浓粪便水，分光光度计，比色皿，盖玻片，载玻片，污水池，活性污泥，光学显微镜，载玻片，盖玻片，3L 玻璃缸，500mL 烧杯，镊子，10mL 移液管，1mL 移液管，接种环，吸水纸，向污水通入空气的设备一套，铁铲一把。

四、实验步骤

（一）活性污泥的培养

1）向好氧池注入清水（同时引入生活污水）至一定水位，并注意水温。
2）按操作规程启动风机，鼓风。

3）向好氧池中投加经过过滤的浓粪便水（当粪便水不充足的时候，可用化粪池和排水沟的污泥来补充），使得污泥的浓度不小于 1000mg/L，BOD 达到一定数值。废水中应按 $BOD_5 : N : P = 100 : 4 : 1$ 的比例补充氮源、含磷无机盐，为活性污泥的培养创造良好的营养条件。

4）有条件时可投加活性污泥的菌种，加快培养速度。

5）按照活性污泥培养运行工艺对反应池进行曝气、搅拌、沉降、排水。

6）通过镜检及测定沉降比、污泥浓度，注意观察活性污泥的增长情况，并注意观察 pH 等的变化，及时对工艺进行调整。

7）测定初期水质及排水阶段上清液的水质，根据进出水的 BOD、COD、NO_3^-、NO_2^- 等浓度数值的变化，判断出活性污泥的活性及优势菌种的情况，并由此调节进水量、置换量、粪水、NH_4Cl、H_3PO_4、CH_3OH 的投加量及周期内随时间分布情况。

8）注意观察活性污泥增长情况，当通过镜检观察到菌胶团大量密实出现，并能观察到原生动物（如钟虫），且数量由少迅速增多时，说明污泥培养成熟，可以进废水，进行驯化。

（二）活性污泥的驯化

1）开始进入少量生产废水，进入量不超过驯化前处理能力的 20%。同时补充新鲜水、粪便水及 NH_4Cl。

2）达到较好处理效果后，可增加生产废水投加量，每次增加量不超过 10% ~ 20%，同时减少 NH_4Cl 投加量。且待微生物适应巩固后再继续增加生产废水，直至完全停加 NH_4Cl。同步监测出水 BOD 等指标并观察混合液污泥性状。在污泥驯化期还要适时排放代谢产物，即泥水分离后的上清液。

3）继续增加生产废水投加量，直至满负荷。此过程同步监测溶解氧，控制曝气机的运行。

（三）污泥培养过程中的相关指标

1. 污泥沉降比（SV）的测定

取 1L 刚刚曝气完的污泥混合液，置于 1000mL 的玻璃量筒中，用玻璃棒将量筒中的污泥混合液搅拌均匀后静止 30min，记录沉淀污泥层与上清液交界处的刻度值 V(mL)。

$$SV = \frac{V}{1000} \times 100\%$$

2. 污泥浓度（MLSS）的测定

将定量滤纸在 105℃的烘箱里烘干 2h 至滤纸恒重，在干燥器中冷却 30min 后称重，记为 m_1。将滤纸铺平在抽滤漏斗上，并将测定过沉降比的样品（$V_1 = 1000$mL）全部倒在烘干的滤纸上，过滤（没有抽滤瓶时，也可以取少量曝气池活性污泥体积

记为 V_1，如 200mL 或 300mL 采用漏斗过滤）。待完全过滤后将载有污泥的滤纸放在烘箱中 105℃ 2h 烘干至恒重，在干燥器中冷却半小时后称重，记为 m_2。

$$MLSS = （m_2 - m_1）/V_1$$

3. 污泥指数（SVI）的测定

$$SVI = \frac{SV}{MLSS}$$

注意：1）公式中的 SV 为 1L 曝气池污泥在 1000mL 量筒中静置 30min 后的湿污泥体积，单位为 mL。

2）MLSS 单位在此处要换算成 g/L。

4. 污泥灰分和挥发性污泥浓度（MLVSS）的测定

将测过干重的滤纸及干污泥，放在已知恒重的坩埚内，先在电炉上加热碳化，再放入马弗炉内，恒温 600℃，灼烧 40min，用坩埚钳子将坩埚取出放入干燥器内冷却，在 1/10 000 电子天平上称重，再通过下式来计算。

污泥灰分% = 灰分质量/干污泥质量×100

灰分质量 =（坩埚质量+灰分质量）−坩埚质量

挥发性污泥浓度（g/L）=（干污泥质量−灰分质量）/1000

（四）废水中微型动物的观察

1. 采样

采样时应有代表性，用无菌瓶。瓶中水样不应装满，因为废水中微型动物均是好氧的，同时能够摇匀水样便于检查。采样后要及时镜检以免微型动物死亡。

2. 镜检

用一干净的吸管，吸取一滴混匀的污水水样，放于干净的载玻片中央，然后盖上盖玻片，先在低倍镜下观察，找到目的物，并将其移至视野中心，轻轻转动物镜转换器，将高倍镜移至工作位置。调节光圈、视野亮度，使物像清晰，仔细观察并记录观察结果。

（五）污泥中微生物的纯化分离

1. 准备工作

1）制备固体培养基：肉汁蛋白胨培养基，淀粉铵盐培养基，孟加拉红−链霉素培养基，YPD 培养基。

肉汁蛋白胨培养基：牛肉膏 3.0g，蛋白胨 10.0g，氯化钠 5.0g，琼脂 20g，蒸馏水 1000mL。调节 pH7.0～7.2，121℃灭菌 30min。

淀粉铵盐培养基：可溶性淀粉 10.0g，硫酸铵 2.0g，硫酸氢二钾 1.0g，七水合硫酸镁 1.0g，氯化钠 1.0g，碳酸钙 3.0g，琼脂 20g，蒸馏水 1000mL，121℃灭菌 30min。

孟加拉红-链霉素培养基：葡萄糖 10.0g，蛋白胨 5.0g，磷酸二氢钾 1.0g，七水合硫酸镁 0.5g，孟加拉红 0.034g，琼脂 20.0g，蒸馏水 1000mL，121℃ 灭菌 30min；链霉素 0.03g，使用前加入灭菌的培养基中。

YPD 培养基：酵母膏 10.0g，蛋白胨 20.0g，葡萄糖 20.0g，琼脂 20.0g，蒸馏水 1000mL，115℃ 灭菌 30min。

2）制备无菌水：每组一个 250mL 三角瓶加 90mL 水；一个 150mL 三角瓶（内加玻璃珠若干）加 45mL 水，5 支试管加 9mL 水/支，塞棉塞，包扎灭菌。

3）每组将 28 个平板包扎成 4 包，用报纸条包扎 1 支 10mL 和 6 支 1mL 的移液管灭菌。

4）高压蒸汽灭菌：115～121℃，15～30min。

2. 制备稀释液

1）称取 5g 的活性污泥至 45mL 无菌水中，并标记为 10^{-1}，充分振荡 10min。

2）用无菌吸管吸取 10^{-1} 溶液 10mL（振荡后污泥悬液静默 15s）至 90mL 无菌水中，反复吹吸调匀，便稀释了 100 倍，即 10^{-2}。

3）吸取 10^{-2} 溶液 1mL 至 9mL 无菌水中，便是 10^{-3}，如此稀释至 10^{-4}、10^{-5}、10^{-6}、10^{-7}。

3. 分离

（1）混匀法（分离细菌）

选取适当的几个稀释度的菌悬液，由稀到浓。分别用 1mL 无菌移液管吸取 1mL 至无菌平板中（每个稀释度都要有重复）。将 50℃ 左右、处于融化状态的肉汁蛋白胨培养基，倒入接种了的平板中（每个平板约 15mL），立即轻微摇动，混合菌液和培养基。静置凝固，凝固后送培养箱培养（将平板倒置）。

（2）涂抹法

在无菌的平板中，先倒入融化了的其他 3 种培养基，静置冷凝。将适当的几个稀释度中的菌液由稀到浓，分别用 1mL 灭菌移液管滴 0.1mL 稀释液至培养基上。每个稀释度均需重复。用无菌玻璃刮铲迅速抹匀培养基表面，也是从稀到浓。涂抹后的平板在桌上放 1h，而后送培养箱培养（将平皿倒置）（图 9-1）。

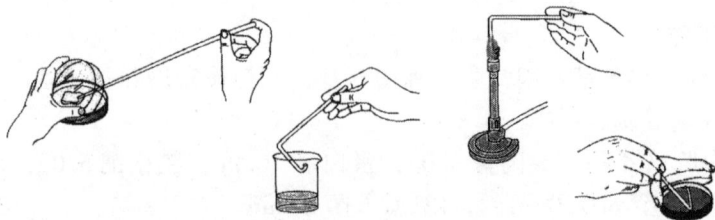

图 9-1　涂抹法示意图

4. 培养和纯化

将上述平皿置于与曝气池水温相同温度的培养箱中培养。菌落长出后观察菌落特征，并镜检菌体，一般一个单独的菌落可视为一个细胞发育而来，为纯培养。

将纯培养转移到斜面培养基上，必须用无菌接种环蘸取纯菌落少许，在斜面上划线。置培养箱中培养，长出菌落后即可供研究观察用。试管应贴上标签，注明菌号及接种日期。

（六）活性污泥对污水的净化处理

1. 取材

从污水池或污水河等处的污水下，用铁铲取活性污泥 1000g 于 3L 玻璃缸内，再从同一污水池或污水河中取污水 2000mL 放入玻璃缸内活性污泥上面，带回实验室作对比实验观察的材料。

2. 观察

（1）对活性污泥的观察

用镊子取活性污泥少许，放在载玻片中央的清水滴中，盖上盖玻片，用吸水纸吸去多余水分，制成装片，先放在低倍物镜下观察；再转换为高倍物镜下观察（详细记录视野中所观察到的生物形态、种类、数量）。

（2）活性污泥净化污水的实验观察

将从污水池或污水河取回实验室的水样，等分为两份，每份各放入 2L 的玻璃缸中，各加入经检验符合饮用标准的雨水 800mL 进行稀释，以做对比实验观察（可分为甲缸和乙缸）。甲缸采用人工模拟自然界中污水流动净化处理，增加向玻璃缸内污水通入空气的自动设备。经 48h、72h、96h、120h 后，观察污水变化并镜检活性污泥，分析其中原因。

注意：

1）注意活性污泥培养过程中的水温，注意培养过程中 pH 等的变化，及时对工艺进行调整。

2）注意活性污泥的增长情况。

3）采样后要及时镜检，避免微型动物死亡。

4）注意光学显微镜的操作。

5）注意高压灭菌锅的使用，严格控制温度，注意实验安全。

五、实验结果

1. 计算污泥沉降比、污泥浓度、污泥指数、污泥灰分和挥发性污泥浓度。

2. 绘出在显微镜中看到的微型动物形态，注明放大倍数。

3. 绘出纯化后的菌体在显微镜下的个体形态，并通过观察菌落形态判断所对应的菌落的类别，注明放大倍数。

4. 观察与记录活性污泥净化污水的步骤，写好观察报告。

六、思考题

1. 配制培养基有哪几步骤？在操作过程中应注意什么问题？为什么？

2. 培养基配制完成后，为什么必须立即灭菌？若不能及时灭菌应该如何处理？已灭菌的培养基如何进行无菌检查？

3. 为什么要把培养皿倒置培养？

4. 用各种方法接种时，怎样才能更好地保证菌种不被污染？

七、参考文献

《环境监测方法标准汇编：水环境》编写组．2007. 环境监测方法标准汇编：水环境．北京：中国标准出版社．

洪安安，刘德华，刘灿明．2009. 活性污泥的主要微生物菌群及研究方法．工业水处理，（2）：10-13.

梅益军，沈耀良，文湘华，等．2010. 活性污泥对有机污染物的吸附研究．环境科技，5：1-3.

朱海霞，陈林海，张大伟，等．2007. 活性污泥微生物菌群研究方法进展．生态学报，1：314-322.

朱铁群，李凯慧，张杰．2008. 活性污泥驯化的微生物生态学原理．微生物学通报，6：939-943.

Stamper DM，Walch M，Jacobs RN. 2003. Bacterial population changes in a membrane bioreactor for gray water treatment mon- itored by denaturing gradient gel electrophoretic analysis of 16S rRNA gene fragments. Applied and Environmental Microbiology，69（2）：852-860.

Werker AG，Becker J，Huitem AC. 2003. Assessment of activated sludge microbial community analysis in full−scale biological wastewater treatment plants using patterns of fatty acid isopropyl esters（FAPEs）. Water Research，9：2162-2172.

实验十　厌氧颗粒污泥的培养及升流式厌氧污泥床对污水的生物处理

一、实验目的

1. 学习并了解污水厌氧处理的原理。

2. 学习并掌握厌氧颗粒污泥的培养方法。

3. 学习并掌握微生物厌氧处理的特点。

4. 学习升流式厌氧污泥床（UASB）反应器处理污水的方法。

二、实验原理

污水的厌氧处理已经有 100a 以上的历史，厌氧生物处理是微生物在厌氧条件下将有机物分解生产 CH_4 和 CO_2 的过程。目前被广泛接受的厌氧生物处理理论是 1979 年 Bryant 等提出的厌氧处理的三阶段理论：①水解、发酵阶段，主要指复杂有机物在微生物的作用下进行水解和发酵产生小分子有机酸（丙酸、丁酸、乳酸等）和氨的过程；②产氢、产乙酸阶段；③产甲烷阶段。

1. 厌氧生物处理的影响因素

许多因素可以影响厌氧处理的性能，包括工艺负荷方面的因素如固体停留时间（SRT）、体积有机负荷（VOL）和总水力负荷；环境因素如温度、pH、营养供应及有毒物质；运行方面的因素如混合和污染物特征等。

（1）固体停留时间

SRT 控制着能够在工艺中生长的微生物的类型及各种反应进行的程度。不同的厌氧工艺其测定 SRT 的方法不同，对于流过型的系统如厌氧消化池，其 SRT 就等于水力停留时间（HRT）；流化床和膨胀床系统可从床层取样测定挥发性固体（VS）数量，然后调整生物量控制装置就可以达到所需的 SRT；UASB 和 UASB/厌氧过滤器（AF）系统的 SRT 也可直接测量，但是剩余污泥的排放一般只是为了使颗粒污泥和絮体污泥床层保持在设定水平上。

延长 SRT 可增加颗粒态有机物质的水解和稳定化程度，并且在系统重新启动后能很快恢复处理性能，但过长的 SRT 表明系统的负荷可能过低。

（2）体积有机负荷

VOL 的大小代表着一个处理过程中反应器体积被利用的程度。体积有机负荷用 $\Gamma_{v.s}$ 表示，单位是 kg COD/（$m^3 \cdot d$）。

$$\Gamma_{v.s} = F\left(S_{SO} + X_{SO}\right)/V$$

式中，$\left(S_{SO} + X_{SO}\right)$ 为进水强度（g COD/L 或 kg COD/m^3）；F 为进水流量（m^3/d）；V 为反应器体积（m^3）。

由于水力停留时间 $\tau = V/F$，因此可以将 VOL 与 HRT 关联起来：$\Gamma_{v.s} = F\left(S_{SO} + X_{SO}\right)/\tau$，这表明 VOL 与 HRT 成反比。对于低速厌氧工艺，VOL 一般在 1～2kg COD/（$m^3 \cdot d$），对于高速厌氧工艺，VOL 一般在 5～40kg COD/（$m^3 \cdot d$）。

此外，VOL 与 SRT 成反比，当固定 SRT 时，VOL 随着微生物浓度增加而增加，这样可以使反应器体积变小。

（3）总水力负荷

总水力负荷（THL）是系统总流量包括回流流量除以垂直于流动方向的截面积，计算如下。

$$THL = F + F_R/A_c$$

式中，F_R 为内回流流量；A_c 为横截面面积。

THL 是一个宏观流速，即根据空床横截面积计算得到的理论流速。THL 通过多种方式影响工艺性能。对于上向流污泥床层工艺，如 UASB、复合 UASB/AF 和 FB/EB 系统，最大 THL 与反应器及反应器内需要保留的污泥颗粒的沉降速度相关。如果 THL 超过最大值，污泥颗粒将会从反应器中流失。这样就不可能保持所需的生物量并达到相应的 SRT，处理工艺就会失效。

（4）温度

温度是影响微生物活性的一个重要因素。厌氧处理效率随温度的变化比较复杂，可以根据其最佳温度范围分为嗜热菌（55℃左右）和嗜温菌（35℃左右）两大类。高温可加速有机物消化的速率，产气率高，对病原菌和寄生虫卵有较好的杀菌效果，消化后的污泥脱水性能较好，但高温处理需要消耗较多能量，工艺稳定性降低。在厌氧系统设计和运行时，一般推荐温度波动应该小于 ±1℃/d。如果温度突然波动 2～3℃ 就可能比较严重地影响处理性能，这可能是由于反应器内混合和分层等因素造成的，在工艺设计和运行中尽量减少温度短时间的波动变化。目前由于新型反应器的开发，温度对厌氧消化的影响不再显著，因此实现了常温（20～25℃）厌氧消化处理。

（5）pH

pH 对厌氧工艺的运行有重要影响。当 pH 偏离最佳值时，产甲烷细菌比其他微生物受影响的程度更大。产甲烷菌的最适 pH 为 6.8～7.2，低于 pH6.5 或高于 pH8.2，产甲烷菌受到严重抑制，厌氧消化活性也相应受到影响。此外，水解细菌和产酸菌也不能承受低 pH 的环境。pH 还取决于体系中自然建立的缓冲平衡。

对于在正常 pH 范围内运行的厌氧工艺，体系中的 pH 除受到进水 pH 的影响外，主要由重碳酸盐缓冲系统控制。重碳酸盐碱度由有机氮降解和由此释放的氨氮与过程产生的 CO_2 反应产生。

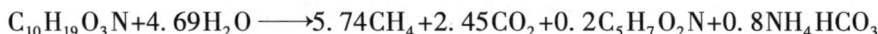

$$C_{10}H_{19}O_3N + 4.69H_2O \longrightarrow 5.74CH_4 + 2.45CO_2 + 0.2C_5H_7O_2N + 0.8NH_4HCO_3$$

因此，重碳酸盐碱度直接与氨氮的释放相关联。溶液中 HCO_3^- 碱度的浓度是和生物反应器中气体中的 CO_2 含量相关的，并且和 pH 相关。

$$S_{BAIK} = 6.3 \times 10^{-4} (p_{CO_2}/10^{-pH})$$

式中，S_{BAIK} 是重碳酸盐碱度（mg $CaCO_3$/L）；p_{CO_2} 是 CO_2 在气相中的分压，用大气压表示。

正常厌氧处理工艺中，重碳酸盐碱度是 1000～5000mg $CaCO_3$/L，CO_2 分压为 25%～45%。

投加合适的化学药剂可以校正不利的 pH，但是化学药品的选择必须谨慎，避免引入有毒物质。常用的化学药品包括 $NaHCO_3$、Na_2CO_3、石灰、NaOH 或 KOH 及 NH_3 等。$NaHCO_3$ 适合调节 pH，可直接投加，因为它作用持久、毒性低、不影响气相 CO_2 的含量、可使 pH 直接下降。

$$Na_2CO_3+H_2O+CO_2 \Longrightarrow 2Na^++2HCO_3^-$$

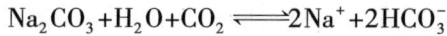

投加石灰、NaOH 或 KOH 调节 pH 可使气相 CO_2 含量降低，从而使反应器 pH 进一步升高。但是，在降解过程中微生物不断产生 CO_2，恢复气相中 CO_2 的原有含量，引起 pH 降低。

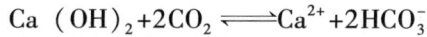

$$Ca（OH）_2+2CO_2 \Longrightarrow Ca^{2+}+2HCO_3^-$$

（6）氧化还原电位

研究表明，不产甲烷菌的最适氧化还原电位为 $-100 \sim +100mV$，而产甲烷菌的最适氧化还原电位为 $-400 \sim -150mV$，培养初期的氧化还原电位不能超过 $-320mV$。

（7）营养

厌氧微生物产率比好氧微生物低得多，因此厌氧微生物对碳、氮等营养物质的要求低于好氧微生物，在处理混合性污染物时，营养物质一般都足够。但为了保证细菌的增殖和活动，必须补充一些钾、钠、钙、铝、镍等金属离子，以保证细菌酶系统的活性。

（8）食料微生物比

食料微生物比对厌氧生物处理过程影响很大，在实际过程中常用有机负荷表示：kg COD/（kg VSS·d）（VSS：挥发性悬浮固体）。

一般而言，较高的有机负荷可获得较大的产气量，但处理程度会降低。由于厌氧消化过程中产酸阶段的反应速率比产甲烷阶段的反应速率高得多，必须选择合适的有机负荷，使挥发酸的生成及消耗不至于失调，导致挥发酸的积累。总体而言，厌氧生物处理比好氧生物处理可以承受更高的有机负荷，一般 COD 可为 $5 \sim 10kg/（m^3·d）$，甚至可高达 $50kg/（m^3·d）$。

（9）抑制和毒性物质

厌氧工艺的一个特点是它对废水中的化学物质或过程产生的中间产物的抑制作用非常敏感。抑制性物质导致微生物的最大比生长速率降低，从而需要提高生物处理过程的 SRT 才能得到同样的出水。但是，如果抑制剂浓度非常高，就会产生毒性效应，微生物被杀死，导致整个工艺失败。有多种无机物质如金属离子、氨氮、硫化物和重金属等都可以引起抑制。

1）金属离子：低浓度的金属离子对微生物的生长是必要的，但过高的金属离子可抑制甚至对微生物产生毒性效应。表 10-1 是常见金属离子的作用范围。

表 10-1　常见金属离子的作用范围

金属离子	浓度/（mg/L）			金属离子	浓度/（mg/L）		
	促进作用	中等抑制	强抑制		促进作用	中等抑制	强抑制
钠	100～200	3 500～5 500	8 000	钙	100～200	2 500～4 500	8 000
钾	200～400	2 500～4 500	12 000	镁	75～150	1 000～1 500	3 000

金属离子与微生物之间存在着复杂的相互作用。如果两个金属离子都处于中等浓度,抑制作用会增强,这称为协同效应。一种离子处于其促进浓度范围内会减轻另一种离子的抑制作用,称为对抗。表 10-2 总结了金属离子和氨氮之间的对抗作用。

表 10-2　金属离子和氨氮之间的对抗作用

抑制剂	对抗剂	抑制剂	对抗剂
Na^+	K^+	K^+	Na^+、Ca^{2+}、Mg^{2+}、NH_4^+
Ca^{2+}	Na^+、K^+	Mg^{2+}	Na^+、K^+

2)氨:氨氮是营养物质,对于厌氧工艺,氨是厌氧消化的缓冲剂,氨的浓度为 50~200mg N/L 能促进微生物的生长。高浓度的氨就变为抑制性物质或毒性物质。氨是一个弱碱,在水中进行离解:

$$NH_3+H_2O \Longrightarrow NH_4^++OH^-$$

这两种形式都有抑制性,但自由态(NH_3)抑制性更强,在浓度为 100mg N/L 时能产生毒性效应。通过对产甲烷菌的驯化,厌氧过程对氨的适应能力能得到加强。减少厌氧过程中氨抑制性作用的方式有 3 种:①降低温度;②降低 pH;③降低总氮浓度。

3)硫化物:在厌氧过程中,只有溶解性硫化物才有抑制作用,而且浓度大于 200mg/L 才产生比较强的抑制作用,100mg/L 以下几乎没有作用。经过驯化后,微生物可适应 100~200mg/L 的硫化物。硫化物与重金属可形成极难溶的沉淀物,因此,投加铁可以降低溶解性硫化物的浓度,从而减弱硫化物的抑制作用,硫化氢气体一般对产甲烷过程产生抑制,通过从系统中吹脱硫化氢的措施也可以减轻硫化物的抑制作用。

4)重金属:重金属可破坏细菌代谢的酶活性从而使厌氧过程失效,不同金属离子及其不同的存在形态,会产生不同的抑制作用。如表 10-3 所示,低浓度重金属就能产生 50% 的抑制作用,可通过投加硫化物沉淀重金属从而减轻其危害。研究表明每沉淀 1mg 重金属需要大约 0.5mg 的硫化物。

表 10-3　对厌氧消化池产生 50% 抑制的溶解性重金属浓度

金属离子	浓度/(mg/L)	金属离子	浓度/(mg/L)
Fe^{2+}	1~10	Zn^{2+}	10^{-4}
Cd^{2+}	10^{-7}	Cu^+	10^{-12}
Cu^{2+}	10^{-16}		

2. 厌氧颗粒污泥

颗粒污泥在不同的基质或操作条件下,其外形、组成菌群、密实程度等都有所不同。颗粒污泥形成初期，颗粒较小，直径 0.2~0.4nm，随着颗粒化的进行，颗粒逐渐长大，到后期颗粒污泥成熟后，直径一般在 0.2~1.5nm，大部分在 0.8nm 以上。随着直径的增大，沉降速度随之增大，大部分成熟颗粒污泥在静止清水中的沉降速度达 35m/h。污泥颗粒化的过程中生物相由丰富向单一化发展，成熟颗粒污泥外层占优势的是水解发酵菌，内层是产甲烷菌。污泥颗粒化是一个复杂的过程，其形成机制尚不清楚，其形成主要受以下因素的影响。

（1）进水 COD 浓度

研究认为初次启动 UASB 反应器时，进水 COD 浓度以 5000mg/L 为宜，若 COD 浓度较高，可采用出水回流进行稀释的方法。随着颗粒污泥的逐渐形成，可逐步提高负荷直至实现原水进液。

（2）悬浮物

废水中的悬浮物会造成污泥产甲烷活性降低、阻碍有机物的降解、引起污泥流失、降低污泥颗粒化的速度，甚至无法形成颗粒污泥。对于高浓度的悬浮物，可在反应器前增加预处理装置，通过絮凝、混凝等方式去除，若为可生物降解物，则不必进行预处理。

（3）毒性化合物

一般而言，毒性物质（氨、无机硫化物、盐、重金属、有机化合物、生物异型化合物等）的存在对敏感的甲烷菌有抑制作用，阻碍污泥颗粒化。

（4）污泥接种及污泥负荷

初次启动 UASB 反应器可直接取启动成功的反应器中的颗粒污泥作为接种污泥，但要求所处理的废水与环境条件尽量一致。若无颗粒污泥，则厌氧消化污泥、河底淤泥、牲畜粪便、化粪池污泥及好氧活性污泥等均可作为种泥接种而培养颗粒污泥。当接种污泥活性较高时，颗粒污泥形成时间可缩短为 1~2 个月，反应器更易启动。

启动时污泥负荷不应太高，当可降解 COD 被去除 80%，颗粒污泥出现后，可逐渐增大水力负荷，减少水力停留时间，以促进颗粒污泥快速形成，缩短启动时间。

（5）水力传动

进水和气体上升引起的液流剪切力是影响颗粒污泥形成的主要环境因素。水流经过污泥时对单位污泥表面产生的摩擦（剪切力）与同一横截面上各点水的流速分布不同造成的单位污泥的微转动力导致絮状污泥自身缠绕凝聚，菌丝沿力的方向缠绕生长，最终形成颗粒状污泥。在这种作用下形成的颗粒，必定是以菌丝和絮状污泥体内的类纤维结构为主体框架的菌体缠绕密实体。

过于致密的床层结构会导致仅在沟流附近的局部区域形成颗粒，延缓整个污泥床层的颗粒化进程。因此，颗粒化过程必须保证单位污泥有一个运动微空间，这种微空间是通过上升水流使床层膨胀，形成一定的床层空隙实现的。

（6）温度

根据微生物的生长温度，通常将反应器分为低温升流式厌氧污泥床反应器

（16～25℃）、中温 UASB 反应器（30～40℃）及高温 UASB 反应器（50～60℃）。

低温 UASB 反应器的启动研究较少，但是今后的研究方向之一。中温 UASB 反应器的启动研究报道较多，在合适的条件下，经 1～3 个月均可成功地培养出颗粒污泥。高温 UASB 反应器比低温、中温 UASB 反应器有较高的负荷、较低的水力停留时间，但由于高温下 NH_3 与某些化合物混合毒性会增加，而导致其在应用上有一定的限制。

（7）pH

厌氧过程中，水解菌与产酸菌对 pH 有较大的适应范围，而甲烷菌对 pH 比较敏感，其在 pH6.5～7.8 生长，若反应器内废水 pH 超出这个范围，会出现酸积累等问题。

3. 厌氧生物处理的特点

（1）厌氧生物处理的优点

1）生物处理减少了有机物的污染；避免了甲烷气的污染；避免了能引起水体富营养化的沥出液的污染；避免了对动物、土壤产生的恶性循环的病原体的污染；避免了臭气和蝇类的繁殖。

2）厌氧消化工艺比好氧工艺产生污泥量少，处理同样数量的废水仅产生相当于好氧处理 1/10～1/6 的剩余污泥，并且剩余污泥脱水性能好，可不使用脱水剂。

3）厌氧产生的沼气是一种清洁能源，具有较高的热值，可作为管道热值或汽车的燃料，沼气燃烧后释放的碳氢化物较少，可减少对大气的污染。

4）厌氧处理能提高废物中营养成分的可利用率，将不易吸收的有机态氮转化为氨或硝酸盐。

5）产生的剩余污泥可作为土壤改良剂，改善土壤的持水率、透气性，这对半干旱地区具有重要意义。

6）厌氧生物处理对营养物质的需求量少，可不添加或少添加营养物质。

7）厌氧处理可处理高浓度有机废水，因此当废水浓度过高时，不需要稀释。

8）在厌氧处理过程中，由于细菌分解有机物是无氧呼吸，就节省了曝气设备所消耗的电能。

（2）厌氧生物处理的缺点

1）由于厌氧微生物的世代期长，污泥增长缓慢，厌氧反应器的启动时间较长，一般启动期有 3～6 个月。

2）厌氧处理虽然负荷高，去除有机物的绝对量和进液浓度高，但去除有机物不够彻底，单独使用无法达到排放标准，必须与好氧处理结合起来应用。

3）厌氧微生物对有毒物质比较敏感，因此，如果对有毒废水的性质不清楚，会导致反应器运行恶化。

4）厌氧处理过程中产生的硫化氢等可引起二次污染，因此，厌氧处理系统应尽可能密闭，以防臭气散发。

4. UASB 反应器

UASB 反应器是荷兰学者 Lettinga 等于 1973～1977 年研制成功的。其工作原理如图 10-1 所示，图版 4 为 UASB 反应器的工作状态实物图。目前 UASB 反应器不仅用于处理高、中等浓度的有机废水，也开始用于处理城市废水等低浓度的有机废水。

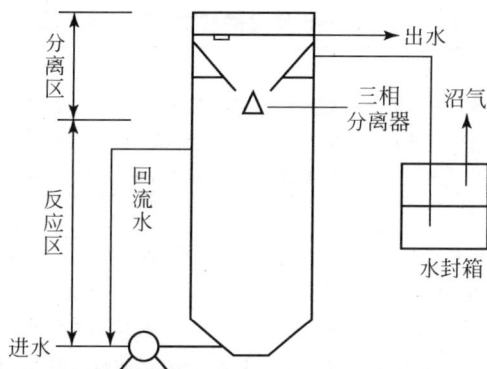

图 10-1　UASB 反应器工作原理示意图

颗粒污泥 UASB 反应器具有如下优势。

1）有机负荷居第二代反应器之首，水力负荷能满足要求。

2）污泥颗粒化后使反应器对不利条件的抗性增强。

3）由于颗粒污泥的密度比人工载体小，在一定的水力负荷下，可以靠反应器内产生的气体来实现污泥与基质的充分接触，因此，UASB 可省去搅拌和回流污泥所需的设备和能耗。

4）在反应器上部设置的气-固-液三相分离器，对沉降良好的污泥或颗粒污泥避免了附设沉淀分离装置、辅助脱气装置和回流污泥设备，简化了工艺，节约了投资和运行成本。

5）在反应器内不需投加填料和载体，提高了容积利用率，避免了堵塞问题。

厌氧反应器的启动是废水厌氧生物处理过程中的一个重要过程。UASB 反应器启动最大的问题是如何获得大量沉淀性能良好的颗粒污泥。实践表明，投加少量颗粒污泥有利于 UASB 内絮状污泥的颗粒化；投加少量载体，有利于厌氧菌的附着，进而促进初期颗粒污泥的形成；密度大的絮状污泥比密度小的易于颗粒化；比甲烷活性高的厌氧污泥可缩短启动期。

无论是工业规模还是实验室的废水厌氧处理反应器，其启动操作的要点主要包括以下几点。

1）选取性能优良的接种污泥，以保证反应器有较好的微生物种源。

2）控制合适的反应器环境，以促进厌氧污泥（尤其是产甲烷细菌）的增殖。

3）控制工艺条件，以促使污泥的颗粒化。

4）反应器启动期，当 COD 去除率大于 80%，出水 pH7.0～7.5 稳定运行 4～6d

后，再提高负荷。每次 COD 负荷提高的幅度为 0.5 ~ 1.0kg/（m³ · d），出水循环在启动阶段应特别注意出水中未被降解的 COD 总量和浓度的变化。

5）可以采用冲击负荷法来评价反应器启动是否终止。

在 UASB 反应器启动过程中一般要遵循一些基本原则，具体如表 10-4 所示。

表 10-4　UASB 反应器初次启动要素总结

接种污泥
①污泥中存在的一些可供细菌附着的载体物质颗粒，对刺激和启动细胞聚集是有益的；②污泥的比产甲烷活性对启动影响不大，尽管浓度大于 60g TSS/L 的黏稠消化污泥的产甲烷活性小于较稀的消化污泥，前者却更有利于 UASB 的初次启动；③部分的颗粒污泥或破碎的颗粒污泥，也可加速颗粒化进程
启动过程的操作模式
启动中必须相当充分地洗出接种污泥中较轻的污泥，保留较重的污泥，以推动颗粒污泥的快速形成，操作要点如下：①洗出的污泥不再返回反应器；②当进水 COD 浓度大于 5000mg/L 时，采用出水循环或稀释进水；③当可降解 COD 去除率达 80% 后，逐步增加有机负荷；④保持乙酸浓度为 800 ~ 1000mg/L；⑤启动时稠密型污泥的接种量为 10 ~ 15kg VSS/m³，浓度小于 40kg TSS/m³ 的稀消化污泥接种量可略小一些
废水特征
①废水浓度，低浓度废水有利于污泥快速颗粒化，最小的 COD 浓度为 100mg/L；②污染物性质，过量的悬浮物阻碍污泥的颗粒化；③废水成分，可溶性碳水化合物为主要基质的废水比以 VFA 为主要基质的废水颗粒化过程快，当废水中含有蛋白质时，应使其尽可能降解；④高的离子浓度如 Ca^{2+}、Mg^{2+} 等能引起化学沉淀，从而形成灰分含量高的颗粒污泥
环境因素
①中温最佳温度为 38~40℃；高温最佳温度为 50~60℃；②反应器内的 pH 应始终保持在 6.2 以上；③N、P、S 等营养物质和微量元素（Fe、Ni、Co 等）应当满足微生物生长的需要；④毒性化合物应低于抑制浓度或给予污泥足够的驯化时间

　注：TSS 为总悬浮固体。

三、实验材料

1. 接种污泥

接种污泥为厌氧活性污泥，pH7.25，产甲烷活性（specific methanogenic activity，SMA）为 145mL CH_4/（g VSS · d），VSS 为 27g/L，VSS/TSS 为 0.45。

2. 模拟废水配制

1）母液：葡萄糖 95g/L，牛肉膏 2g/L，NH_4Cl 25g/L，KH_2PO_4 1.2g/L，K_2HPO_4 0.5g/L，$MgSO_4 · 7H_2O$ 4g/L，$FeSO_4 · 7H_2O$ 1g/L，$CaCl_2$ 1.5g/L。

2）微量元素液：$ZnCl_2$ 500mg/L，H_3BO_3 500mg/L，$(NH_4)_6Mo_7O_{24} · 4H_2O$ 500mg/L，$CoCl_2 · 6H_2O$ 500mg/L，$AlCl_3$ 500mg/L，$NiCl_2$ 500mg/L，$CuCl_2$ 300mg/L，$MnSO_4 · H_2O$ 500mg/L。

3）模拟废水：根据进水 COD 浓度取一定量的母液进行稀释，同时加入微量元素营养液（1mL/g COD）。用 $NaHCO_3$ 调节 pH。

4）实际废水：采用城市生活污水或养殖废水。

3. 器材

UASB 反应器，pH 计，粒度分布仪，蠕动泵，量筒，烧杯，三角瓶等。

四、实验步骤

1. 厌氧颗粒污泥的培养及 UASB 的启动

（1）运行参数

运行参数见表 10-5。

表 10-5　运行参数

试验阶段	启动运行期	颗粒污泥出现期	颗粒污泥成熟期
运行时间/d	1 ~ 30	31 ~ 50	51 ~ 75
水力停留时间/h	25 ~ 13.4	11.5 ~ 10	9.5 ~ 5.4
进水 COD/（mg/L）	1450 ~ 2540	1350 ~ 2100	1550 ~ 2350
COD 去除率/%	85.1 ~ 92.7	84.2 ~ 91.3	85.5 ~ 94.1
容积负荷/［kg/（m³·d）］	1.4 ~ 3.7	3.7 ~ 4.5	4.6 ~ 9.2
污泥负荷/［kg/（kg·d）］	0.17 ~ 0.42	0.47 ~ 0.52	0.57 ~ 0.62
产气量/［m³/（m³·d）］	0.5 ~ 1.1	1.1 ~ 1.2	1.5 ~ 3.6

（2）启动运行期（1 ~ 30d）

启动运行期（1 ~ 30d）指反应器开始运行到肉眼可见颗粒污泥时期。试验开始时，将反应器控制在低负荷状态进行，容积负荷为 1.4kg/（m³·d），水力停留时间为 25h。当 COD 去除率在 85% 以上后，以 0.1kg/（m³·d）左右的速度提高容积负荷，缩短水力停留时间。当负荷达 3.7kg/（m³·d）时，从反应器底部取样，检测颗粒污泥直径、产气量及污泥负荷。

（3）颗粒污泥出现期（31 ~ 50d）

小颗粒污泥出现后，将反应器的容积负荷逐渐提高到 4.5kg/（m³·d），颗粒污泥出现期（31 ~ 50d）污泥洗出量增大，其中大多为细小的絮状污泥，末期留下的污泥中开始产生颗粒状和沉淀性能良好的污泥，此时，HRT 缩短为 10 ~ 11.5h，从反应器定时取样，检测颗粒污泥直径、产气量、污泥负荷及 COD 去除率。

（4）颗粒污泥成熟期（51 ~ 75d）

颗粒污泥成熟期（51 ~ 75d）逐步提高反应器负荷，使其大于 4.5kg/（m³·d）并最终达 9.2kg/（m³·d），从反应器定时取样，检测颗粒污泥直径、产气量、污泥负荷及 COD 去除率。

2. UASB 处理污水

以城市生活废水为处理对象，将反应器负荷控制在 3.7kg/（m³·d），水力停留时间在 10h 左右进行反应器驯化，定时取样，检测产气量、污泥负荷、pH 变化、COD、总氮和总磷的去除率、出水 VFA 变化，从而评价反应器性能。

注意：

1）通过调节和控制厌氧反应器的运行条件，如污泥负荷、水力负荷、温度等可以加快厌氧颗粒污泥的形成速度。不同的废水水质、接种污泥，其污泥颗粒化条件和进程不同。

2）厌氧反应器处理生物难降解有机废水时，通过投加经过筛选的优势菌可增加污泥降解的针对性。

五、实验结果

1. 请列表表示系统达到启动期、颗粒污泥出现期及污泥成熟期后的颗粒污泥直径大小、产气量、污泥负荷及 COD 去除率大小。

2. 绘制 UASB 反应器处理生活污水时 COD、总氮、总磷及产气量的变化趋势。

六、思考题

1. 列表比较中温和高温厌氧工艺的优点和缺点。

2. 说明什么是一个化合物的"促进"浓度和"抑制"浓度。说明什么是抑制剂之间的"协同"作用和"对抗"作用。

3. 怎样减少厌氧过程中溶解性硫化物的浓度？

4. 一种厌氧过程发生重金属毒性，加入什么样的化学物质才能消除这种毒性？这类化合物的优缺点各是什么？

七、参考文献

陈坚, 刘和, 李秀芬, 等. 2008. 环境微生物实验技术. 北京：化学工业出版社.

李铁民, 马溪平, 刘宏生, 等. 2005. 环境微生物资源原理与应用. 北京：化学工业出版社.

张锡辉, 刘勇弟. 2003. 废水生物处理. 北京：化学工业出版社.

Lettinga G, Hulshoff LW. 1991. UASB process design for various types of wastewaters. Water Science and Technology, 24 (8)：87-108.

Lettinga G, Hulshoff LW. 1992. UASB process design for various types of wastewaters//Malina JFJ, Pohland FG. Design of anaerobic processes for the treatment of industrial and municipal wastes. Lancaster：Technomics Publishing.

Mccarty PL, Mosey FE. 1991. Modeling of anaerobic digestion processes. Water Science and Technology, 24 (8)：17-34.

Speece RE. 1996. Anaerobic biotechnology for industrial wastewater. Nashville：Archae Press.

第二章　土壤环境微生物学实验技术

实验十一　土壤微生物生物量的测定

一、实验目的

1. 了解土壤中微生物生物量测定的意义。
2. 掌握氯仿熏蒸法测定土壤中微生物生物量碳、氮、磷的原理。
3. 掌握氯仿熏蒸提取法测定土壤中微生物生物量的具体操作方法。

二、实验原理

　　土壤微生物是土壤有机质和土壤养分转化与循环的动力，直接参与土壤中有机质矿化、腐殖质形成、土壤养分转化与循环等过程，能够增强植物适应环境胁迫的能力，提高养分的吸收与利用效率。土壤微生物生物量是指土壤中体积小于 $5\mu m^3$ 的活微生物的总量，是土壤有机质中最活跃和最容易变化的部分，与土壤的碳、氮、磷、硫等养分的循环关系密切，是土壤肥力高低及其变化的重要依据之一。另外，土壤微生物生物量对环境变化敏感，在短时间内发生大幅度变化，是公认的土壤生态系统变化的预警及敏感指标，也能较早指示生态系统功能的变化，被许多学者用作因人为管理导致土壤变化的灵敏指标之一。因此，研究土壤微生物生物量对了解土壤肥力、土壤养分有效性、土壤养分转化与循环及环境变化具有重要意义。目前土壤微生物生物量测定应用较为广泛的方法主要有熏蒸提取法、底物诱导法、腺苷三磷酸（ATP）法及真菌麦角甾醇分析法等。本实验主要介绍采用氯仿熏蒸法测定土壤中微生物生物量碳、氮、磷的含量。

（一）土壤微生物生物量碳测定原理

　　土壤微生物生物量碳是指土壤中所有活微生物体中碳的总量，通常占微生物干物质的 40%～45%，是反映土壤微生物生物量大小的最重要的指标。尽管土壤微生物生物量碳含量只占土壤有机碳的 1%～5%，但它是土壤有机质中活性炭最高的部分，是土壤养分重要的源和库，直接调控土壤有机质的转化过程。已有的研究结果表明，土壤微生物生物量碳与土壤有机质含量呈线性关系，并且当土地利用和耕作管理方式等发生变化时，土壤微生物生物量碳的变化更加迅速，短期内（3～5 年）

就可以检测到，5~10 年即可达到新的平衡状态；而土壤有机质的变化则需要较长的时期（5~10 年）才能检测出来，经过几十年甚至上百年才能达到稳定和新的平衡状态。例如，Holt 研究报道了澳大利亚东北部两类半干旱草原群落，重度放牧 6~8 年后土壤有机碳含量没有显著变化，但土壤微生物生物量碳含量却分别下降了 24%~51%。由于土壤微生物生物量碳与土壤有机质总量的变化有相同的趋势，因此，土壤微生物生物量碳可作为土壤有机质含量变化的早期指示。但是，在不同的环境条件下土壤微生物生物量碳高低，并不指示土壤有机质含量多寡，在缺少长期试验数据时，不能单独应用土壤微生物生物量碳来反映土壤有机质含量的变化趋势。

传统的土壤微生物生物量测定是基于分离计数法，根据各类微生物数量及大小再折算成干物质质量。但是这种方法不仅费时费力，而且目前常用的方法技术仅能观测到部分土壤微生物，其应用范围受到极大的限制，不能准确测定出土壤微生物生物量。Jenkinson 研究认为氯仿熏蒸引起的土壤 CO_2 呼吸量增加主要是由于被熏蒸杀死的土壤微生物的分解，CO_2 呼吸增加量可用于估算土壤微生物生物量碳。基于此原理，先后建立了测定土壤微生物生物量碳的熏蒸培养法和熏蒸提取法。

（1）氯仿熏蒸培养法

Jenkinson 和 Powlson 最先提出并建立了土壤微生物生物量碳的熏蒸培养法，为土壤微生物生物量的测定找到了一种较为方便的间接方法。该方法的基本原理是：新鲜土壤经氯仿蒸气熏蒸后再培养，被杀死的土壤微生物生物量中的碳，将按一定比例矿化为 CO_2-C，根据熏蒸土壤与未熏蒸土壤在一定培养期内释放的 CO_2-C 差值或增量，以及矿化比率（k_C），估算土壤微生物生物量碳。

（2）氯仿熏蒸提取法——容量分析法

Vance 等于 1987 年建立了土壤微生物生物量碳的熏蒸提取法——容量分析法。该方法的基本原理是：新鲜土壤经氯仿熏蒸（24h）后，被杀死的土壤微生物细胞发生裂解，释放出的微生物生物量碳能够以一定比例被 0.5mol/L K_2SO_4 溶液提取，用一定浓度的重铬酸钾-硫酸溶液氧化微生物生物量碳，剩余的重铬酸钾用硫酸亚铁来滴定，从所消耗的重铬酸钾量，计算微生物生物量碳含量。根据熏蒸土壤与未熏蒸土壤测定的有机碳量的差值和提取效率（或转换系数 k_{EC}），估计土壤微生物生物量碳。

$$2K_2Cr_2O_7 + 8H_2SO_4 + 3C \longrightarrow 2K_2SO_4 + 2Cr_2(SO_4)_3 + 3CO_2 + 8H_2O$$
$$K_2Cr_2O_7 + 6FeSO_4 + 7H_2SO_4 \longrightarrow K_2SO_4 + Cr_2(SO_4)_3 + 3Fe_2(SO_4)_3 + 7H_2O$$

（3）氯仿熏蒸提取法——仪器分析法

Wu 等对氯仿熏蒸提取液有机碳分析方法进行改进，借用有机碳自动分析仪测定微生物生物量碳含量，建立了氯仿熏蒸提取法——仪器分析法。

氯仿熏蒸培养法对熏蒸灭菌、熏蒸后去除氯仿及培养装置的密封、培养条件和时间有严格的要求，而且培养时间较长，不适合大批样品分析。另外，该方法不适于风干土样土壤微生物量测定；对游离 $CaCO_3$ 含量高的土壤、淹水土壤、pH<4.5 的

土壤及新近施过有机肥或绿肥的土壤，其测定结果均不可靠。随着熏蒸提取法的建立和完善，该法目前已较少使用。氯仿熏蒸提取法比氯仿熏蒸培养法更为快速、简便、精确，适合大量样品分析。但是对于微生物生物量碳含量较低的土壤，熏蒸提取法——容量分析法的精度较低，熏蒸提取法——仪器分析法是目前测定土壤微生物生物量碳最为快速和精确的方法，并且适用于微生物生物量碳含量低的土壤。但是，有不少研究报道称氯仿熏蒸提取法的应用受到土壤含水量的限制，土壤含水量一旦超过田间最大持水量的70% ~ 80%，氯仿熏蒸提取法效率则明显下降。旱地土壤的含水量一般是田间最大持水量的30% ~ 70%，因此氯仿熏蒸提取法广泛应用在旱地土壤，但对于淹水环境条件下的土壤、沉积物等，该法的应用可能引起偏差，这是由于淹水层的土壤水处于饱和状态，氯仿气体的扩散会受到土壤水的阻滞。有实验针对这一问题提出淹水土壤微生物生物量碳测定的液氯熏蒸浸提水浴法，以液态氯仿常压熏蒸替代氯仿真空抽气熏蒸，简化了测定条件，操作方便。采用100℃水浴排除残余氯仿，温度便于控制，操作容易规范，有利于减少偶然误差，并取得良好效果。本实验主要介绍土壤微生物生物量碳测定的氯仿熏蒸提取法。

（二）土壤微生物生物量氮测定原理

微生物在陆地生态系统氮循环中主导了氮的矿化和固定。一方面，微生物矿化有机质释放出矿质营养，以满足作物和土壤中微生物的需求；另一方面，微生物对无机氮肥的生物固定减少了氮肥的损失。土壤微生物生物量氮是指土壤中所有活微生物体内所含有的氮的总量，占土壤有机氮总量的2% ~ 7%，也是土壤中最活跃的有机氮组分，是土壤氮素的一个重要储备库，对于土壤氮素循环及植物氮素营养起着重要的作用。土壤微生物生物量氮周转速率快，比植物残体氮周转速率快10倍。土壤微生物生物量氮在土壤中很快发生矿化作用而释放出有效态氮，因此在土壤氮循环与转化过程中起着重要的调节作用。自测定土壤微生物生物量碳的熏蒸法建立后，相继出现了测定土壤微生物生物量氮的熏蒸法：包括氯仿熏蒸培养法、熏蒸提取法——全氮测定法和熏蒸提取法——茚三酮比色法等。

（1）氯仿熏蒸培养法

土壤经氯仿熏蒸后再培养，在CO_2-C释放量增加的同时，土壤矿质态氮（主要为NH_4^+-N）也增加，经进一步研究，形成了测定土壤微生物生物量氮的熏蒸培养法。该方法的原理是：新鲜土壤经氯仿蒸气熏蒸后再培养，被杀死的土壤微生物生物量中的氮按一定比例矿化为矿质态氮，根据熏蒸土壤与未熏蒸土壤矿质态氮的差值和矿化比率（或转换系数k_N），计算土壤微生物生物量氮的高低。

（2）熏蒸提取法——全氮测定法

Brookes等研究发现新鲜土壤经氯仿熏蒸后，用0.5mol/L K_2SO_4提取的NH_4^+-N量和全氮量均增加，但提取的NH_4^+-N增量仅占提取的全氮增量的10% ~ 34%。[15]N示踪研究结果表明，熏蒸土壤全氮增量来源于土壤微生物生物量，氯仿熏蒸不会改变 0.5mol/L K_2SO_4 溶液对土壤氮（非生物氮）的提取效果。Brookes 等通过与熏蒸培养法进行比较研究，提出可以根据熏蒸与未熏蒸土壤全氮增量来估算土壤微生物生物量氮，即熏蒸提取法——全氮测定法。该方法的基本原理是：新鲜土壤经氯仿熏蒸后（24h），被杀死的土壤微生物生物量氮能够被 0.5mol/L K_2SO_4 溶液定量地提取并测定出来，提取液在混合催化剂的参与下，用浓硫酸消煮使微生物态氮经过复杂的高温分解反应转化为氨，并与硫酸形成硫酸铵，碱化后蒸馏出来的氨用硼酸吸收，以标准溶液滴定，根据熏蒸与未熏蒸土壤的差异和提取测定效率（即转换系数 k_{EN}），可以比较简便地估计土壤微生物生物量氮。

（3）熏蒸提取法——茚三酮比色法

Amato 和 Ladd 研究表明，新鲜土壤熏蒸过程中所释放出的氮主要成分为 α-氨基酸态氮和铵态氮，这两种氮形态可用茚三酮反应定量测定，并发现熏蒸与未熏蒸土壤提取的茚三酮反应氮量的增加，与其土壤微生物生物量碳之间存在显著的相关性。该方法的基本原理：当溶液 pH 为 2.5 时，茚三酮与 α-氨基酸反应，脱除 α-氨基酸中的羧基和氨基；当溶液 pH 为 5.0 时，茚三酮和还原态茚三酮与 NH_3 反应，形成一种紫蓝色化合物（图 11-1），其形成量与 NH_3 浓度呈正比例关系，故可用茚三酮比色法测定提取液中 NH_3 的含量。根据熏蒸土壤与未熏蒸土壤测定有机氮量（NH_4^+）的差值及转换系数（k_{EN}），从而计算土壤微生物生物量氮。值得注意的是：要有足够的还原态茚三酮存在时，才能使 NH_4^+-N 完全反应显色。在适宜的反应温度（100℃）时，氨基酸和蛋白质的自由氨基与茚三酮完全反应只需 15min（如亮氨酸达到最大显色仅需 5min），而 NH_4^+-N 却需要 25min。为使测定结果的重现性好，应尽可能使 NH_4^+-N 与氨基酸氮的显色一致，特别要注意的是，务必使 NH_4^+-N 与还原态茚三酮反应完全。

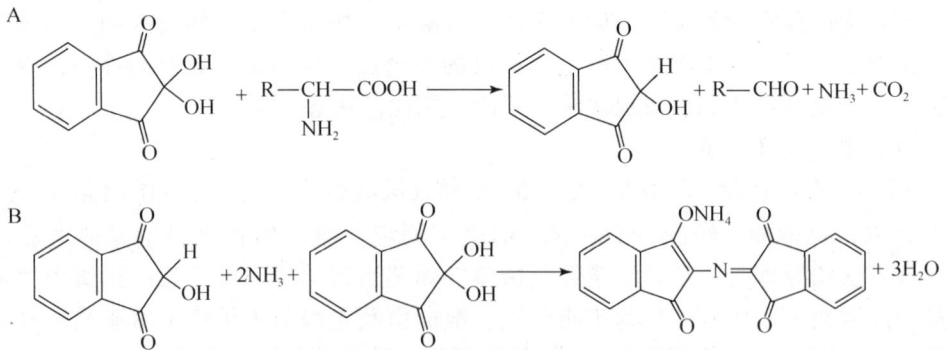

图 11-1　α-氨基酸与茚三酮反应

A 式表示在 pH 为 2.5 时形成稳定反应产物 NH_3；B 式表示在 pH 为 5 时 A 式形成的 NH_3，
与茚三酮和还原态茚三酮反应形成蓝紫色产物

氯仿熏蒸培养法不适合用于测定含有大量高 C：N 有机物的土壤微生物生物量

氮，但可用于渍水土壤微生物生物量氮的测定。由于熏蒸培养法测定土壤微生物生物量氮不仅需要较长的培养时间，且操作过程较繁琐，不适合于大批量样品测定，也不能用于开展土壤氮素微生物转化动力学研究。随着熏蒸提取法的建立和完善，熏蒸培养法已被取代，不过该方法依然作为一种基准方法，用以校验其他测定方法。熏蒸提取法——全氮测定法测定土壤微生物生物量氮，可以避免培养期间因氮素反硝化作用和固定作用，对熏蒸后土壤微生物释放氮的影响问题。但全氮测定法的不足在于：消化过程繁琐，且高的稀释倍数有可能扩大分析误差。此外，全氮测定法是否适合渍水土壤微生物生物量氮测定尚需探讨。茚三酮比色法灵敏度高，操作简便，不仅适合于酸性土壤微生物生物量氮的测定，且由于植物残体中茚三酮反应态氮含量相对较低，适合于含有新鲜植物残体土壤微生物生物量氮的分析。但是宁万太等采用氯仿熏蒸提取法——茚三酮比色法和全氮测定法比较测定了田间定位试验不同施肥处理土壤、添加植物残体土壤、添加葡萄糖土壤的微生物生物量氮（SMBN）。结果表明，当土壤微生物生物量氮含量较高时（>20mg/kg），两种方法测定的 SMBN 具有显著正相关关系（$P<0.05$），但当 SMBN 量较低时（<20mg/kg）时，比色法测定与消化法测定的 SMBN 没有显著相关性。当土壤中添加麦秸和玉米秸时，土壤浸提液颜色较深（黄色），不适合采用分光光度法测定 SMBN。因此，熏蒸提取法——分光光度法测定 SMBN，仅适于土壤浸提液无色透明且 SMBN 含量较高的土壤。本实验主要介绍氯仿熏蒸提取法——全氮测定法和茚三酮比色法测定土壤中微生物生物量氮。

（三）土壤微生物生物量磷测定原理

土壤微生物生物量磷是指土壤中所有活体微生物所含有的磷，主要成分是核酸、磷脂等易矿化有机磷及一部分无机磷，通常占微生物干物质质量的 1.4% ~ 4.7%。但是由于土壤微生物生物量磷周转速度快，与土壤有机磷化合物相比，微生物生物量磷更容易矿化为植物可利用的有效磷，对土壤磷素的循环转化和植物磷素营养起着重要的作用，是土壤磷库和植物磷素营养的重要来源。同时，土壤微生物生物量磷对环境变化敏感，准确测定土壤中微生物生物量磷含量有助于更好地了解由于环境（气候、土壤类型、地形）改变和人为活动（施肥、杀虫剂、作物覆盖、耕作）引起的磷的固定和周转，并且对土壤肥力及土壤养分的有效性具有重要的指示意义。早在 1960 年 Birch 就报道土壤经过氯仿熏蒸处理会释放出大量的磷，这部分磷主要来自土壤微生物。此后，随着熏蒸法测定土壤微生物生物量碳和氮方法的建立，相继建立了测定土壤微生物生物量磷的熏蒸法，主要包括熏蒸提取法——全磷测定法和熏蒸提取法——无机磷测定法。

（1）熏蒸提取法——全磷测定法

新鲜土壤经氯仿熏蒸后（24h），被杀死的土壤微生物生物量磷被 0.5mol/L NaHCO$_3$ 溶液定量地提取出来，用 HClO$_4$-H$_2$SO$_4$ 消煮提取液，在钼锑抗混合试剂作用下，溶液中正磷酸与钼酸络合形成磷钼杂多酸（在一定酸度条件下），采用磷钼蓝比色法测定提取液中全磷含量。根据熏蒸与未熏蒸土壤测定有机磷含量的差值（即全磷增量）和提取测定效率（转换系数 k_p），来计算土壤微生物生物量磷。该方法由于假设不同类型土壤熏蒸处理后，所释放出来的微生物生物量磷的比例是一样的，从而避免了校正土壤对所释放出来的土壤微生物生物量磷的吸附固定。存在的问题是：消化过程繁琐、时间长，对于固磷能力强和土壤微生物生物量磷含量低的土壤，分析误差相对较大。

（2）熏蒸提取法——无机磷测定法

Brookes 等报道土壤熏蒸处理所释放出来的磷大部分为无机磷酸盐，可被 $0.5mol/L$ $NaHCO_3$ 等提取剂提取，而且熏蒸和未熏蒸土壤之间无机磷的差异，能够反映土壤微生物生物量磷的高低。由于土壤具有一定的吸附和固定磷酸盐的能力，对熏蒸处理所释放出来的磷产生吸附和固定，应该向未熏蒸土壤加入适量的无机磷酸盐，以校正土壤对所释放出来的微生物生物量磷的吸附和固定，于是建立了土壤微生物生物量磷的熏蒸提取法——无机磷测定法。根据熏蒸与未熏蒸土壤测定结果的差值和提取测定效率（转换系数 k_p）及外加无机磷的回收率（P_{Pi}）作为校正系数，计算土壤微生物生物量磷。

三、实验材料

（一）土壤微生物生物量碳测定

1. 氯仿熏蒸提取法——容量分析法

1）去乙醇氯仿：普通氯仿一般含有少量乙醇作为稳定剂，使用前需除去。将氯仿按 $1:2$（V/V）与去离子水一起放入分液漏斗中，充分摇动 1min，静止溶液分层，慢慢放出底层氯仿于烧杯中，如此洗涤 3 次。得到无乙醇氯仿后加入无水氯化钙（每 100mL 氯仿加入 10g），除去水分。纯化后的氯仿置于暗色试剂瓶中，4℃避光保存（注意：氯仿具有致癌作用，必须在通风橱中进行操作）。

2）硫酸钾（$0.5mol/L$）提取剂：称取 87.10g 硫酸钾（K_2SO_4），溶于去离子水中，定容至 1000mL。

3）重铬酸钾（$0.018mol/L$）-硫酸（$12mol/L$）混合溶液：称取 5.30g 分析纯重铬酸钾（$K_2Cr_2O_7$）溶于 400mL 去离子水中，缓慢加入 435mL 分析纯浓硫酸（H_2SO_4），边加边搅拌，冷却至室温后，用去离子水定容至 1000mL。

4）重铬酸钾（$8.33mmol/L$ $K_2Cr_2O_7$）标准溶液：称取经 130℃烘干的重铬酸钾 2.4515g 溶于水中，定容至 1000mL。

5）邻啡罗啉指示剂：称取 1.49g 邻啡罗啉溶于 100mL 0.7% 分析纯硫酸亚铁溶液，密封保存于棕色试剂瓶中。

6）硫酸亚铁（$0.05mol/L$）溶液：称取 13.9g 硫酸亚铁（$FeSO_4 \cdot 7H_2O$）溶于

800mL 去离子水中，缓慢加入浓硫酸 5mL，稀释至 1L，保存于棕色试剂瓶中（注意：此溶液易被空气氧化，使用前应标定）。标定方法：取 20.0mL 上述 0.008mol/L $K_2Cr_2O_7$ 标准溶液于 150mL 三角瓶中，加 3mL 浓硫酸和 1 滴邻啡罗啉指示剂，用硫酸亚铁溶液滴定至终点，根据所消耗的硫酸亚铁溶液量计算其准确浓度。计算公式为

$$C_2 = C_1V_1/V_2$$

式中，C_1 为重铬酸钾标准溶液浓度（mol/L）；C_2 为硫酸亚铁标准溶液浓度（mol/L）；V_1 为重铬酸钾标准溶液体积（mL）；V_2 为滴定至终点时所消耗的硫酸亚铁溶液体积（mL）。

7）土壤筛（孔径 2mm），振荡器，移液管，消化装置，消化管，真空干燥器，无油真空泵，200mL 聚乙烯螺口可密封塑料瓶，酸式滴定管，烧杯，容量瓶，三角瓶，漏斗，防爆沸玻璃珠，中速定量滤纸等。

2. 氯仿熏蒸提取法——仪器分析法

1）去乙醇氯仿制备：参见氯仿熏蒸提取法——容量分析法。

2）硫酸钾（0.5mol/L）提取剂：参见氯仿熏蒸提取法——容量分析法。

3）六偏磷酸钠溶液（50g/L，pH2.0）：50.0g 分析纯六偏磷酸钠 [(NaPO$_3$)$_6$] 缓慢加入盛有 800mL 去离子水的烧杯中（注意：六偏磷酸钠溶解速度很慢，且易粘于烧杯底部结块，加热易使烧杯破裂），缓慢加热（或置于超声波水浴器中）至完全溶化，用分析纯浓磷酸调节 pH 至 2.0，冷却后稀释至 1L。

4）过硫酸钾（20g/L）溶液：20.0g 分析纯过硫酸钾（$K_2S_2O_8$）溶于去离子水，稀释至 1L，避光存放，使用期最多为 7d。

5）磷酸（210g/L）溶液：37.0mL 85% 分析纯浓磷酸（H_3PO_4）与 188mL 去离子水混合。

6）邻苯二甲酸氢钾（1000mg C/L）标准溶液：2.1254g 分析纯邻苯二甲酸氢钾（$C_6H_4CO_2HCO_2K$，称量前 105℃烘 2~3h），溶于去离子水，定容至 1L。

7）土壤筛（孔径 2mm），振荡器，移液管，消化装置，消化管，真空干燥器，无油真空泵，聚乙烯螺口可密封塑料瓶，烧杯，容量瓶，三角瓶，漏斗，碳-自动分析仪，样品瓶等。

（二）土壤微生物生物量氮测定

1. 熏蒸提取法——全氮测定法

1）去乙醇氯仿：参见土壤微生物生物量碳测定。

2）硫酸钾（0.5mol/L）提取剂：参见微生物生物量碳测定。

3）浓硫酸：$\rho = 1.849g/mL$，化学纯。

4）氢氧化钠（10mol/L）溶液：称取 420g 固体 NaOH，于硬质玻璃烧杯中，加去离子水 400mL 溶解，不断搅拌，以防止烧杯底角固结，冷却后倒入塑料试剂瓶，

加塞，防止吸收空气中的 CO_2。放置几天待 Na_2CO_3 沉降后，将清液虹吸入盛有约 160mL 无 CO_2 的水中，并以去 CO_2 的蒸馏水定容至 1000mL 加盖橡皮塞。

5）甲基红-溴甲酚绿混合指示剂：0.5g 溴甲酚绿和 0.1g 甲基红溶于 100mL 乙醇中。

6）硼酸（20g/L）指示剂：20g H_2BO_3 溶于 1000mL 去离子水中，再加入甲基红-溴甲酚绿混合指示剂 5mL，并用稀酸或稀碱调节至微紫红色，此时该溶液的 pH 为 4.8。指示剂用前与硼酸混合（注意：此试剂宜现配，不宜久放）。

7）混合加速剂（K_2SO_4：$CuSO_4$：$Se = 100 : 10 : 1$）：100g K_2SO_4、10g $CuSO_4 \cdot 5H_2O$ 和 1g Se 粉混合研磨，通过 80 号筛充分混匀（注意戴口罩），储于具塞瓶中。消煮时每毫升 H_2SO_4 加 0.37g 混合加速剂。

8）H_2SO_4(0.01mol/L)标准溶液：量取浓 H_2SO_4 2.83mL，加水稀释至 5000mL，然后用标准碱或硼砂标定之，标定后再稀释 10 倍。

9）消煮炉，半微量定氮仪，半微量滴定管，硬质消化管，可调温电炉，真空干燥器，烧杯，三角瓶，聚乙烯塑料管，离心管，漏斗等。

2. 熏蒸提取法——茚三酮比色法

1）去乙醇氯仿：参见土壤微生物生物量碳测定。

2）硫酸钾（0.5mol/L）提取剂：参见土壤微生物生物量碳测定。

3）乙酸（5mol/L）溶液：28.9mL 99% 分析纯乙酸（CH_3COOH），用去离子水定容至 100mL。

4）乙酸锂（4mol/L，pH5.2）缓冲液：263.8g 分析纯乙酸锂（CH_3COOLi）溶于 900mL 去离子水中，用 5mol/L 乙酸调节溶液 pH 至 5.2，再用去离子水稀释至 1L。

5）茚三酮试剂：20.0g 分析纯水合茚三酮（ninhydrin，$C_9H_4O_3 \cdot H_2O$）和 3.0g 分析纯还原茚三酮（hydrindantin，$C_{18}H_{10}O_6$），溶于 750mL 二甲基亚砜（dimethyl-sulphoxide，C_2H_6OS），加入 250mL 4mol/L 的乙酸锂缓冲液，混合 30min，使 O_2 和 N_2 排出（注意：此试剂应在使用前一天配制，室温下密封保存）。

6）氢氧化钠(10mol/L)溶液：400g 分析纯氢氧化钠(NaOH)溶于去离子水，稀释至 1L。

7）柠檬酸缓冲液：42.0g 分析纯柠檬酸和 16.0g 分析纯氢氧化钠，溶于 900mL 去离子水，用 10mol/L 氢氧化钠调节 pH 至 5.0，再用去离子水稀释至 1L。

8）乙醇溶液：95% 分析纯乙醇与去离子水按体积比 1：1 混合。

9）硫酸铵（1000μg N/mL）标准贮存液：4.7167g 分析纯硫酸铵[$(NH_4)_2SO_4$]（称量前 105℃ 烘 2～3h）溶于 0.5mol/L 的硫酸钾溶液，并用硫酸钾溶液定容至 1000mL。置于 4℃ 贮存。

10）硫酸铵（50μg N/mL）标准溶液：5mL 1000μg N/mL 硫酸铵标准贮存液用 0.5mol/L 的硫酸钾溶液稀释至 100mL。该溶液不宜久存。

11）分光光度计，硬质试管，其他仪器设备见微生物生物量碳含量测定。

（三）土壤微生物生物量磷测定

1. 熏蒸提取法——全磷测定法

1）去乙醇氯仿：参见土壤微生物生物量碳测定。

2）碳酸氢钠（0.5mol/L，pH8.5）溶液：42.0g 分析纯碳酸氢钠（NaHCO$_3$）溶于 800mL 去离子水中，用 1mol/L NaOH 溶液缓慢调节 pH 至 8.5，再用去离子水稀释至 1L（注意：该溶液放置时间过长时，溶液的 pH 升高，需要经常调节酸度）。

3）硫酸（2.5mol/L）溶液：70.0mL 分析纯浓硫酸（H$_2$SO$_4$），用去离子水稀释至 500mL。

4）钼酸铵（40g/L）溶液：20.0g 分析纯钼酸铵 [（NH$_4$）$_4$Mo$_7$O$_{24}$·4H$_2$O]溶于去离子水中，稀释至 500mL。

5）抗坏血酸（0.1mol/L）溶液：1.32g 抗坏血酸（C$_6$H$_8$O$_6$）溶于 75mL 去离子水（注意：抗坏血酸溶液极易被氧化，应在使用当天进行配制）。但如果向 75mL 此溶液中加入 25mg 乙烯二胺四烷基乙酸二钠和 0.5mL 甲酸，可短期保存。

6）酒石酸锑钾（1mg Sb/mL）溶液：0.2743g 分析纯酒石酸锑钾（C$_4$H$_4$KO$_7$Sb·1/2H$_2$O）溶于去离子水，稀释至 100mL。

7）混合显色液：取上述硫酸溶液 125mL 与 37.5mL 钼酸铵溶液混合，再加入 75mL 抗坏血酸溶液和 12.5mL 酒石酸锑钾溶液，混匀（注意：此溶液保存时间不宜超过 24h）。

8）磷酸二氢钾（4μg P/mL）标准溶液：0.1757g 分析纯磷酸二氢钾（KH$_2$PO$_4$）（称量前 105℃烘 2~3h）溶于少量去离子水，再加入 1~2mL 浓硫酸，用去离子水定容至 1L，即得 40μg P/mL 磷酸二氢钾贮存液，置 4℃下保存。取 50mL 贮存液用去离子水稀释定容至 500mL，即得 4μg P/mL 磷酸二氢钾标准溶液（注意：此溶液不宜久存）。

9）分光光度计，离心机，甘油浴（110~115℃），聚乙烯提取瓶，硬质消化管，容量瓶，烧杯，其他设备参见土壤微生物生物量碳测定。

2. 熏蒸提取法——无机磷测定法

1）磷酸二氢钾（250μg P/mL）溶液：1.0984g 分析纯磷酸二氢钾（KH$_2$PO$_4$）（称量前 105℃烘 2~3h），溶于去离子水并定容至 1L。

2）碳酸氢钠（0.5mol/L，pH8.5）溶液、磷酸二氢钾（4μg P/mL）标准溶液、混合显色液的配制，参见土壤微生物生物量磷测定——全磷测定法。

3）分光光度计，离心机，聚乙烯提取瓶，容量瓶，烧杯，凯氏瓶，其他设备参见土壤微生物生物量碳含量测定方法。

四、实验步骤

(一)土壤微生物生物量碳测定

1. 土壤前处理

采集到的新鲜土壤样品应及时拣出土壤中的可见植物残体、根系及土壤动物(如蚯蚓)等,然后过筛(<2mm)并混匀,装袋,立即分析或保存于4℃冰箱中备用。如果土壤水分含量较高,无法过筛,应在室内避光处自然风干再过筛,风干过程中应经常翻动,以避免局部干燥影响微生物活性。

2. 土壤熏蒸

称取新鲜土壤(相当于干土25.0g)3份,分别置于3个80mL烧杯中。将烧杯放入真空干燥器中,并放置盛有去乙醇氯仿(约2/3烧杯)的25mL烧杯2或3只,烧杯内放入少量防爆沸玻璃珠,同时放入一盛有NaOH溶液的小烧杯,以吸收熏蒸期间释放出来的CO_2,干燥器底部还应加入少量水以保持湿度。盖上真空干燥器盖子,用真空泵抽真空(真空度控制在-0.07MPa以下),使氯仿剧烈沸腾3~5min。关闭真空干燥器阀门,在25℃暗室放置24h。熏蒸结束打开干燥器阀门时应听到空气进入的声音,否则为熏蒸不彻底,应重做。

取出氯仿(氯仿倒回贮存瓶,可再使用)和NaOH溶液的烧杯,清洁干燥器,反复抽真空(-0.07MPa;5或6次,每次3min)直到土壤无氯仿味为止。每次抽真空后,最好完全打开干燥器,以加快去氯仿的速度(注意:必须除去氯仿中的乙醇,否则由于乙醇溶于水,无法通过抽真空去除而滞留在土壤中,导致测定结果偏高)。熏蒸的同时,另称取等量的土壤3份,置于另一干燥器中但不熏蒸,作为对照土壤。

3. 提取

从干燥器内取出熏蒸和未熏蒸土样,将土样完全转移到200mL聚乙烯螺口可密封塑料瓶中,加入100mL 0.5mol/L K_2SO_4(土水比为1:4;m/V),300r/min振荡30min,用中速定量滤纸过滤。同时设置3个无土基质空白。提取液应立即分析,或者在-20℃下保存[注意:提取液保存时间过长(>20h)会导致测定结果下降;低温(-20℃)下保存的土壤提取液,解冻后会出现一些白色沉淀($CaSO_4$或K_2SO_4结晶),对有机碳测定没有影响,不必除去,但取样前应充分摇匀;对于可提取有机碳和微生物生物量碳含量很低的土壤,可将提取的土水比由1:4降为1:2,以提高重铬酸钾容量分析法的测定精确度]。

4. 测定与结果分析

(1)容量分析法

吸取10mL上述土壤提取液于150mL消化管中,准确加入10mL $K_2Cr_2O_7$(0.018mol/L)-H_2SO_4(12mol/L)混合溶液,再加入防爆沸玻璃珠,混匀后置于

（175±1）℃磷酸浴或消煮炉中煮沸 10min（消化管放入前磷酸浴温度应调节到 179℃左右，放入后恰好为所需温度）。冷却后完全转移到 150mL 三角瓶中，用去离子水洗涤消化管 3～5 次使溶液体积约为 80mL，加入一滴邻啡罗啉指示剂，用 0.05mol/L 硫酸亚铁标准溶液滴定（注意：溶液颜色由橙黄色变为蓝绿色，再变为棕红色即滴定终点）。

结果计算：

$$有机碳含量（mg/kg）= \frac{M \times (V_0 - V) \times f}{W} \times \frac{1}{6} \times \frac{3}{2} \times 12 \times 10^3$$

$$= 3 \times \frac{M \times (V_0 - V) \times f}{W} \times 10^3$$

式中，M 为 $FeSO_4$ 的标准浓度（mol/L）；V_0 和 V 分别为滴定空白和样品时消耗 $FeSO_4$ 体积（mL）；f 为分取倍数；W 为烘干土质量（g）；1/6 为硫酸亚铁摩尔数转换为重铬酸钾的摩尔数；3/2 为重铬酸钾摩尔数转换为氧化的碳摩尔数；12 为碳原子的摩尔质量；10^3 为 g 转化为 kg 的系数。

微生物生物量碳（B_c）计算公式为

$$B_c = E_c / k_{EC}$$

式中，E_c 为熏蒸和未熏蒸土壤的生物量碳的差值；k_{EC} 为氯仿熏蒸杀死的微生物体中的 C 被浸提出来的比例，取 0.38。

（2）仪器分析法

取 10.00mL 土壤提取液于 40mL 样品瓶中（注意：解冻的提取液在取样前应均匀），加入 10mL 六偏磷酸钠溶液（pH2.0），于碳-自动分析仪上测定有机碳含量。

工作曲线：分别吸取 0.00mL、2.00mL、4.00mL、6.00mL、8.00mL、10.00mL 浓度为 1000mg C/L 邻苯二甲酸氢钾标准溶液于 100mL 容量瓶中，用去离子水定容，即得 0mg C/L、20mg C/L、40mg C/L、60mg C/L、80mg C/L、100mg C/L 系列标准碳溶液，按上述方法测定。

结果计算公式为

$$微生物生物量碳 = E_c / k_{EC}$$

式中，E_c 为熏蒸和未熏蒸土壤的生物量碳的差值；k_{EC} 为氯仿熏蒸杀死的微生物体中的 C 被浸提出来的比例，取 0.45（注意：由于仪器分析法测定的结果比容量分析法高 18%，仪器分析法的转换系数高于容量分析法的 0.38）。

（二）土壤微生物生物量氮测定

1. 熏蒸提取法——全氮测定法

（1）土壤前处理、熏蒸、提取

参见土壤微生物生物量碳含量测定（注意：常用的提取剂为 0.5mol/L 的 K_2SO_4，但有研究者提出 0.25mol/L 或更低浓度 K_2SO_4 溶液作为提取剂可有效降低非生物有机氮提取量，提高准确度）。但较低浓度的 K_2SO_4 溶液作为提取剂是否适合不同的土壤，还有待进一步研究。

（2）测定

吸取 20mL 土壤浸提液于 50mL 凯氏瓶中，加入 0.5mL 浓 H_2SO_4，以防铵损失。在水浴中加热至体积减少 1~2mL。然后加入 3g 混合加速剂和 8mL 浓 H_2SO_4，摇匀，在 340℃ 消煮至液体变清（约 3h），冷却后，将消煮液转入 50mL 容量瓶中，少量多次洗涤凯氏瓶，洗液倒入容量瓶，用蒸馏水定容。

吸取 20mL 消煮液于蒸馏瓶中，置盛有 5mL 硼酸指示剂的三角瓶于冷凝管下端。加 20mL 40% NaOH 溶液于蒸馏瓶中进行蒸馏，直到馏出液体积达 50mL，停止蒸馏，用少量水冲洗冷凝管下端，取下三角瓶，用酸标准溶液滴定，使其终点达紫红色。同时进行空白试验，以校正试剂和滴定误差。

（3）结果计算

$$有机氮量(mg/kg) = \frac{(V - V_0) \times C \times 2 \times 14 \times 10^3 \times f}{W}$$

式中，V_0 和 V 分别为空白和样品消耗的 H_2SO_4 标准溶液体积（mL）；C 为硫酸标准溶液浓度（mol/L）；f 为分取倍数；W 为烘干土质量（g）；2 为 1 分子 H_2SO_4 对应 2 分子 NH_4^+；14 为氮的摩尔质量（g/mol）；10^3 为 g 转化为 kg 的换算系数。

土壤微生物生物量氮（B_N）计算公式为

$$B_N = E_N / k_{EN}$$

式中，E_N 为熏蒸和未熏蒸土壤有机氮含量的差值；k_{EN} 为转换系数，取值为 0.54。

2. 熏蒸提取法——茚三酮比色法

（1）土壤前处理、熏蒸和提取

参见土壤微生物量生物量碳含量测定。

（2）测定

取 1.5mL 提取液于 40mL 硬质试管中，加入 3.5mL 柠檬酸缓冲液（注意：使提取液中 $CaSO_4$ 和 K_2SO_4 彻底溶解），再慢慢加入 2.5mL 茚三酮试剂，彻底混匀。将试管置于沸水浴中加热 25min（放入试管 2min 后水浴应再次沸腾）（注意：使加入试剂时产生的沉淀彻底溶解），待溶液冷却至室温，加入 9.0mL 乙醇溶液，混匀，在 570nm 波长下比色。

工作曲线：分别取 0mL、0.5mL、1mL、2mL、3mL、4mL、5mL 50μg N/mL 硫酸铵标准溶液于 100mL 容量瓶中，用 0.5mol/L K_2SO_4 溶液定容，即浓度分别为 0μg N/mL、0.25μg N/mL、0.5μg N/mL、1μg N/mL、1.5μg N/mL、2.0μg N/mL、2.5μg N/mL 硫酸铵标准氮系列溶液。分别取 1.5mL 标准氮系列溶液于 40mL 硬质试管中，其余步骤同样液。

3. 结果计算

土壤微生物生物量氮（B_N）计算公式为

$$B_N = mE_{nin-N}$$

式中，E_{nin-N} 为熏蒸和未熏蒸土壤的有机氮含量差值；m 为转换系数，取 5.0。

（三）土壤微生物生物量磷测定

1. 熏蒸提取法——全磷测定法

（1）土壤前处理

参见土壤微生物生物量碳测定。

（2）熏蒸

称取经前处理相当于 5.00g 烘干基的新鲜土壤 3 份，置于 25mL 烧杯中。用无乙醇氯仿熏蒸 24h，除去土壤中残留的氯仿，详细操作步骤参见土壤微生物生物量碳测定方法。另称取等量的土壤 3 份，置于另一干燥器中但不熏蒸，作为对照土壤。

（3）提取

将熏蒸与未熏蒸土壤完全转移到 200mL 聚乙烯提取瓶中，加入 100mL 0.5mol/L NaHCO₃ 溶液（注意：土水比为 1∶20，m/V），300r/min 振荡 30min，用慢速定量滤纸过滤（注意：如果滤液浑浊，应使用双层滤纸，或者先离心再过滤）。同时做 3 个无土壤基质作为空白对照（注意：提取液最好立即分析，或者 -20℃ 冷冻保存，但使用前需解冻摇匀）。

（4）消化

取 15.00mL 上述提取液于 75mL 消化管中，缓慢加入 1mL 33% 硫酸溶液，放置 4h，摇动以排除溶液中 CO₂。为防止消化过程中磷的损失，加入 1.0g K₂SO₄ 和 0.5mL MgCl₂ 饱和溶液及少量防爆沸琉璃珠。加入 0.2mL H₂O₂，置于 110~115℃ 甘油浴中消化 30min，根据颜色深度再加入 1~3 滴 H₂O₂ 继续消化 30min，继续加入 0.5mL HClO₄（70%，V/V）消化 1h，6mL 1mol/L HCl 溶液消煮 0.5~1h，将消化液浓缩到 2~3mL，使 H₂O₂ 和 HClO₄ 彻底分解。最后加入 20mL 去离子水煮沸使沉淀彻底溶解，冷却后用去离子水定容至 75mL。

（5）测定

取适量（注意：一般 2~10mL，依样品的含磷而定，以含磷量在 20~30μg 为最好）消化液于 25mL 容量瓶中，加去离子水至 20mL，加入 4mL 混合显色液，用去离子水定容，显色完全后（约 30min），在 882nm 下比色，以空白液的透光率为 100（或吸光度为 0），读出测定液的透光度或吸光度。

工作曲线：分别吸取 0mL、0.25mL、0.5mL、1.0mL、1.5mL、2.0mL 4μg P/mL 磷酸二氢钾标准溶液于 25mL 容量瓶中，加去离子水至 20mL，加入 4mL 混合显色液，用去离子水定容，显色完全后（约 30min），在 882nm 下比色，即得 0μg P/mL、0.04μg P/mL、0.08μg P/mL、0.16μg P/mL、0.24μg P/mL、0.32μg P/mL 系列标

准磷工作曲线。

（6）结果计算

土壤微生物生物量磷（B_p）计算公式为

$$B_p = E_{pt}/k_p$$

式中，E_{pt} 为熏蒸与未熏蒸土壤的差值；k_p 为转换系数，取值 0.4。

2. 熏蒸提取法——无机磷测定法

（1）土壤前处理、熏蒸

参见土壤微生物生物量碳测定。

（2）提取

熏蒸和未熏蒸土壤的提取参见土壤微生物生物量磷测定的熏蒸提取——全磷测定法。另称取经前处理相当于 5.0g 干土 3 份于 200mL 聚乙烯提取瓶中，加入 0.5mL 250μg P/mL KH_2PO_4 溶液（相当于 25μg P/g 土），再加入 100mL 0.5mol/L $NaHCO_3$ 溶液，同上进行提取。用于测定外加正磷酸盐态无机磷的回收率（R_{Pi}），以校正土壤对熏蒸处理所释放出来的微生物生物量磷的吸附和固定（注意：提取液应立即测定或在 -20℃ 下保存，但使用前需要解冻摇匀）。

（3）测定

取适量的提取液（根据提取液磷浓度确定）于 25mL 容量瓶中，加入适量的 1mol/L HCl 溶液进行中和（注意：HCl 溶液的加入量通常为提取液体积的 1/2），放置 4h 并间隙摇动以排除溶液中的 CO_2。补充去离子水至 20mL，加入 4mL 混合显色液，再用去离子水定容，完全显色后（约 30min），在 882nm 下比色。

工作曲线：分别取 0.00mL、0.25mL、0.50mL、1.00mL、1.50mL、2.00mL 4μg P/mL 磷酸二氢钾标准溶液于 25mL 容量瓶中，加入与样液等体积的 0.5mol/L $NaHCO_3$ 溶液，同上进行中和、显色和比色测定，即得 0μg P/mL、0.04μg P/mL、0.08μg P/mL、0.16μg P/mL、0.24μg P/mL、0.32μg P/mL 系列标准磷工作曲线。

（4）结果计算

土壤微生物生物量磷（B_p）计算公式为

$$B_p = E_{Pi}/(k_p \cdot R_{Pi})$$

式中，E_{Pi} 为熏蒸与未熏蒸土壤的差值；$R_{Pi} = $ ［（外加 KH_2PO_4 溶液土壤的测定值－未熏蒸土壤的测定值）/25］×100％，即校正系数；k_p 为转换系数，取值 0.4。

五、实验结果

（一）土壤中微生物生物量碳含量测定

1. 将氯仿熏蒸提取法——容量分析法测定土壤中微生物生物量碳含量的相应数据填入表 11-1。

表 11-1　容量分析法测定土壤中微生物生物量碳含量的相应数据

	无土壤空白对照			未熏蒸土壤			熏蒸土壤		
	1	2	3	1	2	3	1	2	3
消耗硫酸亚铁体积/mL									
有机碳含量/(mg/kg)									
微生物生物量碳/(mg/kg)									

2. 绘制碳含量标准曲线，构建碳含量与吸光度的关系方程，并计算该方程的 R^2 值。

3. 利用氯仿熏蒸提取法——仪器分析法，结合碳含量与吸光度的关系方程，计算土壤中微生物生物量碳含量。

（二）土壤中微生物生物量氮含量测定

1. 将氯仿熏蒸提取法——全氮测定法测定土壤中微生物生物量氮含量的相应数据填入表 11-2。

表 11-2　全氮测定法测定土壤中微生物生物量氮含量的相应数据

	无土壤空白对照			未熏蒸土壤			熏蒸土壤		
	1	2	3	1	2	3	1	2	3
消耗硫酸标准液/mL									
有机氮含量/(mg/kg)									
微生物生物量氮/(mg/kg)									

2. 绘制氨含量标准曲线，构建氨含量与吸光度的关系方程，并计算该方程的 R^2 值。

3. 利用氯仿熏蒸提取法——茚三酮比色法，结合氮含量与吸光度的关系方程，计算土壤中微生物生物量氮含量。

（三）土壤中微生物生物量磷含量测定

1. 绘制磷含量标准曲线，构建磷含量与吸光度的关系方程，并计算该方程的 R^2 值。

2. 利用氯仿熏蒸提取法并结合磷含量与吸光度的关系方程，计算土壤中微生物生物量磷。

六、思考题

1. 土壤微生物生物量测定过程中为什么要用新鲜土壤？

2. 试阐述微生物生物量测定的意义。

3. 分析氯仿熏蒸法测定土壤中微生物生物量的原理。

4. 利用氯仿熏蒸提取法——容量分析法测定土壤中微生物生物量碳的原理是什么？

5. 利用熏蒸提取法——全氮测定法和茚三酮比色法测定土壤中微生物生物量氮的原理是什么？

6. 氯仿熏蒸提取法——无机磷测定法测定土壤中微生物生物量磷的过程中外加无机磷的目的是什么？

7. 影响微生物生物量碳、氮、磷测定准确性的因素有哪些？

七、参考文献

李振高，骆永明，滕应. 2008. 土壤与环境微生物研究法. 北京：科学出版社.

宇万太，马强，徐永刚，等. 2012. 紫外分光光度法测定农田土壤微生物生物量氮可行性初探. 土壤通报，43（5）：1131-1135.

张成霞，南志标. 2010. 土壤微生物生物量的研究进展. 草业科学，27（6）：50-57.

Holt JA. 1997. Grazing pressure and soil carbon, microbial biomass and enzyme activities in semi-arid northeastern Australia. Applied Soil Ecology, (5)：143-149.

Kennedy AC, Smith KL. 1995. Soil microbial diversity and the sustainability of agricultural soils. Plant and Soil, 170：75-86.

Somova LA, Pechurkin NS. 2001. Functional, regulatory and indictor features of microorganisms in manmade ecosystems. Advanced in Space Research, 27（9）：1563-1570.

实验十二　　土壤呼吸强度的测定

一、实验目的

1. 了解测定土壤呼吸强度的意义。

2. 掌握碱液吸收法、动态密闭气室法的测定原理。

3. 掌握 LICOR8100 土壤呼吸测定系统仪器的操作与使用。

二、实验原理

土壤空气的变化过程主要是氧的消耗和二氧化碳的累积过程。土壤空气中二氧化碳浓度高，对作物根系不利，若排出二氧化碳，不仅可消除其不利影响，而且可促进作物光合作用。因此，反映土壤排出二氧化碳能力的土壤呼吸强度是一个重要的土壤性质指标。

土壤呼吸是指未扰动土壤中产生 CO_2 的所有代谢过程，包括 3 个生物学过程（土壤微生物呼吸、土壤动物呼吸、根呼吸）和一个化学氧化过程。土壤中的生物学活动是产生 CO_2 的主要来源，因此测定土壤呼吸强度可反映土壤中的生物活性，是土壤肥力的一项重要指标。土壤呼吸是生态系统碳循环的重要组成部分，是全球碳循环的一个主要流通过程，了解土壤碳的动态变化对于估算未来局部或全球碳的变化将起到关键作用。土壤呼吸测定方法主要分为直接法和间接法两种。

（一）直接法

直接法是通过测定土壤表面释放出的 CO_2 的量来测定土壤呼吸量的方法和技术，在没有土壤无机碳淋溶和沉积损失的情况下，测得的 CO_2 释放速率与真实的土壤呼吸速率近似相等。

直接法大致可分为室内测定法和野外原位测定法。室内测定法虽具有条件可控、可多重复试验等优点，但因扰动土壤及与野外条件不一致等原因，难以得到实际呼吸量。野外原位测定法可分为静态气室法、动态气室法和微气象学法等。前两者基本原理是：在一定面积的土壤表面，去除所有绿色植物的地上部分，然后用一定体积的与外界没有任何气体交换的气室（多为不透光材料，即暗箱）罩在土壤表面，定时测定呼吸室内 CO_2 浓度的变化。微气象学法是依据气象学原理测定地表气体排放通量。各方法的优缺点比较见表 12-1。

表 12-1　土壤呼吸测定的直接法比较（赵宁伟等，2011）

直接法		原理	优点	缺点
静态气室法	静态碱液吸收法	用碱液（NaOH 或 KOH），也可用固体碱粒。在一定时间内，碱液吸收 CO_2 形成碳酸根，再用质量法或中和滴定法计算剩余的碱量，从而求出 CO_2 的排放速率	操作简单，不需要复杂的设备，有利于多次重复，尤其适合空间异质性大的土壤呼吸	测定精度不理想。在土壤呼吸速率低的情况下，测定结果比真实值偏高；反之，偏低
	密闭气室法	将一无底盖的管状容器一段插入土壤中，经过一段时间稳定后，加盖，用一针状连接器以一定的时间间隔抽取气体样品进入真空容器，用气相色谱仪或红外分析仪测定其中 CO_2 的浓度，计算 CO_2 的排放速率	精度高，经济可靠，可连续监测，还可分析单纯土壤排放及植物呼吸共同作用结果比较。适用于空间异质性大的土壤	明显高估了被测地表的物理状态，人为扰动影响结果；仪器设备成本比较高

续表

直接法		原理	优点	缺点
动态气室法	动态密闭气室法	通过一个密闭的采样系统连接红外气体分析仪（IRGA）对气室中产生的 CO_2 进行连续测定	能够比较准确地测定 CO_2 的真实值，因此更适用于测定瞬时和整段时间 CO_2 的排放速率	空气流通速率和气室内外的压力差对测定造成负面影响；设备比较昂贵；同时由于必须有电力供应，使其在野外使用受到一定限制
	开放式气流红外 CO_2 分析仪	通过气体交换方式的采样系统连接红外气体分析仪对气室中产生的 CO_2 进行连续测定		
微气象学法（涡度相关法）		依据气象学原理，通过测量近地层的湍流状况和被测气体的浓度而获得该气体的通量值	在植物冠层高度范围内，此法测定 CO_2 不受生态系统类型的限制，适合测定大尺度内 CO_2 的排放；其次对土壤系统几乎不造成干扰	要求土壤的异质性和地形条件相对简单，其测定土壤 CO_2 排放的准确度很大程度上受到大气、土壤表面和仪器设备的影响

1. 静态气室法

静态气室法是指使用观测箱来罩住一定面积的密封好的土壤表面，然后对箱内气体的浓度变化进行分析。依据对箱内气体浓度的不同分析方法，可将静态气室法分为静态碱液吸收法、静态箱–红外分析法、静态箱–气相色谱法等。

（1）静态碱液吸收法

静态碱液吸收法是一种较传统的被普遍采用的方法，最早由 Lundegárdh 用于测量土壤 CO_2 的产生量。静态碱液吸收法的原理是用碱（NaOH、KOH 或固体碱石灰颗粒）吸收 CO_2 形成碳酸根，再用滴定法计算出剩余的碱量，进而计算出一定时间内土壤排放的 CO_2 总量。静态碱液吸收法优点是设备简单，花费低，可同时进行多样点重复，便于对具有较大空间变异性的气体通量进行测量。其主要缺点有以下 3 点。①取样时间间隔对结果影响较大，不能短时间内连续测定，结果可靠性较低。②静态碱液吸收法的气室经过 24h 的遮蔽后，其内的温度与水分条件改变，而温度与湿度是影响土壤呼吸的重要环境因子。③测定结果精确性不够，在土壤呼吸速率较低的情况下，密闭气室内的 CO_2 由于被碱液吸收，其浓度迅速下降，过低的 CO_2 浓度加速了土壤中 CO_2 的释放，导致测定结果比真实值偏高；在土壤呼吸速率较高的情况下［大于 $5g\ CO_2/(cm^2 \cdot d)$］，密闭气室内的浓度会因为碱液的不完全吸收而造成气室内土壤与大气之间的浓度梯度增加，从而抑制土壤中 CO_2 的释放速率，导致测定结果比真实值偏低 40% 左右。具体过程如下述公式所示。

NaOH 吸收土壤呼吸放出的 CO_2，生成 Na_2CO_3。

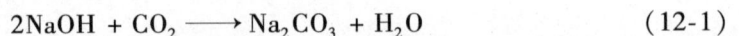

$$2NaOH + CO_2 \longrightarrow Na_2CO_3 + H_2O \tag{12-1}$$

先以酚酞作指示剂，用 HCl 溶液滴定，中和剩余的 NaOH，并使式（12-1）生成的 Na_2CO_3 转变为 $NaHCO_3$。

$$NaOH + HCl \longrightarrow NaCl + H_2O \qquad (12-2)$$

$$Na_2CO_3 + HCl \longrightarrow NaHCO_3 + NaCl \qquad (12-3)$$

再以甲基橙作指示剂，用 HCl 溶液滴定，这时所有的 $NaHCO_3$ 均变为 NaCl。

$$NaHCO_3 + HCl \longrightarrow NaCl + H_2O + CO_2 \qquad (12-4)$$

由式（12-3）和式（12-4）可知，根据用甲基橙作指示剂时所消耗 HCl 量的 2 倍，即中和 Na_2CO_3 的用量，从而可计算出吸收 CO_2 的量。

（2）静态箱-红外分析法

静态箱-红外分析法是定时将气体从箱内抽出，通过应用红外气体分析仪测定气体浓度的变化来计算。这种方法的测量精度比静态碱液吸收法高。其主要缺点：①静态箱的使用会改变被测地表的物理环境；②由于透明的气室散热性差，容易造成温室效应。目前，静态气室法常使用不透光的材料将观测箱包裹。

（3）静态箱-气相色谱法

静态箱-气相色谱法是利用密闭的静态箱收集土壤表面的 CO_2 等温室气体，利用气相色谱测定气体浓度。再根据气体浓度随时间的变化关系，计算土壤呼吸速率。静态箱-气相色谱法是一种比较经济、可靠的土壤呼吸测定方法，在大气化学研究中，已得到广泛的应用。其主要缺点在于：①与前两种类似，箱体的使用会改变被测地表的物理环境，影响测定精度；②在采样时因箱室的挤压和抽气的负压会产生偏差；③箱内大量的 CO_2 可能限制土壤中 CO_2 的释放。

2. 动态气室法

动态气室法是指通过封闭或气流交换式的气体采集系统，连接红外气体分析仪（infrared ray gas analyzer，IRGA）对气室中产生的 CO_2 进行连续测定，目前被认为是最为理想的测定方法。国内外已有使用动态气室法来研究土壤呼吸强度的例子。该方法的优点是简便、快速，测定的结果更加精确，但是所需设备昂贵，不适于进行多点同时测定，这就限制了较大尺度水平上的土壤呼吸测定。动态气室法分为动态密闭气室法和开放式气流红外 CO_2 分析法两种。

（1）动态密闭气室法

动态密闭气室法是在动态封闭气室系统中，气体被循环地从气室抽到气体分析仪，然后再到气室，土壤呼吸的速率通过气体分析仪所测量的 CO_2 浓度的增加量来计算。动态密闭气室法是利用 CO_2 在波长 16μm 的红外光谱处有最大吸收这一特性，使用仪器进行动态检测，然后根据 CO_2 流速变化，计算出 CO_2 量。常用的红外气体分析仪有 LICOR-8100、LICOR-6400-9 等。其中 LICOR-8100 测定原理如下。

LICOR-8100 多通道土壤碳通量自动观测系统是动态开路式测定土壤 CO_2 累积量的方法，其测量原理是通过测量室内 CO_2 浓度的增加速率推算测量室外土壤 CO_2 扩散到空气中的速度，其分析仪是一个绝对的、非扩散的、单光路的、双波长的红外气体分析仪。这种动态法结合红外气体分析仪的测定方法是今后的主导方向，它能够广泛应用于农田、草地、森林土壤等各种类型的土壤呼吸测定。

LICOR-8100 多通道土壤碳通量自动观测系统估算土壤呼吸 CO_2 扩散速率的主要方法是指数回归法，其计算原理是

$$c(t) = c_x + (c_0 - c_x)e^{-a(t-t_0)} \tag{12-5}$$

式中，$c(t)$ 为土壤呼吸箱内 CO_2 的浓度；c_x 为定义渐近线的参数；c_0 为呼吸箱关闭时大气 CO_2 浓度；a 为指数回归常数；t 和 t_0 分别为打开和关闭的时间。

土壤呼吸 CO_2 扩散速率即上式指数回归方程的初始斜率（∂_c/∂_t）：

$$\partial_c/\partial_t = a(c_x - c_0) \tag{12-6}$$

$$c(t) = c_0 + \frac{\partial_c}{\partial_t}t \tag{12-7}$$

与传统的广泛应用于静态或动态箱法的利用线性回归方法式（12-7）计算的土壤呼吸速率相比，指数回归方法式（12-5）可更加准确地估算土壤呼吸 CO_2 扩散速率，并更好地描述土壤呼吸 CO_2 扩散速率昼夜变化的非对称性响应特征。LICOR-8100 能在同一位置连续、长期地进行土壤碳通量观测，对自然土壤条件影响最小，从而保证了测量数据的可靠性。

在测定土壤呼吸强度过程中，静态碱液吸收法和动态密闭气室法是两种最常用的方法，这两种方法测定值比较见表 12-2。

表 12-2 土壤呼吸强度测定方法比较（陈坚等，2008）

群落类型	地点	静态碱液吸收法和动态密闭气室法测定值比较
高原草原	美国	静态碱液吸收法是动态密闭气室法的 63%
森林	美国	土壤呼吸速率小于 1.6g CO_2/($cm^2 \cdot d$) 情况下，静态碱液吸收法会造成对呼吸速率的高估；在呼吸速率较高的情况下，静态碱液吸收法比动态密闭气室法低估 43%
森林、草地	丹麦	土壤呼吸速率高于 100mg CO_2/($cm^2 \cdot h$) 时，动态密闭气室法比静态碱液吸收法高近 5 倍；土壤呼吸速率低于 100mg CO_2/($cm^2 \cdot h$) 时，动态密闭气室法为静态碱液吸收法的 12% 左右
短柄枹栎	日本	静态碱液吸收法测定的日土壤呼吸速率为动态密闭气室法的 79% ~ 128%，当日土壤呼吸大于 300mg CO_2/($cm^2 \cdot h$) 时，动态密闭气室法测定结果大于静态碱液吸收法；日土壤呼吸小于 300mg CO_2/($cm^2 \cdot h$) 时，动态密闭气室法测定结果小于静态碱液吸收法
农田（割刈后）	英国	动态密闭气室法和静态碱液吸收法测定的结果均在 0.1 ~ 0.4g CO_2/($cm^2 \cdot d$)，高于 0.9g CO_2/($cm^2 \cdot d$) 时，静态碱液吸收法低估土壤呼吸速率，反之亦然；静态碱液吸收法测定结果平均为动态密闭气室法的 32%

（2）开放式气流红外 CO_2 分析法

开放式气流红外 CO_2 分析法是用不含 CO_2 的或已知其中 CO_2 浓度的空气以一定的速率通过以密闭容器覆盖土壤样品的表面，然后再采用红外气体分析仪（IRGA）测量气体中 CO_2 的含量。用空气的流动速率和进出容器的 CO_2 浓度差异即可计算出土壤呼吸速率。由于动态法比静态法更能准确地测定土壤排放 CO_2 的真实值，它更适于测定瞬间和整段时间 CO_2 排放的速率。应该指出的是，该方法的缺点为空气流通速率和气室内外的压力差对测定所造成的负面影响，如当气流通过气室内的土壤表面时，氧气的输入速率增加，从而导致更多 CO_2 从土壤中析出，土壤的新陈代谢也就增加了。另外，由于这种方法所需设备昂贵和必须有电力供应，使得它在野外的使用受到了一定的限制。

此外，建立参数模型或机制模型，并据此推算土壤呼吸值是研究生态系统碳循环的一个重要方法，特别是对区域生态系统土壤呼吸强度的估算具有指导作用。相比之下，红外动态分析法对土壤表面物理环境破坏小，分析仪精度较高，是目前最为可靠的测量方法。随着红外动态分析仪成本的降低，红外动态分析法将逐渐普及进而取代之前的静态气室法。

3. 微气象学法

微气象学法的代表方法有扩散法、涡度相关法等。它根据微气象学原理在植被上方直接测量 CO_2 的涡流传输速度，利用浓度及风速梯度观测数据，结合冠层光合、植物和动物呼吸速率等观测数据，推算土壤呼吸量。该方法能连续观测且不扰动土壤表面，适用于大范围、中长期的定位观测，能推算出几千米范围内的植被代表值。此方法要求下垫面气流保持一定的稳定性，受到地表附近的地形和植被构造的影响显著，需要其他微气象、植被光合及呼吸等数据，观测及计算过程相对复杂，而且该方法受到成本和技术的限制，在实际应用中具有一定的局限性。

（二）间接法

土壤呼吸间接法是根据其他指标如土壤腐殖质层质量变化、土壤 ATP 含量等推算土壤呼吸值，需建立所测指标与土壤呼吸间的定量关系，而这种关系一般只适于特定的生态系统，有较大的时空局限性，测定结果也难以和其他方法直接比较。

土壤呼吸间接法常见的有模型法等，模型法是通过研究影响土壤呼吸的生物和非生物因子，利用一些对土壤呼吸速率影响较大且易于测量的参数建立模型，对土壤呼吸进行预测。Katul 等根据冠层 CO_2 浓度梯度，利用拉格朗日耗散模型计算土壤呼吸速率，并得出近地面空气是 CO_2 源的结论。杨金艳等通过研究土壤温度和土壤湿度对东北东部森林生态系统的影响，得出土壤温度和土壤湿度与土壤呼吸的对数具有极显著的相关性。Sparrow 及 Robert 等通过测定土壤中腺苷三磷酸（ATP）的含量来推算土壤呼吸速率，因为 ATP 是一切生命活动所需能量的直接来源，而土壤所释放的 CO_2 大部分是由土壤中植物根系及土壤微生物代谢活动所释放的。Sparrow 通过计算也发现

ln(Rs)和 ln(ATP 浓度)有明显的线性关系（Rs 指呼吸速率，respiration speed）。

三、实验材料

（一）静态碱液吸收法

1）2mol/L NaOH 溶液：80g 分析纯 NaOH 溶于去离子水，稀释至 1L。

2）1%酚酞指示剂：称取 1g 酚酞溶于 100mL 乙醇溶液中，混匀。

3）0.1%甲基橙指示剂：称取 1g 甲基橙溶于 1000mL 去离子水中，混匀。

4）甲基红-溴甲酚绿混合指示剂的配制：甲基红乙醇溶液（2g/L）与溴甲酚绿乙醇溶液（1g/L）按 1:3 体积比混合。

5）0.05mol/L HCl 标准溶液：用量筒量取 4.25mL 浓盐酸注入 1000mL 容量瓶中，用去离子水稀释至刻度，冷却、摇匀。HCl 标准溶液的标定过程如下。

称取经过 270~300℃灼烧至恒重（加热 1h）的基准无水碳酸钠 0.20g（准确至 0.0002g），溶于 50mL 去离子中，加入 10 滴甲基红-溴甲酚绿指示剂，用待标定的 HCl 溶液滴定（注意：临近终点时应加热煮沸 2~3min 去除 CO_2），冷却后滴定至溶液由绿色变为暗红色即达终点（也可用 0.1%甲基橙指示剂，终点由黄色变橙色；或者用甲基红-亚甲基蓝指示剂，终点由绿色变紫色）。同时做空白试验。

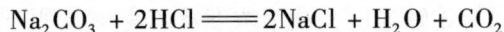

$$Na_2CO_3 + 2HCl == 2NaCl + H_2O + CO_2$$

$$106g \qquad 2mol$$

$$Gg \qquad c_{HCl}V_{HCl}mol$$

$$c_{HCl} = \frac{2G}{0.106V_{HCl}} mol/L$$

6）仪器：150mL 烧杯，干燥器，250mL 容量瓶，分析天平，三角瓶，培养皿，玻璃缸，木板等。

（二）动态密闭气室法

CO_2 红外分析仪（LI-8100），气泵，土壤气室，土壤温湿度探头等。

四、实验步骤

（一）静态碱液吸收法

1. 测定方法 1

1）称取相当于干土重 20g 的新鲜土样，置于 150mL 烧杯或铝盒中（也可用容重圈采取原状土）。

2）准确吸取 2mol/L NaOH 10mL 于另一个 150mL 烧杯中。

3）将两只烧杯同时放入无干燥剂的干燥器中，加盖密闭，放置 1~2d（注意：

干燥器密封要严密)。

4）取出盛 NaOH 的烧杯，将 NaOH 移入 250mL 容量瓶中，用水稀释至刻度。

5）吸取稀释液 25mL，加酚酞 1 滴，用 0.05mol/L HCl 标准溶液滴定至无色，再加甲基橙 1 滴，继续用 0.05mol/L HCl 标准溶液滴定至溶液由橙黄色变为橘红色，记录后者所用 HCl 的毫升数（注意：可用溴酚蓝代替甲基橙，滴定颜色由蓝变黄）。

6）在另一干燥器中，只放 NaOH，不放土壤，作为空白，测定方法同上。

7）计算。

250mL 溶液中 CO_2 的质量（w_1，g）

$$w_1 = (V_1 - V_2) \times c \times \frac{44}{2 \times 1000} \times \frac{250}{25}$$

式中，V_1 为供试溶液用甲基橙作指示剂时所用 HCl 体积的 2 倍（mL）；V_2 为空白试验溶液用甲基橙作指示剂时所用 HCl 体积的 2 倍（mL）；c 为 HCl 的摩尔浓度（mol/L）；$\frac{44}{2 \times 1000}$ 为 CO_2 的物质的量（1/1000）；$\frac{250}{25}$ 为分取倍数。

土壤呼吸强度 $[CO_2$，mg/(g·h)，以单位质量干土计$]$ $= w_1 \times 1000 \times \frac{1}{20} \times \frac{1}{24}$

式中，20 为试验所用土壤的质量（g）；24 为试验所经历的时间（h）。

2. 测定方法 2

1）准确称取 2mol/L NaOH 溶液 10～20mL 于带胶塞的三角瓶中，携至实验地点。

2）选好实验场地，然后放一培养皿，用树枝垫在底部，以保证土壤通气。将 NaOH 倾倒在培养皿内。

3）用一玻璃缸将培养皿罩住（注意：四周用土封严），如图 12-1 所示。

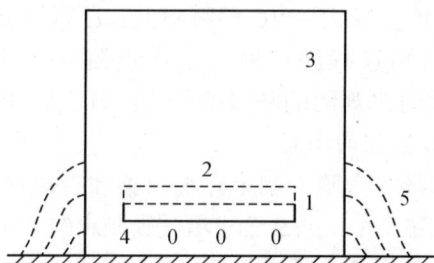

图 12-1 土壤呼吸强度测定实验示意图

0. 培养皿用树枝与土壤隔离，保证土壤通气；1. 培养皿；2. NaOH；3. 玻璃缸；4. 树枝；5. 覆土

4）另在地面先放一块木板或铺一块塑料布，同法做一空白对照。

5）放置 1～5d 后，将 NaOH 溶液移入三角瓶，携至室内，再移入 250L 容量瓶中，定容。

6）滴定同测定方法 1。

7）计算。

先计算出 250mL 溶液中 CO_2 的质量 w_1（g），再计算土壤呼吸强度（CO_2）$[mg/(m^2 \cdot h)]$。

$$土壤呼吸强度 = w_1 \times 1000 \times \frac{1}{M} \times \frac{1}{24}$$

式中，M 为玻璃缸面积（m^2）；24 为试验经历时间（h）。

（二）动态密闭气室法

1. 环境因子测定

测定地点的土壤温度、气室温度和土壤相对湿度由 CO_2 红外分析仪（LI-8100）在测定土壤呼吸速率的同时进行测定。

2. 测定操作

（1）土壤呼吸日平均值的测定

采用基于红外动态分析仪法的 LI-8100 多通道土壤碳通量自动观测系统及短期气室进行观测。在每个群落内选择一处地势平坦、均匀一致的地段进行野外测定。将土壤气室连接到 LI-8100 便携式光合作用测定仪上。测定前，将 PVC 塑料基圈插入土壤，保留土壤表面的枯枝落叶，插入深度为 3cm 左右。每个样地设置 5 个重复，每个测定点之间的距离不小于 20cm（注意：在每次测定时，应提前 1d 将测定基座嵌入土壤中。基座为直径 10cm、高 4cm 的聚氯乙烯圆柱体，嵌入土中约 3cm。同时将基座内的绿色植物齐地剪掉，并尽可能不扰动地表的凋落物。将 PVC 塑料基圈放置 24h 后再进行测定。经过 24h 的平衡后，土壤呼吸速率会恢复到基座放置前的水平，从而避免了由于安置气室对土壤扰动而造成的短期内呼吸速率的波动）。测量时先将土壤气室倾斜置于该塑料圈上，监测并设定该时刻土壤表面的 CO_2 浓度值为对照值之后，将土壤气室置于 PVC 塑料圈上，压紧（注意：为防止漏气，二者之间有密封软垫），启动测量程序。每一个样点测 3 次重复。以每日 10：00～12：00 为观测时刻，以该时刻观测的呼吸值作为该日土壤呼吸的平均值。

（2）土壤呼吸速率日变化的测定

于生长旺季，每月选择 3 个晴天测定样地土壤呼吸速率的日变化。在样地的上、中、下坡位各水平均匀放置 3 个，共 9 个土壤呼吸测定的 PVC 硬塑料圈（注意：为避免边界的影响，将每一个 PVC 塑料圈放置距样方边缘 1m 的地方）。在 8：00～20：00，每隔 2h 测定土壤呼吸速率大小，具体测定方法同土壤呼吸日平均值测定法。

五、实验结果

1. 准确记录静态碱液吸收法测定过程中 NaOH 的使用量及滴定过程中酚酞作为指示剂的变化点。

2. 利用 LI-8100 测定土壤呼吸日变化并绘制日变化曲线。

六、思考题

1. 吸收 CO_2 的 NaOH 溶液为什么必须准确？

2. 用 HCl 标准溶液滴定剩余的 NaOH 时，第一次用酚酞作指示剂，此时消耗的 HCl 量并不参加计算，为什么要求准确滴定？

3. 采用 LI-8100 测定土壤呼吸速率时，为何要将 PVC 塑料圈放置 24h 后再进行测定？

4. 影响土壤呼吸速率的主要因素有哪些？土壤温度和湿度对土壤呼吸的影响具体有哪些？

七、参考文献

陈坚，刘和，李季芬，等. 2008. 环境微生物实验技术. 北京：化学工业出版社.

耿绍波，饶良懿，鲁绍伟，等. 2010. 国内应用 LI-8100 开路式土壤碳通量测量系统测量土壤呼吸研究进展. 内蒙古农业大学学报，31（3）：309-316.

闫美杰，时伟宇，杜盛. 2010. 土壤呼吸测定方法评述与展望. 水土保持研究，17（6）：148-152，157.

赵宁伟，郜春花，李建华. 2011. 土壤呼吸研究进展及其测定方法概述. 山西农业科学，39（1）：91-94.

Kutsch WL, Bahn M, Heinemeyer A. 2010. Soil carbon dynamics-an integrated methodology. Cambridge：Cambridge University Press：16-33.

Yuste JC, Ma S, Baldocchi DD. 2010. Plant-soil interactions and acclimation to temperature of microbial-mediated soil respiration may affect predictions of soil CO_2 efflux. Biogeochemistry, 98：127-138.

实验十三 土壤脲酶活性测定

一、实验目的

1. 了解土壤脲酶活性的测定意义。
2. 掌握靛酚蓝比色法测定脲酶活性的原理与方法。
3. 了解尿素在土壤环境中的降解转化过程。

二、实验原理

土壤酶是表征土壤中物质、能量代谢旺盛程度和土壤质量水平的一个重要生物指标。在土壤的发生发育及土壤肥力的形成过程中具有重要作用。土壤酶活性与土壤理化性质密切相关，任何影响土壤性质的因素都可能对土壤酶的活性产生影响。

脲酶存在于大多数细菌、真菌和高等植物里，广泛存在于土壤中。它是一种酰胺酶，能将来自植物残体、动物排泄物、酰胺态氮肥及含氮有机物分解中间产物尿素水解生成氨和二氧化碳后直接为植物所利用，即将尿素转化成植物可以直接利用的氮素形式。研究发现土壤脲酶活性与土壤的微生物数量、有机物质含量、全氮、速效氮、速效钾和速效磷含量呈正相关，在土壤氮元素的循环与转化过程中扮演了重要角色，因此土壤脲酶活性作为表征土壤氮素状况，评价土壤生产力及土壤质量的指标，一直以来备受科研工作者的重视。根际土壤脲酶活性较高，中性土壤脲酶活性大于碱性土壤脲酶活性。

脲酶是一种酶促含氮有机物的水解酶，它专一性水解尿素释放出氨和二氧化碳。

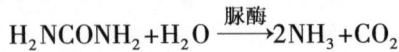

$$H_2NCONH_2 + H_2O \xrightarrow{\text{脲酶}} 2NH_3 + CO_2$$

在土壤中，pH 为 6.5 ~ 7.0 时脲酶活性最大。脲酶活性是影响尿素分解的最主要因素，在土壤脲酶的作用下，尿素水解为简单无机离子，水解的速度非常快，经实验验证，尿素在 15d 内分解率就达 98%。如果要降低尿素的分解速度，提高肥料利用率，关键是要控制能引起尿素分解的脲酶的活性。一般来说，气温高，脲酶活性强，尿素分解快，分解产物来不及被农作物吸收就挥发掉或随地下水流失；温度低，尿素分解慢，分解产物还有可能供不上农作物的需要。土壤脲酶活性的测定，是以尿素作为反应基质，经土壤脲酶酶促反应之后，测定氨的生成量或是尿素的剩余量来表示。测定脲酶的方法很多，包括比色法、扩散法、电极法、CO_2 度量法、尿素残留量法等。

(一) 比色法

比色法的原理是以尿素为底物，经培养后根据脲酶酶促产物——氨（忽略硝化过程造成的氨氮损失）在碱性介质中：①与纳氏试剂作用生成黄色的碘化双汞铵，该生成物数量与氨量相关；②与苯酚、次氯酸钠作用生成蓝色的靛酚，该生成物数量与氨浓度成正比，线性范围为 0.05 ~ 0.5mg/L。后者即称为靛酚蓝比色法，其结果精确性较高，重现性较好，在脲酶活性测定中的应用最为广泛。

靛酚蓝反应原理如下。

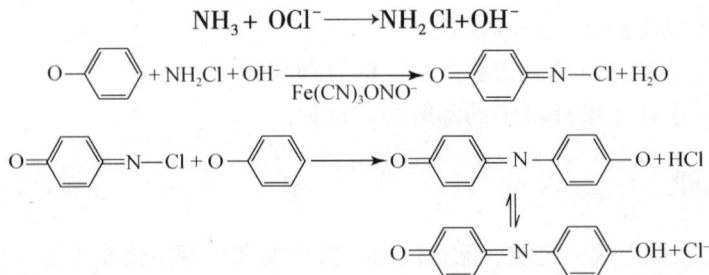

$$NH_3 + OCl^- \longrightarrow NH_2Cl + OH^-$$

（二）扩散法

扩散法是根据尿素水解生成的氨被带有指示剂的硼酸吸收后，再用标准硫酸测定脲酶。此法尿素水解是在密闭的容器中进行的，常因动态平衡，氨不能从土壤中完全扩散，导致结果偏低。丰骁等采用扩散法测定土壤脲酶活性流程如下：称取 5g 风干土，置于扩散皿外圈中，加 3mL pH 为 7 的磷酸缓冲液和 2 滴甲苯。在扩散皿内圈加 5mL 已含有甲基红-溴甲酚绿指示剂的 30mL/L 硼酸液。然后在扩散皿边缘涂上碱性甘油，盖严玻片，再向扩散皿的外圈土样中加入 5mL 100g/L 的尿素溶液，盖严玻片后转动扩散皿。放在 37℃ 的恒温箱中培养 15h，用硫酸标准滴定液滴定扩散皿中的硼酸液，至紫红色终点，记录消耗的硫酸毫升数。脲酶活性以 15h 后 1g 土壤中 NH_3-N 的毫克数（m_{NH_3-N}）表示。

$$m_{NH_3-N}（mg）= 28NV/W$$

式中，N 为硫酸浓度（mol/mL）；W 为土样质量（g）；V 为消耗的硫酸体积（mL）；28 为每毫摩尔酸相当于 N 的毫克数。

（三）电极法

电极法是根据氨气敏电极测定尿素水解产物氨，来表示脲酶活性。与扩散法相比，电极法具有省试剂、省时间及手续简便等优点。电极法与扩散法相差值一般小于 5%。袁霞等采用氨气敏电极-标准加入法测定土壤脲酶活性，使样品液与标准溶液均处于同一条件下测定，消除了土壤中基体对测定的影响，提高了方法的准确性。方法简便、快速，结果可靠，应用于不同土壤样品中脲酶活性的测定，相对标准偏差为 1.78% ~ 3.94%，回收率为 98.3% ~ 101.8%。

（四）CO_2 度量法

CO_2 度量法是以 ^{14}C 标记的尿素作基质，测定单位时间内尿素水解产物——H_2CO_3 的增加量，然后换算成 CO_2 的微克分子数表示脲酶活性。由于所用基质要标记，测定中需要特殊仪器设备，无设备条件较难采用此方法。

（五）尿素残留量法

尿素残留量法用含乙酸苯汞的 2mol/L KCl 溶液加入待培养的土壤样品中，37℃ 条件下培养 5h，培养结束后振荡 1h，再将土壤悬液进行过滤，然后把获得的这种提取液在酸性条件下用二乙酰一肟比色测出尿素的含量。其具体方法如下：6.0g 土壤与 5mL 2g/L 的尿素混合后在 37℃ 条件下培养 5h，用 50mL 提取液（45mL 2mol/L KCl 和 5mL 50mg/L 乙酸苯汞），振荡 1h 后，用 30mL 显色液 {50mL 25g/L 二乙酰一肟+20mL 2.5g/L 氨基硫脲+1000mL 混酸 [20mL 硫酸和 600mL 磷酸（85%）混合，用水定容至 1L]} 沸水浴显色后，在 527nm 处采用比色法测定。该方法试剂单一，方法简便，但试剂具有毒性和腐蚀性。在样品数量多时，水浴加热开始难以达100℃，各管间受热温度也可能不一致，因而本法重复性不佳。虽然试剂中加入氨基硫脲，可增进显色强度和色泽稳定性，但仍然有轻度褪色现象（每小时<5%），煮沸显色经冷却后必须及时比色。张玉兰等采用常规分析方法中的培养和浸提方法处理土壤样品，利用流动分析仪测定浸提液中的尿素含量以测定土壤脲酶的活性。该分析方法减少了接触毒性和腐蚀性物质的机会，同时避免了水浴加热的缺陷，满足了显色后要及时测定的需要，可用来作为一种大批量快速检测手段来分析土壤样品中脲酶的活性。

本实验将采用苯酚-次氯酸钠比色法（靛酚蓝比色法）进行土壤脲酶活性的测定。

三、实验材料

1）甲苯、10%尿素溶液、风干土或鲜土。

2）1mol/L氢氧化钠溶液：称取40g氢氧化钠溶至1L。

3）柠檬酸缓冲液（pH6.7）：称取368g柠檬酸溶于600mL蒸馏水；再称取295g氢氧化钾溶至1L。将两液合并，用1mol/L氢氧化钠调至pH6.7，稀释至2L。

4）苯酚钠溶液：称取62.5g苯酚溶于少量乙醇，加2mL甲醇和18.5mL丙酮，然后用乙醇稀释至100mL（A液）；称取27g氢氧化钠溶于100mL蒸馏水中（B液）。将二者保存于冰箱中，使用前取A、B两种溶液各20mL混合，并用蒸馏水稀释至100mL备用。

5）次氯酸钠溶液：将次氯酸钠稀释至活性氯的浓度为0.9%。

6）硫酸铵标准溶液：原液为精确称取0.4714g硫酸铵溶于蒸馏水中，定容至1L（每mL含100μg氮）。工作液为吸取10mL原液稀释至100mL（每mL含10μg氮）。

7）容量瓶，三角瓶，吸管，漏斗，致密滤纸，坐标纸，光电比色计，恒温箱等。

四、实验步骤

（一）氨标准曲线的绘制

1）分别吸取硫酸铵标准溶液的工作液0mL、0.5mL、1.0mL、2.5mL、4.0mL、6.0mL、8.0mL于50mL容量瓶中，加蒸馏水至10mL。各加4mL苯酚钠溶液混合，并立即加3mL次氯酸钠溶液充分摇匀，放置20min，显色后稀释至刻度。

2）在光电比色计上用1cm比色杯于578nm波长处以不含氨的溶液为对照比色测定各含氮溶液的光密度。以含氮溶液的浓度为横坐标，光密度为纵坐标绘制氨的标准曲线（注意：比色要在1h内完成，因为靛酚的蓝色在1h内保持稳定）。

　　（二）　土壤脲酶活性测定

　　1）称取 10g 风干土两份，分别置于 100mL 容量瓶中，加入 2mL 甲苯（以湿润土样为宜），摇匀后放置 15min。另取一个 100mL 容量瓶不加土样和甲苯作为无土对照（注意：以甲苯作为抑制剂抑制土壤中微生物的生理活性，降低其对脲酶活性测定的影响）。

　　2）在一个加土样瓶和无土对照瓶中各加 10mL 尿素溶液，另一个加土样瓶加 10mL 蒸馏水代替尿素溶液作为无基质对照。

　　3）3 个容量瓶各加 20mL 柠檬酸缓冲液（pH6.7），混合后塞紧置 37℃ 恒温箱中培养 24h（或更长时间）。

　　4）培养结束后，用 38℃ 蒸馏水稀释至刻度（甲苯应位于刻度以上），用滤纸过滤到三角瓶中。另：黄娟等研究发现，培养结束后直接过滤，尿素水解生成的 NH_4^+-N 为正离子，很容易被带负电的土壤胶体吸附，使滤液中的氨氮含量降低，导致测定结果偏小。为了将吸附在土壤颗粒上的氨离子置换出来，可采用 2mol/L 的 KCl 溶液浸提过滤。

　　5）分别吸取滤液 1mL 至 50mL 容量瓶中，另一瓶不加滤液作为比色对照。分别加蒸馏水至 10mL，然后加 4mL 苯酚钠溶液混合，再立即加 3mL 次氯酸钠溶液充分摇匀，放置 20min，显色后稀释至刻度。

　　6）按照测定氨标准曲线的方法比色测定各样品的光密度。根据所测光密度值在氨标准曲线上查出对应的氨浓度。土样在测定过程中稀释了 100 倍，比色测定的样品体积是 1mL，由各样品的氨浓度可以得出各土样中产生氨的毫克数（注意：比色要在 1h 内完成，因为靛酚的蓝色在 1h 内保持稳定）。

五、实验结果

　　本实验中土壤脲酶的活性是用 10g 土壤 24h 酶促反应消耗尿素生成氨的数量来表示，因此该土样的脲酶活性值应该是 10g 土样利用基质所产生的氨与无土对照（基质纯度和自身分解）和无基质对照（土样与非基质物质反应）所产生氨的数量之差。土壤脲酶活性一般以 24h 后 100g 土壤中 NH_3-N 毫克数表示。按要求把测定结果填入表 13-1 中。

表 13-1　实验结果

样品	光密度（578nm）	氨浓度/（μg/mL）	样品中氨量/mg
10g 土样+基质			
无土对照			
无基质对照			
土壤脲酶活性/[（NH_3-N）mg/10g 土壤 24h 酶促反应]			
土壤脲酶活性/[（NH_3-N）mg/100g 土壤 24h 酶促反应]			

六、思考题

　　1. 土壤脲酶测定有什么意义？

　　2. 除了测定尿素降解产物氨外，还能用什么方法测定脲酶的活性？

　　3. 实验中为什么要加入甲苯？

七、参考文献

黄娟, 李積, 张健. 2012. 改良靛酚蓝比色法测土壤脲酶活性. 土木建筑与环境工程, 34 (1)：
　　102-107.

翟心心, 贺秋芳. 2011. 岩溶区土壤脲酶活性与土壤肥力的关系. 中国农学通报, 27 (3)：
　　462-466.

周俊因, 杨鹏鸣. 2012. 不同肥料对土壤脲酶和碱性磷酸酶活性的影响. 西南农业学报, 25 (2)：
　　577-579.

Guettes R, Dott W, Eisentraeger A. 2002. Determination of urease activity in soils by carbon dioxide
　　release for ecotoxicological evaluation of contaminated soils. Ecotoxicology, 11：357-364.

Qin SP, Hu CS, Dong WX. 2010. Nitrification results in underestimation of soil urease activity as
　　determined by ammonium production rate. Pedobiologia International Journal of Soil Biology, 53：
　　401-404.

Tabatabai MA, Bremner JM. 1972. Assay of ureaseactivity in soils. Soil Biology and Biochemistry, 4：
　　479-487.

实验十四　变性梯度凝胶电泳技术分析
土壤中微生物的多样性

一、实验目的

　　1. 了解土壤中微生物的多样性特征。

　　2. 理解和掌握变性梯度凝胶电泳（DGGE）技术的原理。

　　3. 学习 16S rRNA 基因 PCR-DGGE 技术分析土壤中微生物多样性的操作方法。

二、实验原理

　　土壤中的微生物资源非常丰富，细胞含量大约为 1×10^7 个/g 土壤。土壤中的微生物是环境土壤的重要组成部分之一，土壤微生物多样性指土壤生态系统中所有的微生物种类、它们拥有的基因及这些微生物与环境之间相互作用的多样化程度。在生态系统中土壤微生物有机体组成了一个强大的动力资源库，在植物残体降解、腐殖质形成及养分转化与循环中扮演着十分重要的角色。土壤中微生物群落结构对农业的健康、持续发展具有重要作用，它们积极参与土壤物质转化过程，在土壤形成、肥力演变、植物养分有效化和土壤结构形成与改良、有毒物质纯化及净化方面起着重要作用。土壤微生物的生化过程构成了农业和区域性土壤中养分循环模式的核心，土壤微生物是土壤生态系统中重要的组成部分，其群落结构组成及其变化在一定程度上反映了土壤的质量及其健全性，同时也是克服连作障碍及其他土壤障碍因子的关键所在。

土壤微生物多样性影响着土壤质量，同时土壤的不同类型又反过来影响着土壤微生物的种类及群落变化。目前研究主要集中在物种多样性、遗传多样性、结构多样性及功能多样性 4 个方面。它们对于指示微生物群落的稳定性及维持土壤理化性质，保持生态系统稳定性具有重要作用，因此，目前已经有很多科研工作者投入到微生物多样性研究中。但自然界中有 85% ~99% 的微生物至今还是无法纯培养，用传统技术培养的微生物仅占微生物总数的 0.01% ~10%，大部分微生物处于不可培养的状态，很难全面地估价微生物群落多样性，也埋没了大量极具应用价值的微生物资源，使相当多的菌种不能被充分地开发和利用。对于微生物多样性及其在自然生态系统中作用的了解仅依靠传统的微生物学方法如显微镜、培养方法等是不够的，因为微生物形态简单，缺乏明显的外部特征；而依据生理生化特征对微生物进行分类鉴定也几乎是不可能的，因为大多数自然环境中的微生物由于难于模拟其生长繁殖的真实条件而不能获得纯培养。因此，由于传统培养方法的局限性，使其不可能全面分析土壤微生物多样性，采用纯培养技术很可能会导致一些微生物难以被分析到，造成微生物信息的丢失，这似乎成了微生物多样性研究中的瓶颈。为了更好地了解微生物多样性及其在自然生态系统中的作用，需要其他的补充技术。

分子生物学方法的应用使我们能够在遗传水平上研究微生物的多样性。原核生物的 16S rRNA 基因序列可被用于推断系统发育关系，并通过与数据库比较，鉴定未知的微生物。对 16S rRNA 基因进行克隆和序列分析成为探索自然环境样品中微生物多样性的有利方法，使用该方法使人们了解到用传统方法不足以得到的更加丰富的微生物多样性，但是微生物多样性的研究只是微生物生态学的一个方面。研究较长一段时期内或环境被其他因素干扰后微生物群落中种群的变化是另一方面，为此克隆方法因费时和劳动强度大而不适用，用特定的寡核苷酸探针的杂交技术研究种群的动态较为适当。然而，探针往往只针对某一特定的种群，因此研究自然生态系统中不同微生物的多样性和监视微生物群落的动态需要其他的分子生物学方法。

变性梯度凝胶电泳（DGGE）技术是由 Fischer 和 Lerman 于 1979 年最先提出用于检测 DNA 突变的一种电泳技术，可以检测到一个核苷酸水平的差异。1985 年，Myers 等首次在 DGGE 中使用 "GC 夹板" 和异源双链技术，使该技术更加完善。1993 年，Muzyer 等将 DGGE 技术应用于微生物生态学研究领域，证实了该技术在揭示自然界微生物区系遗传多样性和种群差异方面的优越性。DGGE 技术的突出优点是可从凝胶中切下谱带，然后用测序分析来揭示群落成员系统发育的从属关系，可进一步用类群特异探针与群落图谱杂交，检测出特异细菌种群的存在。

1. 变性梯度凝胶电泳技术

DGGE 技术的基本原理为，一组特定引物所扩增出的特定 DNA 片段，它们虽然具有相同的片段长度，但它们的碱基序列不同，这就决定了它们具有不同的解链区域（melting domain）。在含有梯度变性剂（尿素、去离子甲酰胺）的聚丙烯酰胺凝胶电泳过程中，DNA 片段的分子大小影响迁移率，当达到一定浓度变性剂位置时，DNA 双链逐渐分开，迁移率开始降低，变性剂浓度持续升高，DNA 双链继续解开，在变性剂的某一浓度处完全分开，电泳迁移率急速下降；不同序列 DNA 片段在一定温度下解链的程度不同，造成电泳迁移率发生变化，最终会停到胶的某一特定位置，这样就可以把不同序列的 DNA 片段分离开来，如图 14-1 所示。根据电泳条带的多寡和条带的位置可以初步辨别出样品中微生物的种类多少，粗略分析土壤样品中微生物的多样性。DGGE 使用具有化学变性剂梯度的聚丙烯酰胺凝胶，该凝胶能够有区别的解链 PCR 扩增产物，由 PCR 产生的不同的 DNA 片段长度相同但核苷酸序列不同，因此不同的双链 DNA 片段由于沿着化学梯度的不同解链行为将在凝胶的不同位置上停止迁移，DNA 解链行为的不同导致一个凝胶带图案，该图案是微生物群落中主要种类的一个轮廓。DGGE 使用所有生物中保守的基因片段，如细菌中的 16S rRNA 基因片段和真菌中的 18S rRNA 基因片段。

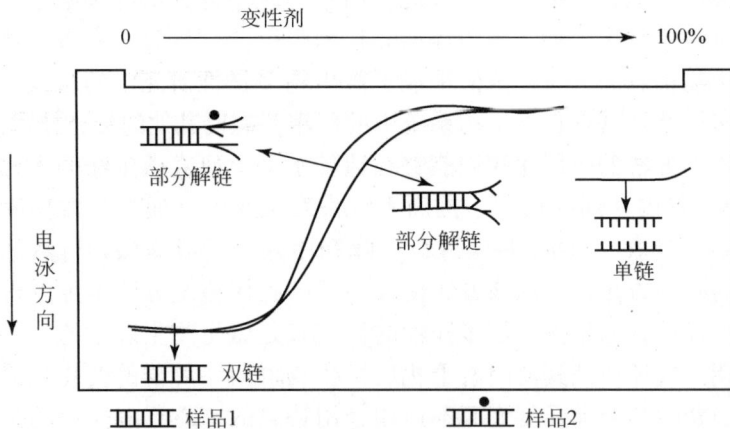

图 14-1　DGGE 对 DNA 片段的分离示意图

理论上这项技术可以检测到 1 个碱基对的差异。其中，值得注意的一个问题就是当变性剂浓度足以使某条 DNA 片段达到完全变性时，双链打开变成单链分子，这样它又可以继续迁移，导致生物信息不准确和丢失。使用富含 GC 的序列或 GC 夹板（GC-clamp，由富含 GC 序列的 30 ~ 50 个碱基组成）可防止 PCR 产物完全解链。

DGGE 技术的一般步骤及主要操作过程为：首先从环境中取得样本（如地下水、

活性污泥、生物膜、动物的肠道内容物等）进行微生物总 DNA 的提取→样品中微生物总 DNA 的纯化→聚合酶链式反应（PCR）将提取的总 DNA 中的特定序列进行扩增 [细菌扩增区域主要为 16S rRNA 基因，真菌为 18S 或 28S rRNA 基因，或者功能基因如可溶性甲烷单加氧酶羟化酶基因（$mmoX$）和氨单加氧酶 A-亚单位基因（$amoA$）片段]→扩增产物利用 DGGE 进行分离→对 DGGE 条带进行切胶测序并鉴定分析，以鉴定群落成员。

　　DGGE 技术的关键和前提是 DNA 的提取。为了进行后续的研究，提取的土壤微生物 DNA 需要满足以下条件，即提取的 DNA 分子应足够大以尽可能保持完整性，以及提取的 DNA 溶液中不含抑制分子生物学操作的成分。由于土壤微生物成分复杂，常规提取总 DNA 的方法难以去除腐殖酸，而微量的腐殖酸便可抑制 PCR 扩增中的 Taq DNA 聚合酶及酶切反应的限制性内切酶活性。另外，土壤质地和成分的差异也会影响土壤微生物 DNA 的提取效果。因此，在 DNA 提取前，首先要对样品进行洗涤，以减少胞外 DNA 和可溶性有机物尤其是腐殖酸类物质的污染。总 DNA 的提取一般包括粗提和纯化两个步骤。细胞是否充分裂解及核酸降解等因素，都会影响 DNA 的提取效果。土壤总 DNA 的提取方法主要分为直接提取法和间接法两类。每种方法都存在局限和优势，具体采用哪种方法，要结合具体情况来选择和探究。

　　PCR 是 DGGE 分析的关键，在 DNA 模板质量一定的前提下，影响 PCR 扩增效果的主要因素是引物的选择和扩增程序等，在扩增过程中需要选择合适的引物和确定最佳条件。目前，细菌引物设计一般选择 16S rRNA 基因的可变区，常用通用引物有 338f /518r（V3 区）、341f /926r（V3 ~ V5 区）和 968f /1401r（V6 ~ V8 区）。扩增片段大小对 DGGE 分析影响也较大，200bp 的 V3 区分离效果较好。在 PCR 扩增中，随着模板浓度和循环数的增加，非特异性扩增产物的量也随之增加。一般来讲反应体系中以模板的浓度 0.05ng/μL、PCR 循环数 30 ~ 35 为适宜。退火温度过低，容易引起引物的错配，增加非特异性扩增产物；适当地延长延伸时间可以减少人工突变的产生。此外，不同的 DNA 聚合酶对扩增效果也有影响，使用具有校对功能（proof reading）和高保真（high fidelity）的聚合酶可以减少人为突变的引入。

　　DGGE 技术有两种电泳形式，即垂直电泳（变性剂梯度与电泳方向垂直）和水平电泳（变性剂梯度与电泳方向平行）。通常根据基因片段的大小来确定聚丙烯酰胺凝胶浓度，200bp 的片段可用 8% 的凝胶，500bp 的片段采用 6% 的凝胶。变性剂梯度范围的选择取决于样品的 T_m 值，可以利用垂直变性剂梯度实验来选择所要研究的 DNA 片段的解链性质，确定变性剂浓度梯度。通常选择水平胶的变性剂梯度为 30%（相当于 T_m 10℃左右），对于 16S V3 rRNA 基因被广泛使用的变性剂梯度是 30% ~ 60%，针对不同的样品需要进行调整。通常要求电泳的温度要低于样品解链区域的 T_m 值，对大多数 DNA 片段 50 ~ 65℃是比较适合的。电泳时间取决于样品的片段大小、凝胶浓度、变性剂梯度、电泳时的电压等因素，可以利用时间进程实验来确定最佳的电泳时间。通过各种染色可以看到 DGGE 胶中的 DNA 条带。最常用的染色方法有溴化乙锭（EB）、SYBR Green Ⅰ、银染等。SYBR Green Ⅰ的灵敏度要高于EB。

图14-2是针对太湖不同位点沉积物样品，以16S rRNA基因V3区鉴定的微生物群落DGGE图谱，电泳胶为EB染色后成像。

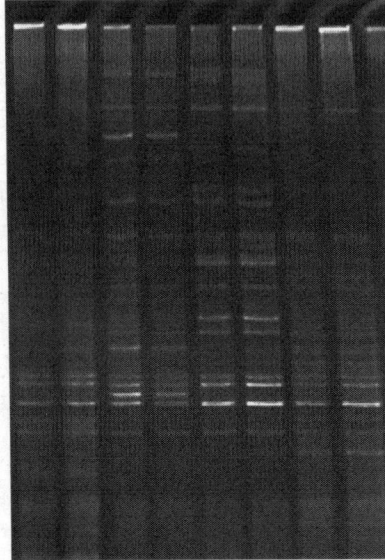

图14-2　太湖沉积物微生物群落的PCR-DGGE图谱

2. PCR-DGGE 在微生物分子生态学中的应用

DGGE图谱中在同一水平位置若具备相同的电泳条带，则基本可以说明样品间存在着部分相同的细菌种属；图谱中强度高的条带在泳道中的迁移率相近，说明样品间优势细菌群落大致相同，通过分析条带相似性可以分析微生物群落情况。紫外线下，切取DGGE凝胶上的主要条带，溶于$50\mu L$无菌去离子水中，4℃过夜溶解。直接以凝胶混合液为模板进行PCR扩增，凝胶检测后送测序公司测序。将测序结果通过BLAST程序和GenBank中核酸数据库进行同源性比较分析。用Quantity one软件对DGGE图谱进行分析，粗细不同的条带反映了DGGE胶中样品的聚集密度，基于DGGE条带数目和亮度进行UPGMA聚类分析，通过统计不同样品的条带数，可以计算样品中细菌群落丰度。

DGGE已广泛用于分析自然环境中细菌、蓝细菌、古细菌、真核生物和病毒群落的生物多样性，这一技术能够提供群落中优势种类信息和同时分析多个样品，具有可重复和容易操作等特点，适合于调查种群的时空变化，并且可通过对切下的条带进行序列分析或与特异性探针杂交分析鉴定群落成员。罗海峰等利用PCR-DGGE的方法讨论了农田土壤微生物的多样性，证明变性梯度凝胶电泳技术与传统平板培养方法相比，能更精确地反映土壤微生物的多样性。由于环境污染日趋严重，土壤及土壤中的微生物群落也受到了一定程度的影响，土壤中的微生物是敏感群体，周围环境发生变化时就可能对其产生一定程度的影响，探讨周围环境对微生物多样性造成的损失与伤害，可以为保护土壤微生物多样性提供方法，利用 DGGE 技术分析污染物对土壤微生物的多样性及变化规律的影响，可以提供土壤的污染程度，并为改良污染土壤提供理论依据。中国农业大学环境微生物实验室利用 16S rRNA 基因V3 区 PCR-DGGE 技术，研究了富营养化官厅水库纵向不同层次沉积物样品的细菌群落结构差异，图 14-3 是利用 GelCompar 2.0 软件对 DGGE 图谱的聚类分析结果，从图 14-3 中可以看出其菌落间的大体差异和相似性情况，即 72cm 深的沉积物，其微生物群落大体可以分为 4 个相似区，分别为 4 ~ 18cm、22 ~ 36cm、40 ~ 54cm 和58 ~ 72cm 4 个深度。至今 DGGE 技术仍被广泛应用于环境样品的微生物群落结构的研究。

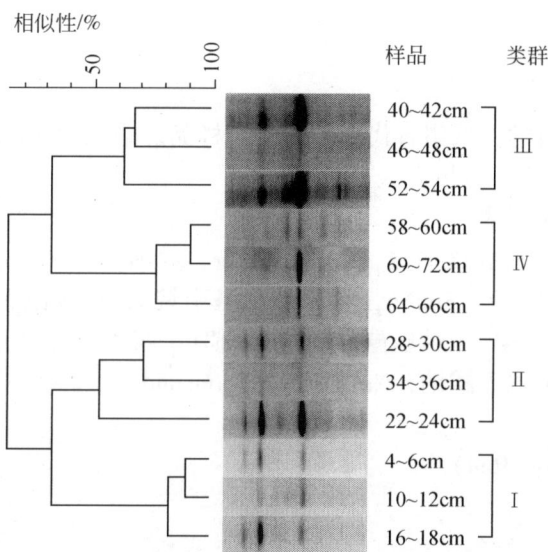

图 14-3　官厅水库不同深度沉积物样品 16S rRNA V3 区 PCR-DGGE 图谱

3. PCR-DGGE 技术的缺陷和不足

DGGE 是分析微生物群落的一种有力的工具，可以很好地弥补传统培养法的不足，但同其他分子生物学方法一样，DGGE 技术本身也有缺陷。其中之一是只能分离较小的片段，使用于系统发育分析比较和探针设计的序列信息量受到了限制；在某些情况下，由于所用基因的多拷贝导致一个种类多于一条带，不易鉴定群落结构到种的水平。此外，该技术具有内在的如单一细菌种类 16S rRNA 基因拷贝之间的异质性问题，可导致自然群落中微生物数量的过多估计。高淑静等讨论了 DGGE 方法在土壤微生物多样性分析中的应用，并指出了该技术自身存在的缺陷。

DGGE 这种方法并不能检出样品中的全部群落，主要的限制因素和对策为：

①微生物细胞壁的致密程度不同,在 DNA 提取过程中裂解率就不同,在 DNA 提取时提高裂解时的水浴温度(90℃)可以促进裂解;②PCR 扩增中引物存在偏好性,扩增所得到的产物并没有完全包括样品中的类群,嵌套式 PCR 可以提高扩增的重现性和特异性;③可供测序的序列很短,只能分辨 500bp 以下的片段,这就限制了下游试验,因为序列太短,不能包含全部的遗传信息,难以准确鉴定;④共迁移现象,同一位置的片段所代表的种类并不是单一的某一类,一条 DGGE 带可能代表几种菌,也可能不同的几条 DGGE 带代表同一种菌,结合其他分析方法可以解决这一问题;⑤不能确定代谢活性、微生物数量和基因表达的水平,这就需要与传统方法相结合。因此,用多种方法相结合来研究可以得到更为详细的信息。为了减少 DGGE 和其他技术的缺陷,建议研究者结合 DGGE 和其他分子及微生物学方法以便更详细地观察微生物的群落结构和功能。

三、实验材料

1. 土壤样品

根据实验研究目的,采集有代表性的土壤样品。采集后的样品冷藏带回实验室,于-20℃冰箱保存,进行分析。

2. 酶、试剂盒及药品

蛋白酶 K,DNA 回收试剂盒,DNA marker,异丙醇,无水乙醇,SDS(十二烷基磺酸钠),氯仿,苯酚,Tris(三羟甲基氨基甲烷),丙烯酰胺,N,N'-亚甲基双丙烯酰胺,甲酰胺,APS(过硫酸铵),TEMED(四甲基乙二胺),Urea(尿素),二甲苯青,甘油,无水乙酸钠,Na_2EDTA,Formamide(去离子甲酰胺)等。

3. 主要仪器

DGGE 系统(Bio-Rad)。

四、实验步骤

1. 基因组总 DNA 的提取

采用化学裂解法直接从土壤样品中提取基因组总 DNA。

(1)提取缓冲液的配制

配比为 0.1mol/L 磷酸盐(pH8.0),0.1mol/L EDTA,0.1mol/L Tris-HCl(pH8.0),1.5mol/L NaCl,1.0% CTAB。

(2)土壤样品的处理

向 5g 土壤样品加入 13.5mL 提取缓冲液和 50μL 蛋白酶 K(10mg/L),37℃,225r/min 振荡 30min 后,加入 1.5mL 20% 的 SDS 溶液,65℃水浴 2h。

注意:间隔 20min 左右轻摇一次。

(3)基因组总 DNA 的抽提

水浴后的样品以 4℃,2000～3000r/min 离心 5min,收集上清液,加入 1:1

（*V/V*）的氯仿或氯仿/异戊醇，混匀，4℃，9000r/min 离心 5min。在上清液中加入
1∶1的预冷的无水乙醇，4℃过夜沉淀 DNA，9000r/min 离心 5min，小心移去上清，
用无菌 ddH₂O 或 TE 缓冲液溶解沉淀，即所得的基因组总 DNA 粗提液。

注意：与氯仿或氯仿/异戊醇混匀时，不可过于剧烈，以免有机溶剂溅出，同时
操作时带防护手套以防止有机溶剂腐蚀皮肤。

2. 基因组总 DNA 的纯化

采用 DNA 回收试剂盒，按照操作说明对 DNA 粗提液进行纯化。0.8%琼脂糖凝
胶电泳检测合格后，作为 PCR 反应的模板。

3. 16S rRNA 基因可变区 PCR 扩增

以纯化的 DNA 为模板，选用细菌的 16S rRNA 基因的通用引物（518r/357f-GC）
对土壤样品 DNA 进行 PCR 扩增。PCR 反应产物进行 1%琼脂糖电泳后，EB 染色
10min 后，凝胶成像系统成像检测。

1）引物。

518r：5′-ATTACCGCGGCTGCTGG-3′。

357f-GC：5′-CGCCCGCCGCGCGCGGCGGGCGGGGCGGGGGCACGGGGGGCCTACGG
GAGGCAGCAG-3′。

注意：引物 518r/357f-GC 可由生物公司合成，利用该对引物扩增的为 16S rRNA
的 V3 区。

2）PCR 反应。

反应体系（50μL）：5μL 10×PCR Buffer、4μL dNTPs（2.5mmol/L）、1μL 上游
引物 357f-GC（10μmol/L）、1μL 下游引物 518r（10μmol/L）、约 3μL DNA 模板、
0.5μL *Taq* DNA 聚合酶，适量 ddH₂O 补足至 50μL。

3）PCR 反应条件。

95℃预变性 3min；95℃变性 30s，65℃退火 30s，72℃延伸 30s，20 个循环；然
后 95℃ 30s，53℃ 30s，15 个循环；最后在 72℃延伸 7min。

4）PCR 扩增产物用 1%琼脂糖凝胶电泳检测，检测后置于−20℃冰箱备用。

4. 变性梯度凝胶电泳分析

（1）制胶

分别制备 30% 和 60% 的变性胶，如表 14-1 所示。

表 14-1　DGGE 变性胶的制备参数

不同浓度的变性胶	30%变性胶	60%变性胶
40%丙烯酰胺	5mL	5mL
尿素	2.25g	5.04g
Formamide	2.4mL	4.8mL
50×TAE	400μL	400μL

续表

不同浓度的变性胶	30%变性胶	60%变性胶
10% APS	100μL	100μL
TEMED	20μL	20μL
去离子水	定容至20mL	定容至20mL

注：APS 及 TEMED 在灌胶之前再迅速加入。

（2）灌胶

1）灌胶之前先用去离子水清洗制胶用的两块玻璃板，自然干燥，然后将垫片放在两块玻璃板之间，插入模具中，在实验台上对齐玻璃板的底边，两边同时用力并保持平衡，拧紧螺丝夹子固定，用手摸底部是否平整，如果不平易造成玻璃板破碎并可能导致漏胶。将底座上的软垫放好，把玻璃板放在软垫上固定，插入所需胶孔。连接好胶管和 Y 形适配器，并预冷注射器。

2）将配制好的低浓度变性梯度液（30%）和高浓度梯度液（60%），在上述两种胶液中加入一定量的 APS 和 TEMED，迅速振荡混匀。分别使用对应标号（注射器使用前标记高浓度和低浓度）的预冷过的注射器中。排除注射器中气体及多余胶，使吸入量各为15mL。

3）将注射器固定于梯度混合器上，顺时针方向缓慢而匀速地转动推动轮，确保灌胶过程没有产生气泡。

4）根据实验需要插入合适的梳子，将上述灌注好的梯度胶放于光下聚合 2h左右。

5）垂直向上拔去梳子，用1×TAE 电泳缓冲液通过注射器彻底洗净未完全聚合的丙烯酰胺胶液，直至干净，否则会影响加样。

（3）点样

1）点样之前，在 DGGE 槽中加7L 左右1×TAE 电泳缓冲液，使槽中的缓冲液至Full 和 Run 的中间位置。装好玻璃板后，将电泳核心架放入水槽中，将温度控制器盖在电泳槽上，注意长杆进入底部对应的洞中。打开电源，打开加热键使电泳液升温至60℃。

2）温度达60℃后，立即进样。先关掉所有电源，取下温度控制器。将45μL 的PCR 产物和7~8μL 的6×Loading Buffer 混合均匀，小心地用进样器进样，进样要缓慢，使样品顺着玻璃板均匀地落入到进样孔中，每一个进样孔加入50μL 左右的样品。

注意：进样要缓慢，使样品能够均匀落入加样孔。

（4）电泳

1）在 1×TAE 电泳缓冲液中，打开 heat 键，不打开 pump 键，先在 200V 电压下电泳 10min，使 DNA 样品快速跑进变性胶里面，以免泵将 DNA 样品吹出。

2）10min 后，打开 pump 键，在 60℃、85V 电压下，电泳 14h。

（5）染色

电泳结束后，关掉电源，打开盖子，将电泳核心架拿出，卸下玻璃板，使用滤纸从 DGGE 胶的一角，轻轻粘起来，慢慢将玻璃板倒置，小心地将 DGGE 胶取下。取下后放入 EB 中染色 10min。

（6）成像

将染色过的 DGGE 胶，放入凝胶成像系统（Bio-RAD）中，观察并拍照。

5. DGGE 图谱分析

对获得的 DGGE 图谱进行分析，观察各个样品的 PCR 产物经 DGGE 分离后的电泳图谱照片，采用 Bio-RAD 公司的凝胶定量软件 Quantity one，得到相似性图谱，根据相似性图谱，对样品的生物多样性进行初步分析。

6. DGGE 条带回收

在对 DGGE 电泳胶照相后，进行条带的 DNA 回收。DNA 条带回收步骤如下。

1）将 DGGE 胶转移至紫外分析仪中，在紫外线下，用 75% 乙醇擦拭过的无菌刀切割下 DGGE 胶上的目标条带，做到少带凝胶并完全将目标条带切下。

2）将切下的目标条带转移到新的 0.2mL 无菌的 EP 管中，使用 70% 的 4℃ 左右的冰乙醇洗涤 2 或 3 次，在超净工作台中自然风干。

3）将风干的胶块转移到新的 0.2mL 无菌的 EP 管中，添加 50μL 灭过菌的去离子水，4℃ 冰箱里过夜。

4）以凝胶混合液为 DNA 回收样进行琼脂糖凝胶电泳，检测回收效果和 DNA 的质量。

5）直接以凝胶混合液为模板进行 PCR 扩增，PCR 反应体系和反应程序同上，重新进行 DGGE 分离，切割同一位置条带，回收方法同上。以备 PCR 测序。

7. 回收条带序列测定

第二次 DGGE 后切胶回收得到的 DNA 样品，进行 PCR 扩增。PCR 的反应体系及反应程序同上。不过这次 PCR 的引物有所不同，使用的是不带 GC 发夹的引物：518r 为 5′-ATTACCGCGGCTGCTGG-3′；357f 为 5′-CCTACGGGAGGCAGCAG-3′。

PCR 产物进行琼脂糖凝胶电泳检测合格后，送测序公司测序。测序结果通过 BLAST 程序，与 GenBank 核酸数据进行同源性比较分析。

五、实验结果

1. 列出提取 DNA 后 PCR 产物的电泳检测结果。

2. 列出 DGGE 图谱并对其进行分析。

3. 对优势条带的 16S rRNA 基因测序结果在 GenBank 核酸数据库进行同源性比较，分析土壤微生物的多样性。

六、思考题

1. DGGE 技术的原理和实验步骤是什么？
2. 在使用 DGGE 技术分析土壤微生物的多样性中，影响多样性分析结果的因素有哪些？
3. DGGE 技术分析土壤微生物多样性有哪些优点和缺陷？
4. 在 DGGE 凝胶电泳的操作中应注意哪些事项？

七、参考文献

金明兰，尹军. 2010. PCR-DGGE 分析技术在环境科学研究中的应用. 吉林建筑工程学院学报，27（5）：37-40.

李家民，邹永芳，王海英，等. 2013. DGGE 法初步解析沱牌酒厂窖底泥微生物群落结构. 酿酒科技，3：36-39.

王洋清，杨红军，李勇. 2011. DGGE 技术在森林土壤微生物多样性研究中的应用. 生物技术通报，（5）：75-79.

Fischer SG, Lerman LS. 1983. DNA fragments differing by single base-pair are substitutions separated in denaturing gradient gels: correspondence with melting theory. Proc Natl Acad Sci USA, 80: 1579-1583.

Ros M, Goberna M, Pascual JA, et al. 2008. 16S rDNA analysis reveals low microbial diversity in community level physiological profile assays. J Microbiol Meth, 72: 221-226.

Vendan RT, Lee SH, Yu YJ, et al. 2012. Analysis of bacterial community in the ginseng soil using denaturing gradient gel electrophoresis (DGGE). Indian J Microbiol, 52: 286-288.

实验十五　限制性片段长度多态性技术分析土壤中微生物的多样性

一、实验目的

1. 学习 RFLP 技术的基本原理。
2. 学习运用 16S rRNA 基因限制性片段长度多态性（RFLP）技术分析环境微生物多样性的原理。
3. 掌握 16S rRNA 基因 RFLP 技术的操作流程和技能。

二、实验原理

1. 限制性片段长度多态性技术

微生物群落结构和多样性是微生物生态学和环境科学研究的热点内容，对于开发微生物种质资源，阐明微生物群落与其生境的关系，揭示群落结构和功能的联系，指导微生物群落功能的定向调控均具有重要的意义。分子生态学方法能够不依赖于培养直接从 DNA 出发研究环境样品的微生物多样性，限制性片段长度多态性（restriction fragment length polymorphism，RFLP）技术是其中一种常用的方法。

1980 年，由人类遗传学家 Bostein 等首先提出 RFLP 可作为一种分子遗传标记，该方法利用限制性内切酶特性及其电泳技术，对特定的 DNA 片段的限制性内切酶产物进行分析，根据片段的大小不同及标记片段种类和数量的不同，评价微生物的群落结构和多样性，随着 PCR 技术的发展和 16S rRNA 基因数据库的建立，RFLP 技术也可应用于环境微生物群落和多样性的研究。核糖体 DNA 常常被用来作为基因标记，RFLP 技术在核糖体 DNA 上的应用，也通常称为扩增核糖体 DNA 限制性分析（amplified ribosomal DNA restriction analysis，ARDRA），属于一种分子生态学的研究方法。

通常在从总的微生物 DNA 扩增得到 16S rRNA 基因片段后有两种分析手段。一种是将 16S rRNA 基因的 PCR 混合产物用限制性内切酶直接消化，然后进一步分析条带图谱，这种方法被称为群落 RFLP，因为得到的图谱反映的是环境中所有微生物种群，对于微生物多样性程度较高和优势种群不明显的环境样品，该方法产生的杂带太多，影响分析效果。但是这种方法相对操作简单，可以直接对基于环境样品 DNA 所扩增的 16S rRNA 基因进行限制性酶切，根据酶切条带的多少和亮度差异等，统计多样性指数，用以初步比较不同样品间的微生物多样性总体差异时，具有重要价值。另一种方法是结合 16S rRNA 基因克隆文库的建立，即在建立 16S rRNA 基因克隆文库的基础上，针对克隆中所含有的专一的微生物种类，进行插入片段即 16S rRNA 基因的限制酶切，依据不同克隆的 16S rRNA 基因片段限制酶切条带图谱，统计分析环境中微生物的种群组成和多样性。相对于直接对环境样品 DNA 的 16S rRNA 基因混合产物的限制酶切，该方法因为在酶切之前，将环境中物种以克隆形式分离，所以更能体现环境样品中微生物的多样性信息，尤其是种群组成情况。

本实验重点介绍基于 16S rRNA 基因克隆文库的 RFLP 多样性分析。

2. 环境样品 16S rRNA 基因文库的 RFLP 技术

16S rRNA 基因克隆文库方法首先从样品的总 DNA PCR 中获得其中所有的 16S rRNA 基因，将其插入载体并转化宿主，构建克隆文库。随机挑选文库中的克隆，对其进行插入片段测序，通过序列分析获得其 16S rRNA 基因所对应的微生物的系统发育地位，并可以根据含有同种序列插入片段的克隆数的多少，分析样品中对应细菌的分布比例。16S rRNA 基因克隆文库方法是微生物分子生态学中用以调查环境中原核微生物组成的常用方法之一，在 1990 年首次被 Giovannoni 等应用于分析马尾藻海海面浮游微生物的多样性。为了降低测序量及更好地统计文库中的不同插入片段，结合 RFLP 限制性酶切图谱技术，取得了良好的效果。

（1）16S rRNA 基因作为遗传标记

因为 16S rRNA 基因广泛存在于所有原核生物中，结构和功能保守；序列中含有可变区和保守区，可以利用保守区设计 PCR 引物，通过比较可变区辨别物种类别；序列变化缓慢，不在物种之间发生水平转移，序列差异能够反映不同生物的进化关系；GenBank 数据库中登录了大量的 16S rRNA 基因信息，可以作为比对参考，所以是微生物分子生态学研究中广泛使用的一种生物标记（biomarker）。

（2）16S rRNA 基因克隆文库

首先需获得环境样品的基因组总 DNA，PCR 扩增 16S rRNA 基因片段。因为使用的是直接源自环境的含有多种微生物 16S rRNA 基因的混合模板，其 PCR 扩增与扩增纯菌的 16S rRNA 基因不同，为了保证克隆文库的质量，需要优化 PCR 反应的体系并严格控制反应条件。因为使用的是混合模板，而模板之间的相似性又非常高，所以基因组总 DNA 在 16S rRNA 基因扩增时容易出现错误，产生一些在环境中原本并不存在的假象，造成来源于不同微生物的 16S rRNA 基因发生共扩增、序列相近的 16S rRNA 基因分子之间退火、PCR 扩增偏好性等误差。使用 reconditioning PCR、减少 PCR 循环数等，能够一定程度上降低这些误差。

构建环境 16S rRNA 基因文库通常使用"TA 克隆"的方法。使用 *Taq* DNA 聚合酶，在扩增的过程中会在 16S rRNA 基因 PCR 扩增产物的 3′端加上一个脱氧腺嘌呤核苷酸，使其成为突出末端，在 T4 连接酶作用下，这些在 3′端具有一个脱氧腺嘌呤核苷酸突出末端的 PCR 产物都可以与在 5′端具有脱氧胸腺嘧啶核苷酸突出末端的开环 T 载体连接。使用 T 载体即可完成 TA 克隆。例如，Promega 公司的 pGEM-T Easy Vector（图 15-1），利用宿主上的氨苄青霉素抗性基因、*lacZ* 基因的调控序列和部分结构基因序列，可以结合不含有氨苄青霉素抗性基因的 *E. coli* 宿主，在涂布有 IPTG 和 X-gal 的平板上，实现蓝白斑筛选阳性克隆。因为只有带质粒的克隆才能在含有氨苄青霉素的平板上生成；同时载体自连以后可以与宿主基因组上的另一部分 *lacZ* 基因序列产生 α 互补，在 IPTG 诱导下产生有活性的 β-半乳糖苷酶并将 X-gal 切割成显蓝色的产物，因此当带有自连载体的克隆在生长时，会表现为蓝色克隆。而载体上带有插入片段时会使 *lacZ* 基因失活，涂布在有 IPTG 和 X-gal 的平板上生长时，就会表现为白色克隆。通过蓝白斑筛选可以初步筛选到有插入片段的克隆。最后通过 PCR 的方法进一步检验插入片段的大小是否正确。

（3）克隆文库的限制性酶切多态性分析

为了减少测序的数量，先分别用两种不同的核酸内切酶分别对文库进行 RFLP 限制性片段长度多态性分析，即 ARDRA 分型。对获得克隆中载体上的 16S rRNA 基因插入片段，进行限制性酶切，由于各种内切酶的酶切位点不同，来自于不同细菌种属的 16S rRNA 基因将被裂解为不同大小的片段。将酶切产物电泳后，根据其片段大小的多态性，进行分类，多态性完全一样的克隆归为一个分类操作单元，被认为是一种基因型（或 ARDRA 型），代表了一种细菌。如图 15-2 所示，克隆子 15 和 18，其插入片段 16S rRNA 基因片段的 *Hinf* Ⅰ酶切分型结果与 *Csp*6 Ⅰ酶切分型结果均一样，可初步认为是一个基因型，代表一种细菌，同样的还有 16 和 17 克隆子。

Xmn I 2009

Sca I 1890

f1 ori

Nae I 2710

Amp^r

pGEM®-T Easy Vector (3018bp)

iacZ

T　T

ori

T7 ↓	1
Apa I	14
Aat II	20
Sph I	26
Nco I	37
BstZ I	43
Not I	43
Sac II	49
*Eco*R I	52

Spe I	64
*Eco*R I	70
Not I	77
BstZ I	77
Pst I	88
Sal I	90
Nde I	97
Sac I	109
BstX I	119
Nsl I	127
	141

↑ SP6

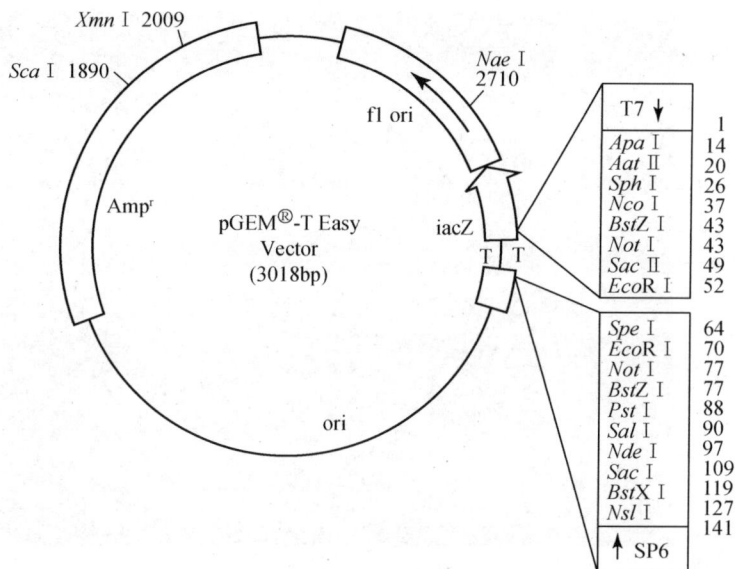

图 15-1　pGEM-T Easy Vector 图谱

（http：//www. promega. com. cn）

而对于克隆子 21 和 22，虽然 *Hinf* I 酶切分型结果一样，但 *Csp*6 I 酶切分型结果不同，便不属于同一种细菌。

在每个基因型中选择一个代表克隆进行测序，分析其对应微生物的系统发育地位。ARDRA 方法减少了要测序克隆的数量，而且根据每个基因型所对应的克隆数量的多少，可以通过不同的文库评估参数（如 Coverage 值、沙龙指数等）评价所建文库的库容是否足以反映实际样品的真实情况，即环境中微生物的种类和数量等多样性特征。

3. 环境样品 16S rRNA 基因文库 RFLP 技术的应用

16S rRNA 基因文库的 ARDRA 方法在环境样品的细菌多样性研究方面得到了广泛的应用。Huang 等对垃圾浸出物的细菌多样性进行了分析，在 195 个克隆中鉴定出 103 个 16S rRNA 基因型，并且 90% 以上的基因型对应于低 G+C 含量的革兰氏阳性细菌；结果显示目前对厌氧处理环境中的细菌多样性知之甚少。Branco 等使用该方法研究了水体铬（Cr）污染对河流沉积物中细菌群落的影响，结果表明水体 Cr 的污染，影响了沉积物中的细菌群落，改变了其群落的一些功能特征，如能够抗 Cr 的微生物的比例，但是并不影响整体微生物群落的多样性。2003 年，该方法被用于研究南极大陆架不同深度沉积物中原核生物的多样性，得出沉积物中微生物物种丰度随着沉积物深度增加而下降的结论，而且鉴定出的大部分生物类型在海洋沉积物中具有普遍存在性。Ravenschlag 等使用 16S rRNA 基因的 ARDRA 方法研究了水底温

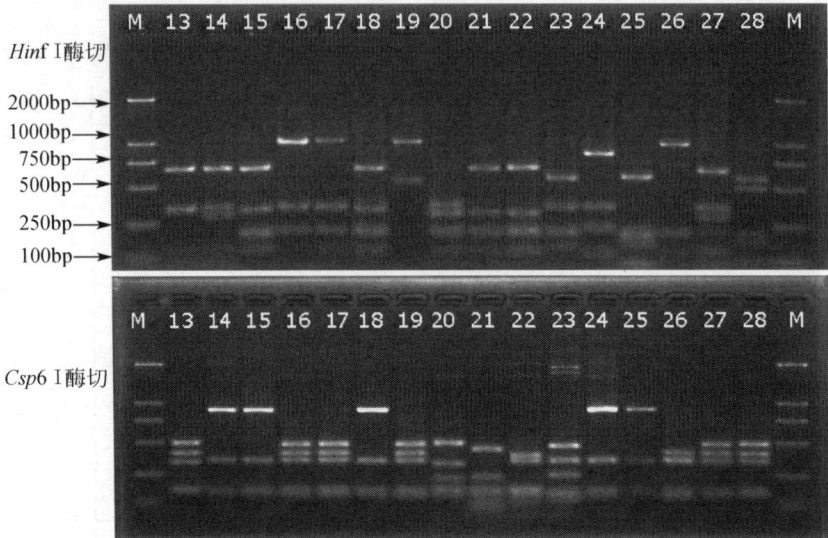

图 15-2　环境样品 16S rRNA 基因克隆部分克隆子的 ARDRA 分型图谱

泳道上方编号为克隆子编号；M，DL-2000 DNA marker

度持续在 2.6℃的海洋沉积物中细菌的多样性，表明在连续低温的环境下，仍有非常高的细菌多样性。该方法由于其不依赖于培养，且能够用以鉴定微生物群落的种群结构特征，是环境样品微生物群落多样性研究的常用方法之一，并鉴定出了许多新的物种多样性。

　　中国农业大学环境微生物实验室针对富营养化官厅水库不同深度沉积物，使用 16S rRNA 基因的 ARDRA 分型技术，研究了其细菌群落结构特征，选择 5cm、35cm 和 69cm 作为沉积物上、中、下 3 层的代表，分别构建 16S rRNA 基因克隆文库，238 个、235 个和 287 个阳性克隆的限制性酶切分析（ARDRA）分别鉴定出 64 个、66 个和 54 个基因型。图 15-3 是 5cm 深度沉积物 16S rRNA 基因克隆文库所确定出 64 个基因型中的前 16 个基因型 ARDRA 分型电泳图。使用该方法比较并鉴定了官厅水库不同深度层次沉积物的细菌群落种群组成及多样性结构，为对水库沉积历史及富营养化发展的理解奠定了基础。

三、实验材料

1. 土壤样品

根据研究目的不同，采集有代表性的土壤样品，用冰盒带回实验室，备用。

2. 培养基

LB 培养基（1L）：胰蛋白胨 10g，酵母粉 5g，NaCl 10g，摇动至溶解，调节 pH 至 7.0，121℃高压蒸汽灭菌 20min。固体培养基在灭菌前添加 1.8%的琼脂粉。

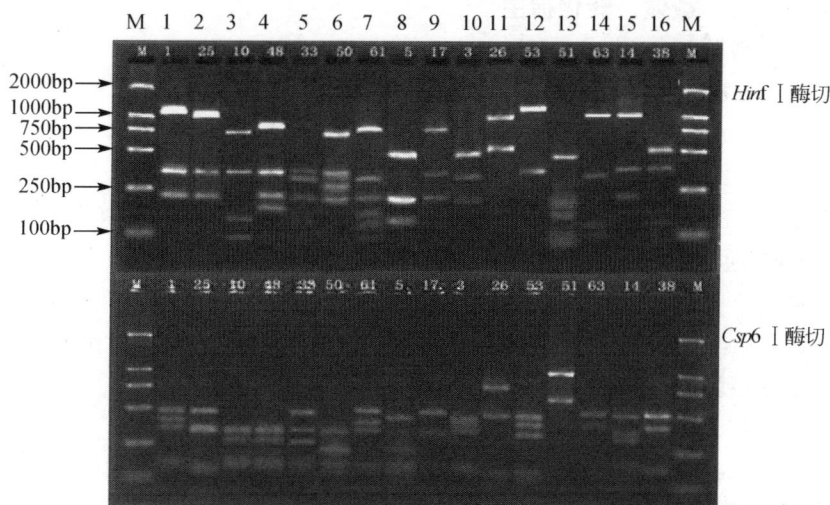

图 15-3　官厅水库 5cm 沉积物样品 16S rRNA 基因克隆文库的 ARDRA 分型电泳图

M. DL-2000 DNA marker；1~16. Hinf Ⅰ 和 Csp6 Ⅰ 两种酶切鉴定出的 5cm 样品不同的

ARDRA 基因型编号；电泳图中对应泳道的标记编号为各基因型对应的代表克隆子编号

SOB 培养基（1L）：胰蛋白胨 20g，酵母粉 5g，NaCl 0.5g，250mmol/L KCl 10mL，调节 pH 至 7.0，121℃高压蒸汽灭菌 20min。该溶液使用前加入 5mL 灭菌的 2mol/L $MgCl_2$溶液。

SOC 培养基：除含有 20mmol/L 的葡萄糖外，其他成分同于 SOB。即 SOB 培养基经高压灭菌后冷至 60℃或 60℃以下，加 20mL 除菌的 1mol/L 葡萄糖溶液。

LB、SOB、SOC 固体培养基：分别为上述对应的液体培养基中添加 18% 的琼脂粉。

其中，250mmol/L KCl 溶液：将 1.86g 的 KCl 溶于 100mL 的去离子水溶液。2mol/L $MgCl_2$溶液：用 90mL 去离子水溶解 19g 的 $MgCl_2$，去离子水调整体积为 100mL，121℃下高压蒸汽灭菌 20min。1mol/L 葡萄糖溶液：用 90mL 去离子水溶解 18g 葡萄糖，完全溶解后，去离子水定容至 100mL，用 0.22μm 滤膜过滤除菌。

3. 酶、分子试剂

Ex Taq DNA 聚合酶：大连 TaKaRa 公司。

核酸内切酶 Hinf Ⅰ：大连 TaKaRa 公司。

核酸内切酶 Csp6 Ⅰ：Fermentas 公司。

dNTPs：大连 TaKaRa 公司。

DNA marker：DL-2000 购自大连 TaKaRa 公司。

离心柱式琼脂糖凝胶 DNA 回收试剂盒。

4. PCR 引物、载体、转化宿主

（1）PCR 引物

上海生工生物工程股份有限公司合成，碱基序列如下。

P27f（*Escherichia coli* position 27 ~ 46）：5′- GAG AGT TTG ATC CTG GCT CAG-3′。

P1495r（*E. coli* position 1476 ~ 1495）：5′-CTA CGG CTA CCT TGT TAC GA-3′。

T7 和 SP6 通用引物，购自上海生工生物工程股份有限公司。

（2）载体

pGEM- T Easy Vector 试剂盒购自 Promega 公司（USA），包括 pGEM- T Easy 载体、2×快速连接缓冲液和 T4 DNA 连接酶。

（3）转化宿主

Escherichia coli DH5α 感受态细胞，购自于上海生工生物工程股份有限公司。

5. 主要试剂及其配置

（1）0.1mol/L IPTG 溶液

1.2g IPTG（异丙基-β-D-硫代吡喃半乳糖苷）溶于 50mL 蒸馏水中，0.22μm 滤膜过滤除菌。储存于-20℃冰箱。

（2）0.05g/mL X- gal

500mg X- gal（5-溴-4-氯-3-吲哚-β-D 半乳糖苷）溶于 10mL *N*，*N*-二甲基甲酰胺，避光存于-20℃冰箱。

（3）20mg/mL 氨苄青霉素储液

使用去离子水，将氨苄青霉素配制成浓度为 20mg/mL 的母液，0.22μm 滤膜过滤除菌，分装，储存于-20℃冰箱。

6. 器材

超净工作台，生化培养箱，恒温摇床，高速冷冻离心机，PCR 扩增仪，电热恒温水浴锅，pH 计，电泳仪等设备及微量移液器，EP 管，培养皿，试管等器具。

四、实验步骤

（一）土壤样品微生物基因组总 DNA 的提取及纯化

参考本书"实验八　水体沉积物中总 DNA 的提取"，获得符合要求的土壤微生物基因组总 DNA。

（二）16S rRNA 基因克隆文库的构建

1. 16S rRNA 基因 PCR 扩增及纯化

以 10ng 纯化后的土壤微生物基因组总 DNA 作为模板，PCR 扩增其 16S rRNA 基因片段。并以无菌 ddH$_2$O 代替基因组 DNA 作为阴性对照，考察体系有无其他外源

DNA 的污染。

PCR 扩增反应体系为：

10×*Taq* 酶反应 Buffer	2.5μL
dNTPs（10mmol/L）	0.5μL
P27f 引物（12.5pmol/μL）	0.5μL
P1495r 引物（12.5pmol/μL）	0.5μL
Taq 酶（5U/μL）	0.4μL
模板（基因组总 DNA）	10ng
加 ddH$_2$O 至反应总体积	25μL

PCR 反应条件：95℃ 1min 30s；95℃ 30s，退火温度 30s，72℃ 1 min，25 个循环；72℃ 10min，60℃ 10min，4℃维持。其中退火温度分别设置为 60℃（5 个循环）、55℃（5 个循环）和 50℃（15 个循环）。

16S rRNA 基因 PCR 扩增结束后，进行 reconditioning PCR，即取 1/10 的上述 16S rRNA PCR 扩增产物作为模板，以与 16S rRNA 基因 PCR 扩增相同的反应体系和反应条件再次进行 PCR 扩增，但是把循环数减少到 3 个循环。

注意：16S rRNA 基因 PCR 扩增时，一定要做好阴性对照，以排除外源污染。

电泳检测 PCR 产物：用 1×TAE 缓冲液配制 1.0% 琼脂糖凝胶溶液（不含 EB），铺板。取 PCR 产物 3μL 分别与适量上样缓冲液混匀，上样，使用 DNA marker 作为参照，在 1×TAE 缓冲液中 80V 恒压电泳。电泳结束后，进行 EB 染色，用紫外凝胶扫描仪扫描、照相，记录结果。

PCR 产物的纯化：大量进行 reconditioning PCR 扩增 16S rRNA 基因，收集并进行 0.8% 琼脂糖凝胶电泳。于紫外灯下迅速切下目的条带，装入 1.5mL EP 管中，使用离心柱式琼脂糖凝胶 DNA 回收试剂盒，依据操作说明进行 DNA 回收。

2. 16S rRNA 基因 PCR 产物的载体连接

将纯化回收的样品 16S rRNA 基因 PCR 产物，依据载体试剂盒操作说明连接到 pGEM-T Easy 载体上。连接产物用于下一步转化。

注意：载体连接试剂盒中，Rapid Ligation Buffer 需要先剧烈震荡。

3. 连接产物转化感受态 *E. coli* DH5α

16S rRNA 基因 PCR 产物连接于载体后，连接产物均使用热激法转化感受态 *E. coli* DH5α，构建 16S rRNA 基因文库。

（三）16S rRNA 基因克隆文库阳性克隆的筛选

在 37℃培养好的转化平板上，随机挑取一定数量的白色克隆，转移到新的含有 Amp 的平板上，对每个克隆进行编号后，37℃培养，从中筛选阳性克隆。

注意：在做蓝白斑筛选时，培养时间到了之后，在 4℃放置 2~3h，会使蓝白斑的差别更明显。

1. Cracking 快速裂解法初筛

在鉴定阳性克隆时，首先使用 Cracking 快速裂解法初步检测载体插入片段的大小是否正确，其原理是在对细胞进行裂解后，直接电泳，比较白斑与蓝斑（质粒不含插入片段）的质粒大小，从而初步判断白斑插入片段长度是否合适。

1）用牙签从活化好的单菌落（直径 2~3mm）上挑取少量菌体于 1.5mL EP 管中，加入 10μL ddH$_2$O 和 10μL Cracking 2×Buffer（0.02mol/L NaOH，0.05% SDS，20% 蔗糖）。

2）在旋涡振荡器上剧烈震荡 1~2min，使菌体裂解。

3）1% 琼脂糖凝胶电泳，检测白斑转化子载体上的插入片段大小。

2. PCR 鉴定阳性克隆

Cracking 快速裂解法鉴定的含有正确插入片段的克隆，以 pGEM-T Easy Vector 通用 T7 和 SP6 引物 PCR 扩增其 16S rRNA 基因插入片段，用于后续酶切分型、序列测定，并进一步根据扩增片段大小验证阳性克隆，其大小除了包括 1.5kb 左右的 16S rRNA 基因序列外，还包括两端载体上的序列共 178bp，因此 PCR 扩增出的片段大小在 1.7kb 左右。

（1）DNA 模板制备方法

用无菌牙签挑取少量菌体重悬于 20μL 无菌 ddH$_2$O 中，沸水水浴中煮沸 10min，立即置于冰上 5min，4℃ 条件下 12 000r/min 离心 5min，立即置于冰上，使用时取 1.5μL 上清作为模板。

（2）PCR 扩增插入片段

PCR 扩增反应体系为：

10×*Taq* 酶反应 Buffer	2.5μL
dNTPs（10mmol/L）	0.5μL
T7 引物（12.5pmol/μL）	0.5μL
SP6 引物（12.5pmol/μL）	0.5μL
Ex *Taq* 酶（5U/μL）	0.4μL
模板（菌体粗裂解物）	10ng
加 dd H$_2$O 至反应总体积	25μL

PCR 反应条件为：94℃ 3min；94℃ 45s，58℃ 45s，72℃ 2min，30 个循环；72℃ 10min，4℃ 维持。

PCR 扩增结束后，对 PCR 产物进行琼脂糖凝胶电泳检测，紫外凝胶扫描仪扫描、照相。

（四）16S rRNA 基因的 RFLP 分析

对经过 T7、SP6 引物 PCR 验证的阳性克隆，对其扩增的插入片段分别使用 *Hin*fI 和 *Csp*6 I 进行酶切分型，其酶切位点分别如下所示。

Hinf I酶切位点: 5′ G|A N T C 3′   *Csp*6 I酶切位点: 5′ G|T A C 3′
        3′ C T N A|G 5′   3′ C A T|G 5′

酶切反应体系: 2μL 10×Buffer, 0.4μL (4U) *Hinf* I 酶（或 *Csp*6 I 酶），1~3μL PCR 产物，ddH₂O 补充至反应总体积 20μL。

  酶切反应条件: 37℃水浴反应 3~4h。

  酶切产物电泳分型: 将每个 PCR 验证的阳性克隆的酶切产物，全部上样进行 3% 的琼脂糖凝胶电泳，经 EB 染色和凝胶成像系统检测，获得 16S rRNA 基因限制性片段长度多态性图谱。

  观察并比较图谱条带的位置，辅助于生物学软件比对条带图谱。一般两种内切酶的酶切带型完全一致的克隆被认为是一个基因型 (phylotype)，代表了同种类型的细菌。按照每个基因型所含有的克隆数多少对其进行优势评估，克隆数多的被认为是优势基因型。

(五) 微生物多样性分析

  根据酶切分型结果，对每个基因型，选择代表克隆进行插入片段的核苷酸序列测定，通过数据库比对分析，获得土壤样品的微生物种类组成。

  对每个基因型的克隆数进行统计，通过沙龙-威纳指数比较样品的微生物多样性。

  沙龙-威纳指数 (*H*') 的计算公式为

$$H' = \sum_{i=1}^{s} P_i \ln P_i$$

式中，P_i 为第 i 个基因型在克隆文库中所占的比例；S 为克隆文库中所鉴定出的所有基因型的数量。

  沙龙-威纳指数计算中，既包含了物种丰度 (S) 的信息，也体现了物种均度 (P_i) 概念，是一个综合物种丰度和物种均度两方面因素的多样性指数。

五、实验结果

  1. 样品 16S rRNA 基因的限制性多态性图谱。

  2. 根据 16S rRNA 基因的限制性多态性图谱分析条带差异；统计出酶切基因型的数量及各基因型所含克隆数并列表表示。

  3. 计算出样品细菌群落的多样性沙龙指数。

六、思考题

  1. 限制性片段长度多态性即 RFLP 的原理是什么?

  2. 基于 16S rRNA 基因的 RFLP 用于环境微生物多样性研究的依据及原理是

什么?

    3. 环境样品 16S rRNA 基因 PCR 扩增时的注意事项有哪些?

    4. 如何利用 16S rRNA 基因克隆文库的限制性酶切图谱分析环境样品的微生物多样性?

七、参考文献

喻曼,许育新,曾光明,等. 2010. RFLP 法研究接种对农业废物堆肥微生物多样性的影响. 农业环境科学学报, 29 (2): 396-399.

朱国锋,吴兰,李思光. 2008. RFLP 技术在湖泊微生物多样性研究中的应用. 环境科学与技术, 31 (11): 9-12, 17.

Brranco R, Chung AP, Verissimo A, et al. 2005. Impact of chromium-contaminated wastewaters on the microbial community of a river. FEMS Microbiol Ecol, 54: 35-46.

Cihan AC, Tekin N, Ozcan B, et al. 2012. The genetic diversity of genus Bacillus and the related genera revealed by 16S rRNA gene sequences and ardra analyses isolated from geothermal regions of turkey. Brazilian J Microbiol, 43: 309-324.

Giovannoni SJ, Britschgi TB, Moyer CL, et al. 1990. Genetic diversity in Sargasso Sea bacterioplankton. Nature, 345: 60-63.

Molles MC. 2000. Ecology: concepts and applications. Berlin: McGraw-Hill companies.

Qu JH, Yuan HL, Wang ET, et al. 2008. Bacterial diversity in sediments of the eutrophic Guanting Reservoir, China, estimated by analyses of 16S rDNA sequence. Biodivers Conserv, 17 (7): 1667-1683.

第三章　气体环境微生物学实验技术

实验十六　空气中微生物数量的检测

一、实验目的

　　1. 学习空气微生物的采样方法。
　　2. 学习并掌握空气中微生物的检测和计数方法。
　　3. 了解空气中微生物的分布状况。

二、实验原理

1. 空气微生物

　　空气对于人类和动植物来说都是不可缺少的，同时还有很多工业用途，如用于工业微生物发酵时氧气的来源。空气由氧气、氮气、CO_2、少量惰性气体及人类活动产生的无机酸、有机酸、亚硫酸气体等组成，混有砂尘、金属粉末等固体颗粒及油类的粉尘等。空气中通常还含有一定的水分。

　　地球被大气层所包围，如图 16-1 所示。其中电离层和平流层中微生物难以生存，对流层是大气中微生物生存和扩散的主要场所。

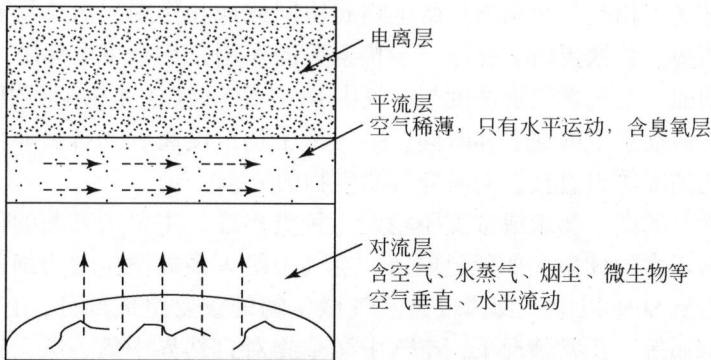

图 16-1　大气层组成

　　空气是微生物借以传播的媒介。但是空气中缺乏微生物生长的营养物质和水分，并且气温随高度的增加而降低，至对流层顶部温度低于大多数微生物能够生长的最低温度。随着高度的增加，气压也随之增加，不利于渗透压的维持，以及干燥、日光辐射、大气污染物均不利于微生物生长，即空气的物理化学参数不适合微生物的生存和生长。因而，空气中存在的微生物是暂时的，随着空气的移动而变化。虽然由于空气生境的特殊性，使空气并不成为微生物栖息的理想场所，但由于气流、灰尘和水分的流动，人和动物的活动等原因，仍有相当数量的微生物存在，包括细菌、真菌、病毒等。

空气中微生物主要来自土壤飞扬的灰尘、水面吹起的小液滴及人和动物体表干燥的脱落物和呼吸所带出的排泄物及工业、农业、畜牧业的生产活动产生的微生物等。微生物是空气中的旅行者，经常随空气飘游，尘埃越多的地方，微生物就越多。

空气中微生物的数量直接取决于空气中尘埃和地面微生物的多少。大工业城市上空微生物最多，乡村次之，森林、草地、田野上空比较清洁，海洋、高山及冰雪覆盖的地面上空，微生物量就更稀少了。微生物在空气中的浓度与距离地面的高度呈对数下降，微生物的垂直分布随着高度而改变，离地面越高，空气越洁净，含微生物量越少，粒子也越小，抵抗力越强，致病性越小。室内空气的微生物量一般比室外要多，特别是公共场所。空气中微生物在时间的分布上体现为早晚多，中午（12：00～14：00）少。

空气微生物群落结构和物种组成及其浓度很不稳定，随着各种环境气象因素及污染因子的变化，空气微生物的种类和数量均有很大的变化。影响大气细菌分布的因素主要有以下几种。①气象因素。在气候干燥时，降雨可使空气净化，而在一段湿气候以后，降雨可使空气微生物污染更严重。风可使地面的微生物悬浮于空气中，可增加空气中微生物浓度，也可降低局部地区空气中微生物浓度。太阳辐射与空气中微生物浓度呈负相关。相对湿度与空气中微生物浓度呈正相关。温度对空气微生物分布的影响目前没有明确的研究结果。②大气污染。空气微生物浓度与空气污染颗粒物总浓度呈正相关。污染物与微生物起协同或加和作用。污染物可破坏或抑制呼吸道内溶菌酶、乳铁蛋白、补体、干扰素等的作用，甚至可破坏肺内巨噬细胞和淋巴细胞的功能。空气微生物浓度与空气中 NO、NO_2、CO 和 SO_2 等浓度相关。③人类活动。人类活动集中的地点和时间，空气微生物浓度高。④自然环境与卫生。卫生状况、绿化情况等也直接影响着空气微生物的分布。

空气中含有的微生物组成浓度不稳定，种类多样，主要为真菌的孢子、细菌的芽孢和某些耐干燥的球菌，如葡萄球菌。空气中绝大多数微生物为细菌，其中革兰氏阳性球菌占到80%以上。真菌也是空气微生物的重要组成部分，有交链孢霉属、曲霉属、青霉属等。正常情况下，空气中微生物对自然界中氧、碳、硫、磷的循环起着重要作用，某些微生物对人类有益。空气中的致病菌主要是由患者或带菌者在咳嗽、吐痰、打喷嚏和呼吸时随同唾液飞沫一起大量排出，进入空气。

空气微生物学已有约一个半世纪的历史，它是生命科学的一个分支，属于交叉边缘学科，与环境保护、提高生活质量及健康水平密切相关。作为环境科学重要组成部分的空气生物学在国内外日益受到关注，空气微生物学研究也成为微生物学、生态学及环境科学的重要课题之一。

空气中微生物以气溶胶（aerosol）形式存在，气溶胶即以固态或液态微粒悬浮在空气介质中的分散体系。具有生命的气溶胶粒子（包括细菌、真菌、病毒等微生物粒子）和活性粒子（花粉、孢子等）及由有生命活性的机体所释放到空气中的各种质粒被统称为生物气溶胶。空气中悬浮的带有微生物的尘埃、颗粒物或液体小滴，就是微生物气溶胶。近年来微生物气溶胶得到广泛的研究，如气溶胶的运行轨迹、微生物气溶胶的实时定量 PCR 检测、气溶胶对其他地区空气微生物群落组成的影响等。微生物气溶胶包括固态和液态，主要特点为微粒上附着有各种微生物，微粒大小一般为 $0.1 \sim 100\mu m$。空气中的微生物一般不繁殖，与漂浮的微粒（固体粒子和液滴）结合，可在空气中衰亡。生存能力强，一般耐干燥，抵抗力强，真菌孢子比细菌和病毒生存力强，色素对抗紫外线，如藤黄微球菌。微生物气溶胶与空气微生物存在着区别，微生物气溶胶包括分散相的微生物粒子和连续相的空气介质，是双相的；空气微生物是指悬浮于空气中的微生物，不包括空气介质，是单相的。空气中微生物的多少是空气质量的重要标准之一。

2. 样品采集方法

采样技术是空气微生物评价的基础，要了解空气中微生物的含量、种类、成分，就必须将稀疏散布的微生物气溶胶粒子采集到局限性的表面和小体积的介质中，以便观察和分析，这就需要特殊设计的空气微生物采样器。采样器的选择则是其核心部分，其采集效率直接关系到最终结果和评价的准确性。气溶胶采集方法的研究也构成了空气微生物学研究的一个重要内容。

1861 年，法国科学家巴斯德第一次从空气中采到了微生物，从此开辟了空气微生物采样的新领域。100 多年来，设计了多种多样的采样器，归纳起来可分为 5 类，即惯性撞击类、过滤阻留类、静电沉着类、温差迫降类和生物采样类。

惯性撞击类有自然沉降法、射流撞击式采样器（裂隙式采样器）、离心撞击式采样器。自然沉降法是德国细菌学家 Koch 早在 1881 年建立的，它是利用空气微生物粒子的重力作用，在一定的时间内，让所处区域的空气中微生物颗粒逐步沉降到带有培养介质的平皿内的一种采样方法。当空气中个体微小的微生物落到适合于它们生长繁殖的固体培养基的表面时，在适温下培养一段时间后，每一个分散的菌体或孢子就会形成一个个肉眼可见的细胞群体，即菌落，观察大小、形态各异的菌落，就可大致鉴别空气中存在的微生物的种类。本法所需设备低廉，操作和评价要求简单，曾在世界范围内被广泛使用。但其稳定性较差，不能测定空气流量和悬浮在空气中的小粒子上的细菌，捕获率较低。韩丛聪等用林地内空气比较自然沉降法和采样器法，得出采样器法更准确。

射流撞击式采样器是当今微生物采样器中应用最广泛、品种最多的一类采样器，分为固体撞击式采样器和液体撞击式采样器。固体撞击式采样器中以 Anderson 采样器最为著名，其利用抽气装置，以恒定气流量，使空气通过狭小喷嘴，以便空气和悬浮于其中的微生物粒子形成高速气流，在离开喷嘴时气流射向采集面，气体沿采集面拐弯而去，而颗粒则按惯性继续直线前进，撞击并黏附于采集面上，从而被捕获。液体撞击式采样器（图16-2）是使空气被抽走时，经过液体，从而使微尘得以捕获。

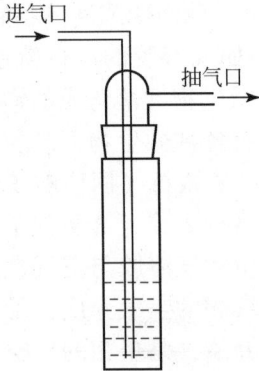

离心撞击式采样器利用曲线气流惯性撞击法原理，是通过电机带动扇叶产生离心力作用而吸入空气中的微生物气溶胶，气体在旋转径路中运动时所产生的离心力，使粒子获得一定动量，并因其惯性而偏离气体流线，撞击沉着在附近的采集面上。这种采样器结构简单，使用方便灵活，捕获率较高，应用比较普遍，但扇叶的高速旋转有可能会打死部分微生物。

过滤阻留式采样即利用抽气装置，使空气通过过滤材料，使微生物粒子被拦截阻留在滤材上，从而加以采集。过滤法采样器能在低温条件下采样，采集效率高，但耐干燥能力低的微生物会被气流吹干致死，且滤膜孔径易堵塞，难以保持稳定的采气量。根据过滤所用材料不同，它有深层过滤和膜式过滤两种采样器，前者是由纤维型或颗粒型介质制成的，采样效率高，但滤材不能直接培养，影响准确性，后者有不溶性滤膜和可溶性滤膜，不溶性滤膜有硝酸纤维素酯或乙酸纤维素酯或其混合物，可直接贴在培养基表面培养，而可溶性滤膜有味精滤膜、明胶滤膜等，采样后溶入水中即可分析。

静电沉着采样器是利用高压静电场，使空气中的微生物粒子带上一定量的电荷后，被带相反电荷的采集面所吸着，而将空气中微生物采集下来。其特点是采集空气标本容量大、浓缩空气倍数高、对小粒子的捕获率高、实用性强（适于空气中微生物浓度很低条件下的采样），能够用于采集空气中的病毒。曾有研究表明，静电场采样比撞击式采样能更好地反映生物气溶胶的生物和物理完整性。

温差迫降采样器是基于粒子的热泳原理，使空气中的微生物粒子沉着于采集面上，设备相对复杂。其特点是：可将采样滤纸片贴于营养琼脂上直接培养；对于低浓度气溶胶，它快速、简单和对粒子的损伤小，但对高浓度气溶胶，存活微生物的回收率低。其缺点有：采气量小，采样时间只能维持5min；采集面需要冷水冷却，使用也不便利。在空气微生物采样方面，此研究仅存在于少数实验室。

生物类采样器即用敏感的动物和植物来进行空气微生物的检测，该法由于动物管理等限制，运用很少。

任何环境生物样品的采集，都期望尽可能地保留生境的原始状态，但单独使用某一种采样器很难做到。不同原理的空气微生物采样器有各自的优缺点，如液体撞击式采样器，其旋转液体方法极大地提高了采样效率，但其采样过程中产生的压力

进气口

抽气口

图16-2　液体撞击式采样器
原理示意简图

可能会对微生物的形态或其生物活性产生影响。空气微生物采样一般要用联合技术才能完成。

3. 空气微生物的分析方法

空气微生物样品的分析研究方法主要包括培养法和非培养法两种研究方法。培养法是传统的微生物研究方法，可以检测能够在培养基上生长的微生物，经培养计数后进行分离纯化，鉴定微生物的种属类别，可大致反映空气中的微生物组成。

非培养法是随着分子生物学的快速发展而发展起来的一种新型研究方法。空气样品采集后不经培养，直接进行检验分析，主要包括显微观察分析法及分子生物学分析法。由于避免了对培养条件的依赖和环境因素的影响，非培养法更适于研究空气中微生物的浓度和存在状态。

显微观察法包括光学显微镜、荧光显微镜、电子扫描显微镜分析和血球计数板等方法。其中利用荧光染料染色后在荧光显微镜下直接计数是获得空气微生物总浓度最常用的方法，常用的染料有吖啶橙和4，6-二脒基-2-苯基吲哚。分子生物学方法主要包括定时定量 PCR、克隆文库构建和 DGGE 等方法。中国农业大学袁红莉课题组的时妍凝利用荧光染色计数结合微生物培养方法研究了北京地区沙尘和雾霾天气时空气中微生物种类和数量的变化，发现沙尘天气发生时，空气中的微生物浓度伴随着可吸入颗粒物（PM_{10}）浓度的升高显著增加，二者显著相关（$r=0.957$，$P<0.01$），且总微生物浓度为同时期非沙尘天气浓度的 5 倍以上。雾霾天气发生时，空气中微生物浓度伴随着空气污染物积累而明显增大，死微生物浓度变化尤其明显。雾霾天气下空气中的微生物浓度高于同年冬季非雾霾天气下的浓度，这些研究成果为我国的空气质量评价及气候评价提供了数据支撑。

下面主要介绍自然沉降法研究空气微生物的实验步骤。

三、实验材料

1. 培养基

1）牛肉膏蛋白胨琼脂培养基（培养细菌）：牛肉膏 5g，蛋白胨 10g，NaCl 5g，琼脂 20g，蒸馏水 1000mL，pH7.2~7.4。

2）高氏一号琼脂培养基（培养放线菌）：可溶性淀粉 20g，KNO_3 1.0g，K_2HPO_4 0.5g，$MgSO_4 \cdot 7H_2O$ 0.5g，NaCl 0.5g，$FeSO_4 \cdot 7H_2O$ 0.01g，琼脂 20g，蒸馏水 1000mL，pH7.2~7.4。

3）查氏培养基（蔗糖硝酸钠培养基，培养霉菌）：蔗糖 30g，K_2HPO_4 1g，KCl 1g，$NaNO_3$ 2g，$MgSO_4 \cdot 7H_2O$ 0.5g，$FeSO_4 \cdot 7H_2O$ 0.01g，蒸馏水 1000mL，pH5.0~6.5。

2. 主要试剂

蛋白胨，牛肉膏，琼脂，NaCl，NaOH，盐酸，可溶性淀粉，蔗糖，KCl，$NaNO_3$，$MgSO_4 \cdot 7H_2O$，$FeSO_4 \cdot 7H_2O$，KNO_3 等。

3. 器材

高压灭菌锅，超净工作台，恒温培养箱，三角瓶，培养皿，酒精灯，无菌水，洗瓶及接种用具等。

四、实验步骤

（一）自然沉降法

1. 平板制备

配制上述培养基，分别高压灭菌备用。冷却至 45～47℃，在超净工作台，各倒若干平板备用。

2. 沉降法取样

取出上述 3 种培养基的各培养皿，在室外打开皿盖，分别暴露于空气中 5min、10min 和 15min。另取出上述 3 种培养基的培养皿若干，根据室内现场大小，选择有代表性的位置设采样点（室内空气采样一般小于 30m² 的居室设 3 点，30m² 以上居室或公共场所应设 5 点，东西南北中各 1 点），距墙 1m 处。营养琼脂平板距地面 1.5m，在同一时间揭开皿盖，分别暴露 5min、10min、15min 后，盖上皿盖。

3. 培养观察

牛肉膏蛋白胨琼脂培养基平板于 37℃，倒置培养 1d；高氏一号琼脂培养基平板和查氏培养基平板，倒置放于 28℃，分别培养 7～10d 和 3～4d，各自计算其菌落数，观察各种菌落的形态、大小、颜色等特征。

4. 结果统计

各自记数 5 个平板菌落总数，结果以 cfu/皿表示；或者记数 5 个平板菌落总数并计算出每立方米空气中所含菌数。

奥梅梁斯基公式：

$$每立方米菌落数（cfu/m^3） = 50\,000N/At$$

式中，N 为培养后平皿上菌落数；A 为平皿面积（cm²）；t 为暴露时间（min）。

根据经验设定：在 100cm² 营养琼脂上暴露 5min 后生长的菌落数相当于 10L 空气中的微生物颗粒。

注意：

1）平皿直径不宜小于 9cm。

2）选择采样点时应尽量避开空调、门窗等气流变化较大之处，选择背风之处，否则影响取样效果，尤其是野外暴露取样时更应注意。

3）采样中打开平皿时，可将皿盖扣置于皿底之下。

4）根据空气污染程度确定暴露时间，空气污浊时，适当降低暴露时间。

（二）采样器采样法

以细菌分析为例，将 4 个细菌培养基平板和采样器带到受试环境，开启采样仪，调好空气流量，根据流量确定采样时间，关上电源。

　　将细菌培养基平板放入采样器中，调好采样时间后立即接通电源。到时间后，取出平皿，并立即盖好皿盖。

　　将平板放于培养箱中37℃倒置培养1d，观察平皿中的菌落并计数菌落数。

　　根据下式计算1m³空气中的细菌数（X）：

$$X（cfu/m^3）= 100N/L$$

式中，X为每立方米的细菌数；N为平皿上的平均菌落数；L为采样空气体积（L）。

五、实验结果

　　1. 根据自然沉降法，记录空气中微生物的种类和相对数量，并分析其主要影响因素。

　　2. 比较不同放置地点空气菌落种类及数量的差异。

　　3. 比较自然沉降法和采样器采样法结果差异。

六、思考题

　　1. 空气微生物的来源及特征是什么？

　　2. 什么是微生物气溶胶？

　　3. 影响空气微生物数量的因素有哪些？

　　4. 空气微生物目前常用的采样方法有哪些？如何选择？

七、参考文献

韩丛聪，李传荣，许景伟，等. 2013. 林地内两种空气微生物采样法效率比较与空气含菌量分布规律研究. 安徽农学通报，19：38-40.

胡伟，胡敏，唐倩，等. 2013. 珠江三角洲地区亚运期间颗粒物污染特征. 环境科学学报，33：1815-1823.

刘效峰，彭林，白慧玲，等. 2013. 焦化厂区环境空气中多环芳烃的气固分布特征. 江苏大学学报，34：228-233.

Guo C, Jing HM, Kong LL, et al. 2013. Effect of East Asian aerosol enrichment on microbial community composition in the South China Sea. J Plankton Res, 35：485-503.

Haas D, Galler H, Luxner J, et al. 2013. The concentrations of culturable microorganisms in relation to particulate matter in urban air. Atmos Environ, 65：215-222.

Li S, Li YL, Zhang L, et al. 2013. Application of real-time polymerase chain reaction (PCR) in detection of microbial aerosols. Environ Forensics, 14：16-19.

实验十七　废气的生物滴滤塔处理

一、实验目的

1. 学习废气的生物处理技术，理解生物法处理废气的原理。
2. 掌握生物滴滤塔处理废气的原理和基本操作。
3. 熟悉生物滴滤塔的特点。

二、实验原理

1. 废气的生物处理

废气处理是环境污染治理工程的一个重要分支。随着现代工业（尤其是化工厂、冶炼厂、印刷厂等）的迅速发展，大量挥发性有机污染物（volatile organic compounds，VOCs）及恶臭气体随之产生并释放，不仅影响正常工农业生产，更严重威胁到人类及其他生物的生存和发展。因此，大气污染防控技术的研究已成为当今国内外环境保护领域的重点和热点之一。

目前的废气处理技术主要有物理化学法和生物法。在 20 世纪 80 年代，德国和荷兰等国家已开始用生物工艺处理挥发性有机物和有毒有害气体，废气生物处理技术逐渐成为被普遍采用的新兴环保技术。与传统的物理化学法（焚烧、吸附、冷凝、吸收）相比，生物法净化有机废气具有安全、处理效果好、投资运行成本低、易于操作管理、无二次污染等优点，尤其在处理低质量浓度（$<3000mg/m^3$）有机废气时显示出明显的优越性。

废气生物净化是在已成熟的采用微生物处理废水的基础上发展起来的，实质上是一种氧化分解过程：附着在多孔、潮湿介质上的活性微生物以废气中有机组分作为其生命活动的能源或养分，转化为简单的无机物（CO_2、H_2O）或细胞组成物质。与废水生物处理过程的最大区别在于，废气中的有机物质首先要经过由气相到液相（或固体表面液膜）的传质过程，然后溶解于液相中的有机成分，在浓度差的推动下，进一步扩散至介质周围的生物膜，进而被其中的微生物捕捉吸收。在此条件下，进入微生物体内的污染物在其自身的代谢过程中作为能源和营养物质被分解，产生的代谢物一部分溶入液相，一部分作为细胞物质或细胞代谢能源，还有一部分（如 CO_2）则析出到空气中。废气中的有机物通过上述过程不断减少，从而被净化。

对于生物法处理废气的机制研究尽管已做了不少工作，但至今仍没有统一理论。目前在世界上公认影响较大的是荷兰学者 Ottengraf 依据传统的双膜理论提出的生物膜理论。按照生物膜理论，生物法净化处理有机废气一般要经历以下几个步骤：

①废气中的污染物首先同水接触并溶解于水中（即由气膜扩散进入液膜）；②溶解于液膜中的污染物在浓度差的推动下进一步扩散到生物膜，然后被其中的微生物捕获并吸收；③进入微生物体内的有机污染物在其自身的代谢过程中，作为能源和营养物质被分解，经生物化学反应最终转化为无害的化合物。

2. 废气生物处理的主要设备

废气治理是大气污染控制过程中的一个重要环节，根据微生物在有机废气处理过程中存在的形式可将处理方法分为生物洗涤法（悬浮态）和生物过滤法（固着态）。生物洗涤法（又称生物吸收法）即微生物及其营养物配料存在于液体中，气体中的有机物通过与悬浮液接触后转移到液体中而被微生物降解；生物过滤法是微生物附着生长于固体介质（填料）上，废气通过由介质构成的固定床层（填料层）被吸附、吸收，最终被微生物降解，较典型的有生物滤池和生物滴滤塔两种形式。因此，废气生物处理的主要设备有生物洗涤器、生物滤池、生物滴滤塔3种形式。

目前开发和应用的生物处理设备即生物滤池、生物滴滤塔、生物洗涤器，实际上也是一种活性污泥处理工艺。人们根据这3套系统的液相运转情况（连续运转或静止）和微生物在液相中的状态（自由分散或固定在载体或填充物上）来区分它们，在化肥厂、污水处理厂等类型的工厂，通常用生物滤池和生物滴滤塔来处理废气，其他类型的工厂，通常用生物洗涤器和生物滤池来处理废气。3种形式各自的技术特点如表17-1所示。

表 17-1　现有 VOCs 废气生物处理技术的特点

种类	优点	缺点
生物洗涤器	反应条件容易控制，污染物转移较快，稳定性好，适用于建立模型	投资和运行费用较高，只能处理易溶于水的 VOCs，传质表面积较低，需要在活性污泥反应池中通入一定量的氧气增加能量消耗
生物滤池	适于处理低浓度恶臭气体，需要的外界营养量较少，易降解难溶于水的 VOCs，运行成本低等	填料容易老化，填料湿度、pH 较难控制，床层容易堵塞等
生物滴滤塔	操作简单，容易调节 pH、温度等条件，易于降解产酸的 VOCs，低压降，填料不易老化，容易考察营养物质对性能的影响等	微生物容易随液相流失，传质表面积低，营养物质添加过量容易造成反应床堵塞等

3. 参与废气生物处理的微生物

微生物是废气生物处理的主要实施者。参与废气生物处理的微生物种类繁多，接种微生物、处理底物和工艺运行条件等因素都会影响到反应器中微生物种群的形成，随着分子生物学的发展，运用分子生态学手段研究废气生物处理过程中的微生物群落组成，也成为废气生物处理的研究重点之一。常见的废气生物处理微生物包括化能自养菌、异养细菌和真菌等类型。这些腐生性微生物依靠滤料提供的理化条件（如水、氧气、无机营养、有机物、pH 和温度等）生存，活性微生物区系的多样性取决于被处理气体的成分，如果废气中所含的化学成分比较有限，微生物区系可能只限于几个，反之，若气体成分复杂，微生物种类也可能会很多。

用于废气生物处理的化能自养菌中，硫氧化菌是硫化物废气处理中常见的类型，主要包括氧化硫硫杆菌（*Thiobacillus thiooxidans*）、排硫硫杆菌（*Thiobacillus thioparus*）、氧化亚铁硫杆菌（*Thiobacillus ferrooxidans*）和脱氮硫杆菌（*Thiobacillus denitrificans*）等，而亚硝酸细菌和硝酸细菌是含氨废气生物处理过程中常见的两类微生物，包括亚硝酸单胞菌属、亚硝酸螺杆菌属、亚硝酸球菌属、硝化杆菌属和硝化球菌属等。异养细菌是废气生物处理中的优势细菌类群，一些常见的用于废气生物处理的异养细菌类群如处理苯的木糖氧化产碱菌（*Alcaligenes xylosoxidans*）、处理苯乙烯的假单胞菌（*Pseudomonas* sp.）、处理正己烷的分枝杆菌（*Mycobacterium* sp.）、处理丙酮的不动杆菌（*Acinetobacter* sp.）、假单胞菌、洋葱伯克霍尔德菌（*Burkholderia cepacia*）等。Giri 等运用球形芽孢杆菌（*Bacillus sphaericus*）有效处理了二甲基硫醚（DMS）；应用于废气生物处理的真菌以青霉（*Penicillium* sp.）、外瓶霉（*Exophiala* sp.）及黑曲霉（*Aspergillus niger*）等为主。另外，足放线病菌属（*Scedosporium* sp.）、拟青霉（*Paecilomyces* sp.）、枝孢霉（*Cladosporium* sp.）和白腐真菌（white-rot fungi）等也有一定应用。

4. 生物滴滤塔

（1）生物滴滤塔的工艺流程

生物滴滤塔（biotrickling filter）是介于生物滤池和生物洗涤器之间的处理工艺，流程如图 17-1 所示。生物滴滤的实质是附着在生物填料介质上的微生物在适宜的环境条件下，利用废气中的污染物作为营养源，维持其生命活动，并将其分解为无害小分子物质如 CO_2 和水的过程。生物滴滤塔是一个含生化反应的多元多相流体流动、传热传质的复杂体系，滴滤塔内的生化反应特性及废气净化性能与流体的多相流动和传输特性密切相关。其主体为一填充容器，内有一层或多层填料，填料表面是由微生物区系形成的几毫米厚的生物膜。含可溶性无机营养液的液体从塔上方均匀地喷洒在填料上，液体自上向下流动，然后由塔底排出并循环利用。有机废气由塔底进入生物滴滤塔，在上升的过程中与湿润的生物膜接触而被净化，净化后的气体由塔顶排出。

滴滤塔集废气的吸收与液相再生于一体，塔内增设了附着微生物的填料，为微生物的生长、有机物的降解提供了条件；启动初期，在循环液中接种了经被试有机物驯化过的微生物菌种，微生物利用溶解于液相中的有机物进行代谢繁殖，并附着于填料表面，形成微生物膜，完成生物挂膜过程；生物膜的工作过程为气相中的有机物和氧气经过传输进入微生物膜被微生物利用，代谢产物再经扩散作用外排。

生物滴滤塔不同于生物滤池之处在于，它要求水流连续地通过有孔的填料，这

净化后气体

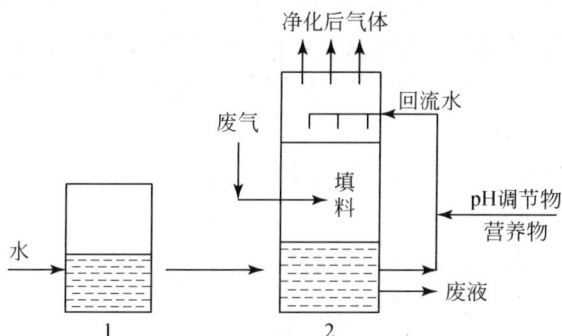

图 17-1　生物滴滤塔流程示意图

1. 贮水槽；2. 生物滴滤过滤器

样可以有效地防止填料干燥，精确地控制营养物浓度和 pH。另外，由于生物滴滤塔底部要建有水池来实现水的循环运行，总体积比生物滤池大，这意味着将有大量的污染物质溶解于液相中，从而提高了比去除率；但生物滴滤塔机械复杂性高，使投资和运行费用增高。因此，生物滴滤塔适用于污染物浓度高、无滤池堵塞、有必要控制 pH 和使用空间有限的地方。

（2）生物滴滤塔的填料与工艺条件

与生物滤池相似，生物滴滤塔所用的填料应具有易于挂膜、不易堵塞、比表面积大等特点。生物滴滤塔使用的多为粗碎石、塑料、陶瓷等一类填料，填料的表面形成几毫米厚的生物膜，填料比表面积一般为 $100 \sim 300 \mathrm{m}^2/\mathrm{m}^3$。填料表面微生物浓度高、生长稳定，在滴滤床中存在一个连续流动的水相，因此整个传质过程涉及气、液、固 3 相。这既为气体提供了大量的空间，又使气体对填料层造成的压力及由微生物生长和生物膜疏松引起的空间堵塞的危险性降到了最低限度。进气方式也分为水、气逆流、并流两种，且废气也应该预先除尘。因此，在生物滴滤塔中，填料除了作为微生物生长的载体外，同时还为气、液、固 3 相提供充分的接触面；填料的性能影响微生物的挂膜、生长和反应器运行时的压力损失，从而影响到生物滴滤塔的效率及费用。

生物滴滤塔还有一个生物滤池不具备的优点，就是其反应条件易于控制，通过调节循环液的 pH、温度，即可控制反应器的 pH 和温度。因此，在处理卤代烃，含硫、含氮等通过微生物降解会产生酸性代谢产物及产能较大的污染物时，生物滴滤塔比生物滤池更有效。

（3）生物滴滤塔的动力学模型

生物滴滤塔中挥发性有机物降解模型的推导也是经过一系列的假设，针对低浓度有机废气提出来的，其降解 VOCs 的近似模型为

$$C_{g0} = C_{gi} \exp \left\{ -\frac{f L k_0 K_h W Z}{Q + J K_h} \right\}$$

式中，C_{g0}、C_{gi}为出口、入口气相有机废气浓度；f 为比例常数；L 为生物膜厚度；k_0 为微生物总表面积与米氏常数的乘积；K_h 为液/固相和气相有机质浓度分配系数；W 为滤塔润周长度；J、Q 为液体、气体流量；Z 为有机废气贯穿的填料高度。

（4）生物滴滤塔的特点

生物滴滤塔通过循环液回流可控制滴滤池水相的 pH，并可在回流液中加入 NH_4NO_3 和 K_2HPO_4 等物质，为微生物提供 N、P 等营养元素。填料表面是由微生物形成的几毫米厚的生物膜，滴滤池中的反应产物能通过冲洗移除，从而避免堵塞和填料层酸化。

生物滴滤塔的特点是：设备少、操作简单，液相和生物相均循环流动，生物膜附着在惰性填料上，压降低，填料不易堵塞，VOCs 去除效率高；但需外加营养物，填料比表面积小，运行成本较高，不适合处理水溶性差的化合物。

（5）生物滴滤塔在废气生物处理中的应用研究进展

近年来，生物滴滤塔处理废气成为废气生物处理研究的重要内容，涉及生物滴滤塔处理废气的微生物生态学研究、功能菌种对特定废气成分的处理研究、废气生物滴滤处理的动力学研究等方面。Sun 等比较了生物滴滤塔接种伯克霍尔德菌（*Burkholderia* sp.）和活性污泥对甲苯处理的影响，并用 PCR-DGGE 方法研究了其微生物群落特征。Yang 等使用活性炭纤维和多面空心球建立生物滴滤床，接种驯化活性污泥以净化含氯苯的废气。López 等利用生物滴滤法以甲基营养酵母（*Candida boidinii*）、红串红球菌（*Rhodococcus erythropolis*）和长喙壳霉（*Ophiostoma stenoceras*）主要功能微生物处理含有甲醇、α-蒎烯和 H_2S 的气体混合物。Cáceres 等利用接种排硫硫杆菌（*Thiobacillus thioparus*）的生物滴滤塔研究了生物处理挥发性硫化合物废气的动力学，表明 H_2S 和甲硫醇对二甲基硫醚和二甲基二硫生物氧化存在抑制作用。

三、实验材料

1. 处理对象
苯、甲苯、二甲苯气体，即三苯气体。

2. 培养基的配制
1）斜面保藏培养基的配制（1000mL）：KH_2PO_4 1.0g，$MgCl_2 \cdot 6H_2O$ 3.34g，蛋白胨 1g，$NaH_2PO_4 \cdot 3H_2O$ 1.0g，葡萄糖 6.0g，琼脂 12.0g，$(NH_4)_2SO_4$ 1.0g，调节 pH 至 7.0。

2）普通培养基的配制（1000mL）：牛肉膏 5.0g，蛋白胨 10.0g，NaCl 5.0g，琼脂 18.0g，调节 pH 至 7.0。

3）选择性无机盐培养基的配制（1000mL）：NaCl 1.0g，$MgSO_4 \cdot 7H_2O$ 0.7g，KCl 0.7g，NH_4Cl 1.0g，KH_2PO_4 2.0g，Na_2HPO_4 3.0g，$FeSO_4 \cdot 7H_2O$ 0.012g，

$MnSO_4 \cdot 7H_2O$ 0.003g, $ZnSO_4 \cdot 7H_2O$ 0.003g, $CaCl_2$ 0.001g, 调节 pH 至 7.0, 高压灭菌后补加污染物质 (三苯), 以其作为唯一碳源, 终浓度为 0.1% (体积分数)。三苯加入前经 0.22μm 孔径的滤膜过滤除菌。

3. 菌种培养及驯化

菌种来源可以是污水处理厂曝气池污泥。菌株的富集参考下述方法。在含有 50mL 选择性无机盐培养基的 250mL 三角瓶中进行, 三苯的含量为 0.1% (体积分数), 接种活性污泥 (注意: 可用硅胶塞外加 3 层塑料薄膜密封瓶口, 以防三苯大量挥发)。培养条件为 28℃, 200r/min。在培养过程中每 4~5d 从培养液中取出 0.5mL 转入 50mL 新鲜的同种培养基中。富集实验共转移 6 次。将最终的富集物梯度稀释、涂平板, 28℃恒温培养箱培养 48h 后, 分离含有不同污染物的选择性无机盐培养基中的单菌, 并测定比较菌株对三苯的降解率。

4. 填料

气体污染物的去除效率与反应器中填料种类、粒径、孔隙率和比表面积等特性直接相关。国内外研究中采用的填料包括海绵、珊瑚石、陶粒和空心塑料小球等。

本生物滴滤塔实验装置流程和操作分析, 参考陈坚等的研究成果。实验选用玻璃钢材质多孔型惰性填料, 填料填装后平均空隙为 10mm。

四、实验步骤

1. 实验装置

实验装置流程如图 17-2 所示, 实验主体采用易于观察的有机玻璃管制成的生物滴滤塔, 塔内径 90mm, 有效容积 7.6L。填料分两层, 每层高 600mm, 中间间隔 100mm, 每个填料层均设有观察孔, 便于观察和进行生物相分析。实验在常温常压下进行, pH6~7。实验采用逆流操作, 添加少量无机盐类的循环液自上向下滴流, 而含有苯、甲苯、二甲苯的三苯气体由下向上流动。液体由高位水槽 12 进入塔内并从塔顶向下喷淋到填料上, 以保证填料湿润, 最后由塔底排出进入循环液槽 10, 再由循环泵 11 打回到高位水槽。三苯气体采用动态法配制, 即由一小气泵 1 向纯三苯瓶 2、3、4 中充入少量空气, 而后这部分带有三苯的气体进入主气道, 并在气体混合瓶 8 中与空气均匀混合, 混合均匀的三苯气体由塔底进入生物滴滤塔, 在上升的过程中与湿润的生物膜接触而被净化, 净化后的气体从塔顶排出。

2. 实验条件与实验范围

控制气体浓度、气体流量和液体流量 3 个主要运行参数, 以考察实验装置的不同状态与处理效率之间的关系, 并确定最大负荷。入口气体质量浓度为苯 0.456~3.189mg/L、甲苯 0.519~3.074mg/L、二甲苯 0.427~3.163mg/L, 气体流量 100~700L/h, 液体流量 10~60L/h, pH6.3~6.9, 温度 12~25℃。

3. 生物滴滤塔的启动与运行

菌种驯化完成后, 将培养好的菌悬液全部接种至循环水池, 进行曝气挂膜。开

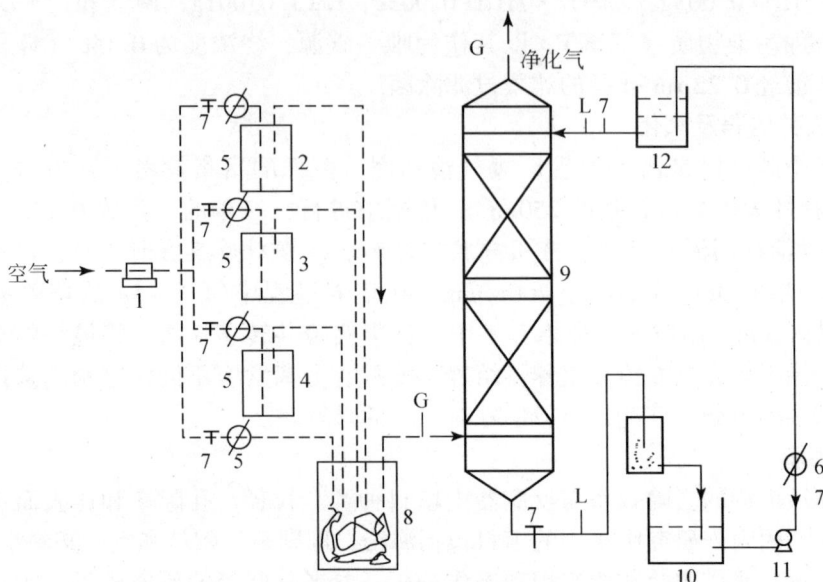

图 17-2　实验装置流程

1. 气泵；2. 纯苯瓶；3. 纯甲苯瓶；4. 纯二甲苯瓶；5. 气体流量计；6. 液体流量计；7. 阀门；
8. 气体混合瓶；9. 生物滴滤塔；10. 循环液槽；11. 循环泵；12. 高位水槽；
G. 气体取样口；L. 液体取样口

启循环水连续喷淋，混合废气送入滴滤塔底部，开始填料的挂膜。在启动阶段，往往通过减小喷淋强度的方式，使填料挂膜快速完成。同时，不断加入含有氮、磷的营养液，为微生物的生长提供养分和湿度环境。经 1～2 周明显观察到滴滤塔内生物载体上有生物膜形成，表明挂膜成功。

五、实验结果

1. 入口气体浓度对净化效果的影响

保持"三苯"气体流量 400L/h（上升流速 62.9m/h），向下流的液体流量 10L/h，改变气体质量浓度，考察入口气体浓度变化对净化效果的影响。做入口气体浓度对净化效果的关系曲线。

2. 气体上升流速对净化效果的影响

保持液体流量为 10L/h，理论 BOD 负荷为 5.8～6.8kg/(m³·d)，改变气体流量，考察气体流量对净化效果的影响。这一阶段气体流量为 100～700L/h（上升流速 $v=15.7～110.1$m/h）。做上升流速对净化效果的曲线图。

3. 液体喷淋量和液体流速对净化效果的影响

保持气体流量为 500L/h（流速 78.6m/h），理论 BOD 负荷为 8.0～8.4kg/(m³·d)，改变液体流量，考察液体流量对净化效果的影响。这一阶段液体流量为 10～60L/h。

做液体流量对净化效果的关系曲线。

六、思考题

1. 废气生物处理的原理和研究进展是什么？
2. 生物滴滤塔处理废气的工艺流程和特点是什么？
3. 分析流体流速对生物滴滤塔废气处理操作的影响及原因。

七、参考文献

陈坚，刘和，李秀芬，等. 2008. 环境微生物实验技术. 北京：化学工业出版社：217-220.

刘建伟，王志良. 2012. 生物滴滤塔处理有机废气的填料选择研究. 环境污染与防治，34（4）：17-21，27.

唐沙颖稼，徐校良，黄琼，等. 2012. 生物法处理有机废气的研究进展. 现代化工，32：29-33.

魏在山，刘小红，孙建良，等. 2012. PCR-DGGE 技术用于处理苯乙烯废气的生物滴滤塔中微生物优势菌种解析. 环境工程学报，6：571-576.

Giri BS, Pandey RA. 2013. Biological treatment of gaseous emissions containing dimethyl sulphide generated from pulp and paper industry. Bioresource Technol, 142：420-427.

López ME, Rene ER, Malhautier L, et al. 2013. One-stage biotrickling filter for the removal of a mixture of volatile pollutants from air: performance and microbial community analysis. Bioresource Technol, 138：245-252.

Sun DF, Li JJ, Xu MY, et al. 2013. Toluene removal efficiency, process robustness, and bacterial diversity of a biotrickling filter inoculated with *Burkholderia* sp. Strain T3. Biotech Bioproc Engineer, 18：125-134.

Yang B, Niu X, Ding C, et al. 2013. Performance of biotrickling filter inoculated with activated sludge for chlorobenzene removal. Procedia Environ Sci, 18：391-396.

第四章 难降解化合物微生物降解实验技术

实验十八 酚降解菌的分离筛选、降解能力的定量测定及菌种鉴定

一、实验目的

1. 理解并掌握酚降解菌的分离筛选方法。
2. 学习酚降解菌对酚降解能力的测定方法。
3. 学习对细菌菌株进行菌种鉴定的基本方法。

二、实验原理

　　苯酚是一类广泛存在于自然界的芳香族化合物。据统计，目前全世界每年生产大约 600 万 t 的苯酚，且呈现出明显的增长趋势。苯酚及其衍生物是很多物质的组成成分，如茶叶、葡萄酒、烟熏食品、化石燃料及烟草的燃烧会释放苯酚。动物粪便、腐殖质中也存在苯酚，苯酚还是苯光氧化的产物。环境中的酚类物质是人为起源或者说是外源性的，因此酚也是一种主要的环境污染物，大多数具有较强的毒性及致癌与致突变作用。然而在当今社会，苯酚在石油炼油厂、气体和焦炉工业、制药、易爆品制造、甲醛树脂生产、塑料和油漆行业及相关的冶金工业等领域都有着非常广泛的应用。资料显示，这些工厂所产生的许多工业废物中酚的浓度高达 10g/L（表 18-1）。含酚废水通常会污染水源和土壤，导致鱼虾死亡，抑制农作物的生长。酚类物质一般都有较好的脂溶性，对人的皮肤黏膜有较强的腐蚀性，可以在人体和动物的脂肪组织内积蓄，从而易于造成长期的危害，还可以作用于中枢神经而引起痉挛，对人类的健康造成严重的威胁。含酚有机物的毒性还在于其只能被少数的微生物分解利用。因此，国内外有关部门相继把苯酚列入有毒污染物名单，并且制定了严格的含酚废水的排放标准，世界卫生组织规定饮用水的含挥发性酚的浓度为 1μg/L，水源水体中含酚最高容许浓度为 2μg/L。

表 18-1　工业废水中的含酚量

工业污染源	酚浓度/（mg/L）
印染厂	0.02 ~ 0.4
制革厂	0.44 ~ 3.5
焦化厂（蒸氨车间）	800 ~ 3 000
焦化厂（焦油车间）	4 000 ~ 10 000
煤气发生站（无烟煤）	10 ~ 1 800
煤气发生站（褐煤）	1 000 ~ 4 000
石油炼制厂（含硫废水）	100 ~ 150
煤炼油厂	3 500 ~ 23 000
合成树脂厂	700 ~ 53 500
苯酚生产厂	12 000 ~ 15 000

　　因此，对于环境中超标的酚类物质进行去除，是保持良好的生态环境、促进可持续发展的必要前提。目前，对酚类废物的处理主要包括物理、化学及生物 3 种方法。其中常用的物理化学法包括臭氧氧化法、吸附法、反渗透法、电解氧化和光催化等，但是物理或化学方法的成本较高，有的过程极为复杂。而生物法则是利用微生物将酚类物质转化或降解成其他无害物质的方法，由于成本较低并且具有将其完全矿化的可能性，酚类物质的生物降解法具有更大的优势。

　　在自然环境中，尤其是在土壤中，存在着大量的可以降解代谢芳香族化合物的微生物，包括细菌、酵母菌和真菌。其中大多数是细菌，许多研究表明一些微生物可以利用苯酚等物质作为碳源而生长。能够利用酚类化合物的微生物报道较多的主要属于农杆菌属（Agrobacterium）、伯克霍尔德菌属（Burkholderia）、不动杆菌属（Acinetobacter）、假单胞菌属（Pseudomonas）、芽孢杆菌属（Bacillus）、克雷伯杆菌属（Klebsiella）、苍白杆菌属（Ochrobactrum）和红环菌属（Rhodococcus）。

　　不同种属的微生物使苯环开环裂解的途径不尽相同，但对苯酚的降解途径主要有两条（图 18-1），一是邻苯二酚-2，3-加氧酶途径，二是邻苯二酚-1，2-加氧酶途径。苯酚首先在羟化酶（反应的关键酶）作用下生成邻苯二酚，苯酚羟化酶是一种依赖于 NADPH 的电子传递蛋白，它传递一个氧原子给苯环从而形成了邻苯二酚，而后通过邻苯二酚-1，2-双加氧酶（C12O）催化的邻位途径开环转化为粘糠酸，或者经由邻苯二酚-2，3-双加氧酶（C23O）催化的间位开环反应转化为 2-羟基粘糠酸半醛（2-HMS），这一反应是微生物降解苯酚的关键限速步骤。大多数芳香族化合物在微生物降解过程中的开环步骤也是由这两种关键酶完成的。代谢产物产生之后会进入生物体主要代谢的循环（如三羧酸循环）进行物质转化与能量传递。

　　综上可知，酚等芳香族化合物结构稳定，是农药、石油及其衍生物、染料等化工产品的前体，并具有强烈的毒性，在环境中残留时间较长，容易造成对环境的严

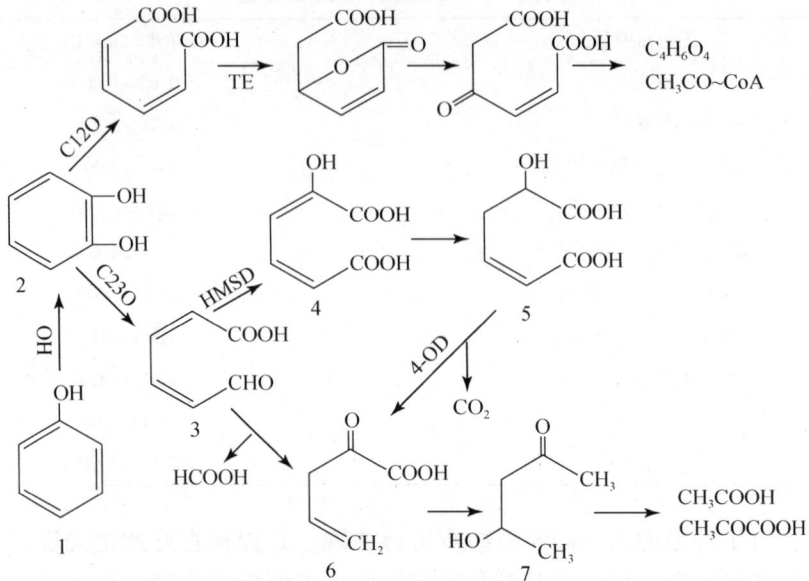

图 18-1　微生物对苯酚的降解途径

1. 苯酚；2. 邻二苯酚；3. 2-羟基粘糠酸半醛；4. 2-羟基粘糠酸；5. α-酮基二乙酸；6. 2-氧代戊乙酸；
7. 乙二酸；HO. 苯酚羟化酶；C23O. 邻苯二酚-2, 3-双加氧酶；C12O. 邻苯二酚-1, 2-双加氧酶；
HMSD. 2-羟基粘糠酸羟化酶；4-OD. 4-氧化代脱羧酶；TE. 顺粘糠酸内酯酶

重污染。自然环境中很多微生物能够以酚类物质作为生长所需的能源、碳源或氮源，从而使这些污染物得以降解，在有机污染物的生物修复方面有很广阔的应用前景。而有目的、有选择性的分离、筛选和鉴定高效的酚降解菌，是有效消除酚类物质污染及治理相关酚类污染物的必要前提和基础。

三、实验材料

1. 培养基

1）富集培养基（1L）：葡萄糖 5.0g，蛋白胨 5.0g，NaCl 5.0g，牛肉膏 3.0g，酚浓度为 100mg/L，pH 约 8.0。

2）筛选基础培养基（1L）：NH_4Cl 10g，NH_4NO_3 4.0g，$K_2HPO_4 \cdot 3H_2O$ 0.2g，KH_2PO_4 0.8g，$MgSO_4 \cdot 7H_2O$ 0.2g，添加 0.1% 的酚作为唯一碳源与能源物质。

3）降解用无机盐培养基（1L）：NaCl 1.0g，$K_2HPO_4 \cdot 3H_2O$ 1.0g，$MgSO_4 \cdot 7H_2O$ 0.4g，NH_4Cl 0.5g，0.1% 的酚作为唯一碳源。

2. 试剂

（1）用于苯酚浓度测定的试剂

1）苯酚标准液：精确称取 1.0g 苯酚溶于蒸馏水中，移入 1L 容量瓶中，稀释至标线，并贮存于棕色瓶中。置冰箱内 4℃保存，可保存一个月。

2）20%氨性氯化铵缓冲溶液：称取 20.0g 氯化铵溶于浓氨水中，用浓氨水定容至 100mL，调节此缓冲液 pH 为 9.8，贮存于具橡皮塞的瓶中，置于冰箱中备用。

3）2% 4-氨基安替比啉溶液：精确称取 4-氨基安替比啉 2.0g 溶于蒸馏水中，并用蒸馏水定容至 100mL，贮存于棕色瓶中，此溶液应现用现配。

4）8% 铁氰化钾溶液：精确称取 8.0g 铁氰化钾溶于蒸馏水中，并定容至 100mL，最好现用现配。

（2）菌种鉴定所需部分试剂

结晶紫染液，卢哥氏碘液，95%乙醇与番红染液（用于革兰氏染色），1%盐酸二甲基对苯撑二胺（用于接触酶检测），3% H_2O_2（用于过氧化氢酶检测），DNA 提取试剂盒，50×TAE 与 EB（0.5mg/L）（用于电泳及 DNA 染色），引物、DNA 聚合酶等 PCR 试剂用于 16S rRNA 基因的扩增。

3. 器材

玻璃珠，无菌水，三角瓶，培养皿，50mL 刻度管，恒温培养箱，摇床，试管，无菌离心瓶，紫外分光光度计，DNA 提取试剂盒，PCR 仪，电泳仪，光学显微镜和扫描电子显微镜等。

四、实验步骤

（一）采样

为了获得对酚有较好降解能力的菌株，分离菌种的样品一般采自酚类物质含量较高的环境。例如，含高浓度酚废水或废水流经的区域所形成的污泥等样品。采样后立即将水样或泥样装进无菌离心管或自封袋中，最好保持在 4℃以下运回实验室，然后及时进行分离。

（二）菌种分离

（1）富集培养

将采集到的样品取 5g 放入装有数粒小玻璃珠的 45mL 含酚浓度为 100mg/L 的富集培养基的三角瓶中，于 150r/min，30℃振荡培养，富集 24~72h。

（2）分离纯化

取经富集培养的菌液，用无菌水依次梯度稀释为 10^{-1}、10^{-2}、10^{-3}、10^{-4}、10^{-5} 与 10^{-6} 的稀释液，然后每个稀释度的稀释液取 0.2mL 涂布于筛选培养基琼脂平板上，倒置放于 30℃的恒温培养箱中培养 2~7d（每个稀释度做 3 个重复），挑取单菌落在新的琼脂平板上划线，分离纯化，直至得到菌株的纯培养。

（3）菌种的保存

将纯化后的单一菌株部分接种至筛选培养基斜面上，4℃保存，供后续的形态观察及生理生化鉴定使用。另一部分菌株接种至新鲜液体筛选培养基试管中，置于

30℃摇床振荡至对数期。取菌液注入无菌甘油管中，使甘油终浓度为20%～30%，–70℃保存备用。

（三）菌株降解酚能力测定

1. 苯酚浓度的测定方法

采用4-氨基安替比啉分光光度法测定苯酚浓度。其原理为：在pH（10.0±0.2）介质中，在铁氰化钾存在时，酚类化合物会与4-氨基安替比啉发生反应，生成橙红色的吲哚酚安替比啉，该物质的水溶液在510nm处有最大吸收峰。

标准曲线的绘制：取一组8支50mL刻度管，分别加入0mL、0.5mL、1.0mL、3.0mL、5.0mL、7.0mL、10.0mL与12.5mL的酚标准液，加水至50mL标线。加0.5mL缓冲液，混匀，此时pH为10.0左右。加4-氨基安替比啉溶液1.0mL，混匀。再加1.0mL铁氰化钾溶液，充分混匀后，静置10min后，以水为空白对照，用分光光度计测定OD_{510}的值。以酚浓度为横坐标，OD_{510}处的吸光度为纵坐标绘制标准曲线。

2. 培养液中苯酚浓度的测定

将分离得到的能够降解酚的菌分别接种到苯酚浓度为500mg/L的无机盐培养液中，分别取0h、24h、48h与96h培养液2mL，以8000r/min离心10min，取上清0.5mL置于50mL的刻度管中，测定培养液中苯酚的浓度（注意：若读数过大则进行适当稀释，使其读数为0.2～0.8）。根据苯酚标准曲线得出相应的苯酚浓度，最后分析数据，判断各个菌株降解苯酚能力的大小。

3. 菌株对苯酚的降解率计算

苯酚降解率=(起始苯酚浓度–培养液苯酚终浓度)/起始苯酚浓度×100%

（四）高效酚降解菌菌株的鉴定

1. 表型及生理生化性质鉴定

菌体表型特征观察通常借助光学显微镜及扫描电子显微镜完成。菌体的革兰氏染色反应、产氧化酶与接触酶特性、碳源利用及产酸情况，以及对大分子化合物的降解等特性鉴定的具体方法均可参考《细菌菌种鉴定手册》（东秀珠著）。

2. 16S rRNA基因系统发育地位分析

DNA的具体提取步骤可按照提取试剂盒提供的步骤进行。引物一般采用通用引物EUB1与EUB2，具体组成如下。

EUB1（*Escherichia coli* position 27～46）：5′- GAG AGT TTG ATC CTG GCT CAG-3′。

EUB2（*Escherichia coli* position 1476～1495）：5′-CTA CGG CTA CCT TGT TAC GA-3′。

PCR扩增体系为：

10×*Taq* 酶反应 Buffer	2.5μL
dNTPs（10mmol/L）	0.5μL
正向引物（12.5pmol/μL）	0.5μL
反向引物（12.5pmol/μL）	0.5μL
Taq 酶（5U/μL）	0.4μL
模板（水煮菌体模板）	1.5μL
加无菌 ddH$_2$O 至反应总体积	25μL

PCR 反应条件：94℃　　　　3min
94℃　　　　45s
58℃　　　　45s　　30 个循环
72℃　　　　2min
72℃　　　　10min
4℃　　　　 维持

PCR 扩增结束后，对 PCR 产物进行琼脂糖凝胶电泳检测。

3. 序列分析

将所测定的酚降解菌株的 16S rRNA 基因序列输入生物技术信息网页 http：//www. ncbi. nlm. nih. gov/ 进行序列分析，采用 BLAST 软件对序列进行同源性比较，还可以利用 Clustal W 与 MEGA 3.1 等软件进行多重序列比对，构建包含高效菌株的系统发育树，以确定目标菌株的系统发育地位（序列分析所涉及的参比菌株的基因序列可从 GenBank 上下载获得）。

五、实验结果

1. 记录不同酚降解菌的菌落特征、生理生化特征及系统发育地位鉴定结果。
2. 计算不同菌株对酚的降解率，比较酚降解菌能力的差别。
3. 绘制酚降解菌株的系统发育树。

六、思考题

1. 试设计一套从环境样品中分离筛选一株对芳香族化合物降解能力较好的菌株的方案。
2. 若要将降解能力较好的菌株应用于实际，菌株最好具有哪些特点？
3. 若需要了解菌株对酚的降解产物，应采用哪些方法进行检测？

七、参考文献

东秀珠，蔡妙英 . 2001. 常见细菌系统鉴定手册 . 北京：科学出版社 .

王兰，王忠 . 2009. 环境微生物学实验方法与技术 . 北京：化学工业出版社 .

Arutchelvan V, Kanakasabai V, Nagarajan S, et al. 2005. Isolation and identification of novel high strengthphenol degrading bacterial strains from phenol- formaldehyde resin manufacturing industrial wastewater. J Hazard Mater, 127: 238-243.

Rehfuss M, Urban J. 2005. *Alcaligenes faecalis* subsp. *phenolicus* subsp. nov. a phenol-degrading, denitrifying bacterium isolated from a graywater bioprocessor. Syst Appl Microbiol, 28: 421-429.

Stephen TLT, Benjamin YPM, Abdul MM, et al. 2005. Comparing activated sludge and aerobic granules as microbial inocula for phenol biodegradation. Appl Microbiol Biotechnol, 67: 708-713.

实验十九 木质素降解菌的分离纯化及木质素酶活性测定

一、实验目的

1. 了解木质素降解的意义。
2. 学习木质素降解菌分离、纯化的原理及方法。
3. 掌握木质素酶活性测定的原理及方法。

二、实验原理

1. 木质素的结构

木质素是自然界中仅次于纤维素的第二大类天然芳香聚合物，最早发现于19世纪30年代，由于木质素的结构复杂，目前对于其结构还没有最终阐明。一般认为木质素是由苯丙烷结构单元组成的复杂的、近似球状的芳香族高聚体（图19-1），由对羟基肉桂醇（phydroxycinnamylalcohols）脱氢聚合而成。由于分子大（相对分子质量大于$1.0×10^5$），溶解性差，没有任何规则的重复单元或易被水解的键，木质素分子结构复杂而不规则。微生物及其分解的胞外酶不易与之结合，并且对酶的水解作用呈抗性，是目前公认的微生物难降解的芳香族化合物之一。

2. 木质素的降解酶及微生物

现在的研究认为，白腐菌在木质素的降解中起主要的作用。研究最多的白腐菌有黄孢原毛平革菌（*Phanerochaete chrysosporium*）、彩绒革盖菌、变色栓菌、射脉菌、凤尾菇和朱红密孔菌等。黄孢原毛平革菌是木质素降解研究的代表菌种，目前木质素降解机制研究的主要成果都来自于该菌。白腐菌降解木质素的过程如图19-2所示，某些步骤现在还不清楚。

木质素的分解是一个氧化过程，需要多种酶的协同作用。木质素降解酶主要有3种：木质素过氧化物酶（lignin peroxidases，LiP）、锰过氧化物酶（manganese perxidases，MnP）和漆酶（laccase，Lac），但并不是每种菌都能产生这3种酶。除此之外，还有芳醇氧化酶（aryl- alcohol oxidase，AAO）、乙二醛氧化酶（gyoxaloxidase，

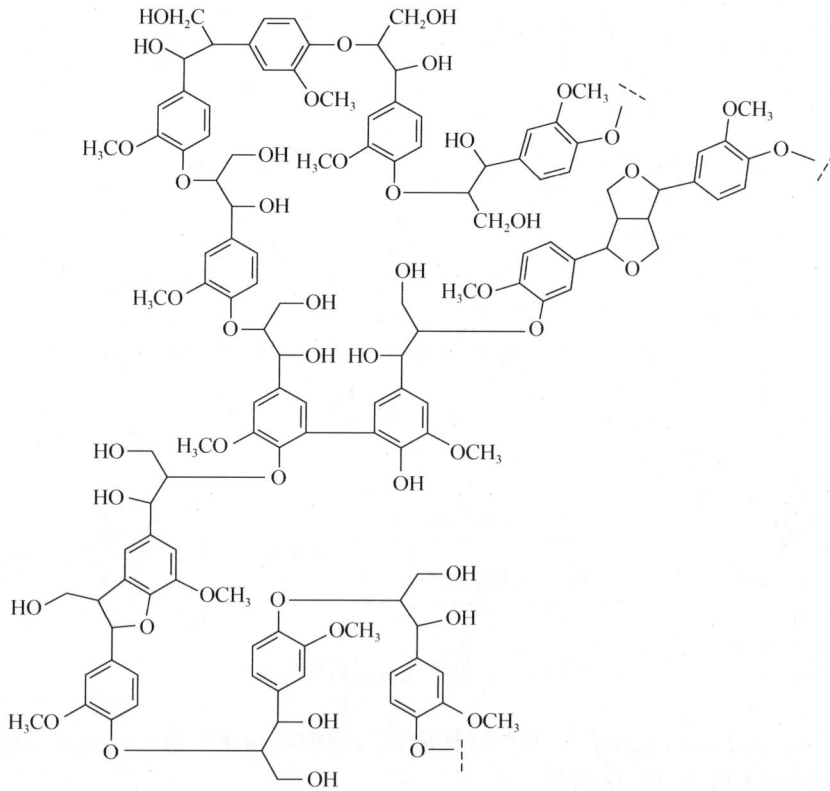

图19-1　裸子植物的木质素结构

被子植物的木质素结构与之类似，苯基单元上含甲氧基

GLOX）、葡萄糖氧化酶（glucose oxidase）、酚氧化酶、过氧化氢酶等也都参与了木质素的降解或对其降解产生一定的影响。另外，细菌能产生两类新的酶：阿魏酸酯酶和对香豆酸酯酶。这两种酶作用于木质纤维素物质可产生阿魏酸和对香豆酸。这两类酶与木聚糖酶协同作用分解半纤维素–木质素接合体，但不矿化木质素。

　　木质素过氧化物酶（LiP，EC1.11.1.14）主要分离自一些白腐菌，最早在 *P. chrysosporium* 中发现。LiP 的反应机制和氧化特性与其他的过氧化物酶类似，已经研究得比较清楚。在大部分真菌中，LiP 存在一系列由不同基因编码的同工酶，是以血红素为辅基（含铁原卟啉Ⅸ）的糖蛋白，催化反应需要 H_2O_2 参与。它的分子质量为 38～43kDa，pI 为 3.3～4.7。底物范围比较广，可以氧化酚类或非酚类的芳香族化合物，前者经去一个电子氧化后生成苯氧自由基。LiP 不但可以氧化木质素和木质素模型物，并且可氧化一大类其他的有机复合物，独特之处是能直接氧化具有高氧化还原电势的甲基氧和非酚类的芳香族化合物。在其他一些担子菌如脉射菌（*Phlebia radiata*）、杂色云芝（*Trametes versicolor*）、烟管菌（*Bjerkandera adusta*）、刚

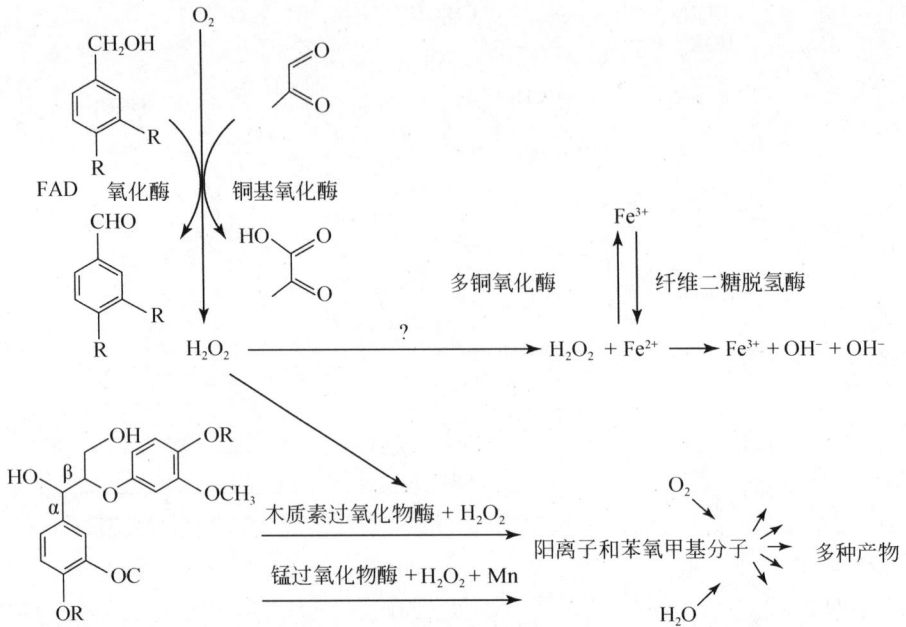

图 19-2 白腐菌降解木质素的过程

愦伞菌（*Nematoloma frowardii*）和革兰氏阳性菌绿孢链霉菌（*Streptomyces viridosporus*）T7A 中也发现木质素过氧化物酶。

锰过氧化物酶（MnP, EC1.11.1.13），分子结构与 LiP 相似，也是代表一系列带有糖基的胞外过氧化物酶。其分子质量为 45～60kDa，存在于大多数白腐菌中，因二者都含有血红素，又称血红素过氧化物酶。MnP 的主要产生菌是一些白腐真菌，多属担子菌亚门，无隔担子菌亚纲，无褶菌目的多孔菌科。MnP 可以氧化 Mn（Ⅱ）生成 Mn（Ⅲ）。MnP 的催化裂解循环同 LiP 相似，然而还原反应有其明显的特征，即需要 Mn^{2+} 作为电子供体。MnPⅠ和 MnPⅡ被 Mn^{2+} 还原，同时 Mn^{2+} 被氧化为 Mn^{3+}，Mn^{3+} 通过螯合作用与有机酸（如草酸、丙二酸、苹果酸、酒石酸、乳酸）结合而变成稳定的高氧化还原电势，螯合的 Mn^{3+} 作为可扩散的氧化还原介质氧化苯酚、一些甲氧基芳香族化合物、硝基/氯代芳香族化合物和有机酸。添加合适的介质如硫醇、脂、不饱和脂肪酸及其衍生物可以提高 MnP 体系的氧化能力，使得 MnP 可以切断原先不能切断的化合键（如非酚类的芳基醚、某些多环的芳香族碳氢化合物）。

漆酶也是能有效降解木质纤维素的一种生物酶，1883 年由 Yoshida 首次在生漆中发现。漆酶大多分布在担子菌、多孔菌、柄孢壳菌等微生物中，近来，人们发现一些细菌也能产生漆酶，但主要高产菌还是白腐真菌。漆酶的分子质量为 64～390kDa，一般是单一多肽；由约 500 个氨基酸组成。不同种类的漆酶含铜数并不相同，一般含有 4 个铜离子，根据光谱和磁性特征可分为 3 类：Ⅰ 型 Cu^{2+} 一个，单电子受体，顺磁性，蓝色，波长 614nm 处有特征吸收峰；Ⅱ 型 Cu^{2+} 一个，单电子受体，顺磁性，非蓝色，无特征吸收光谱；Ⅲ 型 Cu_2^{4+} 两个，双电子受体，反磁性，是偶合的离子对（$Cu^{2+}\text{-}Cu^{2+}$），波长 330nm 处有宽的吸收带。漆酶的三维结构尚不清晰，但已证实铜离子位于酶的活性部位，在催化氧化过程中起决定性作用。

自然界参与降解木质素的微生物种类有真菌、放线菌和细菌（表 19-1）。其中只有真菌能把木质素彻底降解为 CO_2 和水。降解木质素的真菌根据腐朽类型主要分为 3 类：白腐菌、褐腐菌和软腐菌。白腐菌——使木材呈白色腐朽的真菌，褐腐菌——使木材呈褐色腐朽的真菌。前两者属担子菌纲，软腐菌属半知菌类。白腐菌在侵蚀木质材料中纤维素的同时，也攻击木质素成分，并在木质材料中形成白色腐朽，在白腐菌菌丝下细胞壁会被分解出一条沟槽，它可按细胞腔-S3-S2-S1-复合胞间层的顺序逐渐分解纤维素、半纤维素和木质素。褐腐菌主要对纤维素起作用而对木质素影响很少，而软腐菌降解多聚糖的作用优于对木质素的降解作用，它能够使木材变软失重，软腐木材干燥后为褐色，有裂缝，质量减轻，机械强度减弱。大多数软腐菌还可以从细胞腔向复合胞间层产生腐蚀。

降解木质素的细菌中放线菌类降解能力较强，包括链霉菌、节杆菌、小单胞菌和诺卡菌等。放线菌对木质素的主要作用是在降解过程中可以增加它的水溶性。其中属于链霉菌的丝状细菌降解木质素最高可达 20%。

细菌中的非丝状细菌，在一定程度上也能引起木质素的降解，但少有人注意它们。20 世纪五六十年代证实木材腐朽与细菌相关，到八九十年代的研究工作表明细菌可代谢杨木二氧己烷木质素、低分子质量的磺化木质素（Iignosulfonates）及 Kraft 木质素片段。细菌能在一定程度上使木质素结构发生改性，成为水溶性的聚合产物，很少矿化木质素产生 CO_2。例如，在加有纯的木质素的土壤中细菌能繁殖，并且它们的种群能够引起该分子的缓慢降解。其中起作用的微生物主要有厌氧梭菌（*Clostridium* sp.）、不动杆菌属（*Acinetobacter*）、黄杆菌属（*Flavobacterium*）、微球菌属（*Micrococcus*）、假单胞菌属（*Pseudomonas*）、双芽孢杆菌属（*Amphibacillus*）、黄单胞菌属（*Xanthomonas*）和枝动杆菌属（*Mycoplana*）中的一些菌株，还有黏膜炎布兰汉氏球菌（*Branhamella catarrhalis*）、环丝菌（*Brochothrix* sp.）、坚强芽孢杆菌（*Bacillus firmus*）等。

通常非丝状细菌木质素降解率小于 10%，只能降解木质素低分子质量部分和木质素的降解产物。因此，它们可能在木质素降解的最后阶段起作用。另外，细菌在木质素降解过程中主要起着间接的作用，即细菌与软腐菌协作使木质素易于受到真菌的攻击，且可去除对腐朽真菌有毒性的物质。

表 19-1　降解木质素的微生物（王靖和刘洁丽，2008）

种类	名称	降解能力
放线菌	链霉菌（*Streptomyces*）	较强
	节杆菌（*Arthrobacter*）	
	小单胞菌（*Micromonospora*）	
	诺卡菌（*Nocardia*）	
	高温放线菌属（*Thermoactinomyces*）	
	褐色高温单胞菌（*Thermomonospora fusca*）	
非丝状细菌	不动杆菌属（*Acinetobacter* sp.）	比较弱
	黄杆菌属（*Flavobacterium* sp.）	
	微球菌属（*Micrococcus* sp.）	
	假单胞菌属（*Pseudomonas* sp.）	
	黄单胞菌属（*Xanthomonas* sp.）	
木腐菌	白腐菌（white-rot fungi）	较强
	褐腐菌（brown-rot fungi）	
	软腐菌（soft-rot fungi）	

　　利用特定的颜色反应能够判断一个菌株是否具有木质素降解能力。微生物若分泌木质素降解酶，就能与培养基中的指示剂愈创木酚发生反应，产生褐色的变色圈，这是筛选木质素降解菌的有效方法。但是该方法仅是一个定性的检测方法，必须经过酶活力测定来进行定量验证。在进行定量检测时，木质素过氧化物酶可以催化 H_2O_2 氧化 Azure-B 这种染料，使其 OD_{651} 降低。锰过氧化物酶可以催化 H_2O_2 氧化 Mn^{2+} 生成 Mn^{3+}，通过检测 OD_{240} 可以计算其活性。漆酶则通常以 2，2′-连氮-双（3-乙基苯并噻唑-6-磺酸）（ABTS）为底物进行检测，在 OD_{420} 处具有最大吸收峰。

3. 木质素生物降解的意义

　　木质纤维素类物质降解的主要瓶颈是木质素可保护纤维素和半纤维素免受破坏，由于缺乏低成本降解木质素的核心技术，限制了木质纤维素类生物质资源的广泛利用和作为替代能源的可行性。目前这方面研究的关键问题主要包括：①一般木质素降解真菌分泌木质素降解酶的同时，也会分泌纤维素降解酶和半纤维素降解酶，损失纤维素原料；②木质素降解真菌生长周期长，木质素降解酶活比较低，同时分泌纤维素酶和半纤维素酶降解纤维素和半纤维素，因此急需研究木质素降解菌降解木质纤维素的动态过程，掌握各种成分的降解规律，以便控制木质纤维素的降解程度，达到对木质素最大程度的降解而尽可能保存纤维素和半纤维素；③利用基因工程手段构建只分泌木质素降解酶的高产工程菌株。

三、实验材料

1. 培养基

1）GU-PDA 平板培养基：先制作 PDA 培养基，其制作方法为取去皮土豆200g，切成 1cm 左右小块，加入 1L 蒸馏水，文火煮 30min，冷却后用纱布过滤，滤液中加入葡萄糖 20g，KH_2PO_4 3g，$MgSO_4$ 1.5g，琼脂 15～20g 和微量维生素 B1，加热溶解，定容至 1000mL，调节 pH 为 6.5。115℃灭菌 30min 后，冷却至 60℃，加入过滤除菌的愈创木酚–乙醇溶液，使愈创木酚的最终浓度为 4mmol/L，倒平板。

2）液体产酶培养基（g/L）：酒石酸铵 0.2，葡萄糖 10，KH_2PO_4 2，$MgSO_4$·$7H_2O$ 0.5，$CaCl_2$ 0.1，10mL 微量元素溶液，0.5mL 维生素溶液，加入 DMS（2，2-丁二酸二甲酯）至终浓度为 20mmol/L，pH4.5。

微量元素溶液（g/L）：氨基三乙酸 1.5，$MgSO_4$·$7H_2O$ 3.0，$MnSO_4$ 0.5，NaCl 1.0，$FeSO_4$·$7H_2O$ 0.1，$CoSO_4$ 0.1，$CaCl_2$ 0.082，$ZnSO_4$ 0.1，$CuSO_4$·$5H_2O$ 0.01，$KAl(SO_4)_2$ 0.01，H_3BO_3 0.01，Na_2MoO_4 0.01。

维生素溶液（mg/L）：生物素 2，叶酸 2，盐酸硫胺素（维生素 B1）5，核黄素（维生素 B2）5，维生素 B6 盐酸盐 10，维生素 B12 0.1，烟酸 5，DL-泛酸钙 5，对氨基苯甲酸 5，硫辛酸 5。

以上培养基均在 115℃ 下灭菌 30min。

3）0.125mol/L 柠檬酸缓冲液（pH3.0）：0.125mol/L 柠檬酸溶液为 1L 溶液中含 26.27g 柠檬酸，0.125mol/L 柠檬酸钠溶液为 1L 溶液中含 36.76g 柠檬酸钠，将柠檬酸钠溶液缓缓加入柠檬酸溶液中，不断搅拌，用 pH 计测定，直至 pH 为 3.0。

4）0.160mmol/L Azure-B 溶液：1L 溶液中含 48.9g Azure-B。

5）2mmol/L H_2O_2 溶液：1L 中含有 30% 双氧水（8.82mol/L）0.23mL。

6）0.05mol/L 乙酸缓冲液（pH4.5）：0.05mol/L 乙酸溶液为 1L 溶液中含冰醋酸（17.5mol/L）2.86mL，0.05mol/L 乙酸钠溶液为 1L 溶液中含 4.1g 乙酸钠，将乙酸钠溶液缓缓加入乙酸溶液中，不断搅拌，用 pH 计测定，直至 pH 为 4.5。

7）1.6mmol/L $MnSO_4$ 溶液：1L 中含有 0.24g $MnSO_4$。

8）含 0.5mmol/L ABTS 的 0.1mol/L 乙酸缓冲液（pH5.0）：0.1mol/L 乙酸溶液为 1L 溶液中含冰醋酸（17.5mol/L）5.72mL，0.1mol/L 乙酸钠溶液为 1L 溶液中含 8.2g 乙酸钠，将乙酸钠溶液缓缓加入乙酸溶液中，不断搅拌，用 pH 计测定，直至 pH 为 5.0，称取 0.027g ABTS 溶于 100mL 0.1mol/L 乙酸缓冲液中。

2. 器材

恒温培养箱，紫外/可见分光光度计，恒温水浴锅，超净工作台，高压蒸汽灭菌锅，电子分析天平，离心机，无菌移液管，三角瓶，琉璃珠，无菌打孔器。

四、实验步骤

1. 样本采取

采用来自于森林、公园的腐土和朽木样品，4℃保存。

2. 菌株分离纯化

分别称取 5g 样品捣碎后，加入到装有 50mL 0.9% 生理盐水和少量玻璃珠并经高压灭菌后的三角瓶中，振荡均匀后，进行逐级梯度稀释。取 0.1 ~ 0.2mL 经适当梯度稀释的样品溶液涂布于 GU-PDA 分离平板上，于 28℃培养 4 ~ 5d。

观察，挑取菌落周围产生褐色变色圈的菌落，划线培养于分离平板上，并通过反复平板划线进行分离纯化直至获得纯菌株；然后将纯菌株接种到 GU-PDA 斜面培养基上，于 28℃下恒温培养 4d 后，放入 4℃冰箱保存备用（注意：对于白腐菌来说，变色圈的形成有两种方式，一种是变色圈在菌丝的外圈形成，另一种是变色圈在菌丝的内圈形成，均应挑取）。

3. 菌株复筛

从斜面培养基上将初筛产生变色圈的菌种接种到 GU-PDA 培养基平板上，于 28℃ 恒温培养数天，直到获得大量成熟孢子；打下直径 1cm 的菌塞接入装有 30mL 液体产酶培养基的 150mL 三角瓶中，于 28℃恒温静止培养 7d，取样测定发酵液中的酶活力，平行操作 3 次，取平均值（注意：此步也可以进行振荡培养，但应该根据预实验的结果进行选择）。

4. 各种木质素酶活力的测定

（1）粗酶液的制备

发酵液于 5000r/min 下离心 15min 后的上清液即粗酶液（注意：粗酶液应透明）。

（2）木质素过氧化物酶活力的测定

以在 H_2O_2 存在下氧化 Azure-B 染料的脱色情况来表示 LiP 的活力。其方法为：0.125mol/L 柠檬酸缓冲液（pH3.0）1mL，0.160mmol/L Azure-B 溶液 0.5mL，粗酶液 0.5mL，在 30℃下加入 2mmol/L H_2O_2 溶液 0.5mL 启动反应，测反应最初 3min 内在 651nm 处 OD 的减小速率。以每 1min 每 1mL 粗酶液降低 0.1 个 OD 的酶量为 1 个酶活力单位（注意：若 OD 变化不明显，可适当增加粗酶液用量。下同）。

（3）锰过氧化物酶（MnP）活力的测定

0.05mol/L 乙酸缓冲液（pH4.5）3.42mL，1.6mmol/L $MnSO_4$ 溶液 0.1mL，0.4mL 粗酶液，预热至 37℃后加入 2mmol/L H_2O_2 溶液 0.08mL 启动反应，测反应最初 3min 内在 240nm 处的吸光度变化。以 1min 内生成 1μmol 产物的量定义为 1 个酶活力单位。

（4）漆酶活力的测定

含 0.5mmol/L ABTS 的 0.1mol/L 乙酸缓冲液（pH5.0）2mL，加入 1mL 粗酶液后启动反应，测定在 420nm 处吸光度的变化。以 1min 内生成 1μmol 产物的量定义为 1 个酶活力单位（注意：ABTS 极易被氧化，溶液应该现用现配）。

五、实验结果

1. 记录实验产生变色圈的菌株数量、菌落形态。

2. 记录酶活测定结果，填表 19-2。

表 19-2　酶活测定结果

菌株编号	木质素过氧化物酶/(U/mL)	锰过氧化物酶/(U/mL)	漆酶/(U/mL)
1			
2			
3			
4			
...			

六、思考题

1. 木质素酶活定量检测时，是否应该设置空白对照？
2. 木质素酶活定量检测时为什么要测定反应最初几分钟内的 OD 变化？
3. 在实际生产过程中如何避免纤维素酶的作用同时增加木质素酶的降解效果？

七、参考文献

王靖，刘洁丽 . 2008. 木质纤维素降解菌及其降解途径研究进展 . 生物产业技术，3：87-89.

燕红，苏俊，于彩莲，等 . 2011. 高效木质素降解菌株的分离筛选 . 浙江大学学报，37（3）：259-262.

Brown SA. 1961. The chemistry of lignin. Science，11：38.

Dong XQ，Yang JS，Zhu N，et al. 2013. Sugarcane bagasse degradation and characterization of three white-rot fungi. Bioresource Technol，131：443-451.

Tien M，Kiek TK. 1984. Lignin-degrading enzyme from *Phanerochaete chrysosporium*：purification，characterization，and catalytic properties of a unique H_2O_2-requring oxygenase. Proc Natl Acad Sci USA，81：2280-2284.

Yang JS，Ni JR，Yuan HL，et al. 2007. Biodegradation of three different wood chips by *Pseudomonas* sp. PKE117. International Biodeterioration and Biodegradation，60：90-95.

实验二十　半纤维素降解菌的分离筛选及木聚糖酶活性检测

一、实验目的

1. 学习半纤维素降解菌菌株分离筛选的基本方法。
2. 了解半纤维素的提取方法。
3. 学习木聚糖酶活性的检测方法。

二、实验原理

我国是农业大国，农作物秸秆产量大、分布广、种类多，长期以来一直是农民生活和农业发展的宝贵资源。据调查统计，2010 年秸秆可收集量约为 7 亿 t，其中 13 个粮食主产区约为 5 亿 t，约占全国总量的 71%。秸秆主要用于造肥和机械化还田、饲料、工业原料、农村的炊事、取暖材料等。近些年来，科学家们不断探索有效利用秸秆废弃物的方式。其中，将秸秆还田或用于堆制肥料，不但充分利用了资源、减少了污染，还能增加土壤有机质，使土壤肥力提高，利于作物生长，因此备受关注。但秸秆直接还田后在土壤中分解转化的周期长，难以作为当季作物的肥源。而制约秸秆分解的关键问题是由于秸秆含有大量难以分解的木质素、纤维素和半纤维素，其中半纤维素占植物干重的 35%，在自然界中含量仅次于纤维素。半纤维素通过化学键与木质素连接，包裹在纤维之外，将木质素和纤维素紧紧拉在一起，形成难分解的木质纤维素。半纤维素的快速分解是整个秸秆分解进程中至关重要的环节。

半纤维素是指除纤维素、果胶质和淀粉外的全部碳水化合物，它是由各种五碳糖、六碳糖及糖醛酸组成的大分子聚合物。结构上可分为仅含一种单糖如木聚糖、半乳聚糖、甘露聚糖等的同聚糖和由多种单糖或糖醛酸同时存在的异聚糖两类。组分中各五碳糖、六碳糖之间可以以共价键、氢键、醚键和酯键连接，它们与伸展蛋白、其他结构蛋白、壁酶、纤维素和果胶等构成具有一定硬度和弹性的细胞壁，因而呈现稳定的化学结构。各种植物纤维原料的半纤维素含量及其结构各不相同，同一植物原料的半纤维素一般也会有多种结构。针叶材含 15%~20% 半纤维素，阔叶材和禾本科草类含 15%~35% 半纤维素，但其分布因植物种属、成熟程度、早晚材、细胞类型及其形态学部位的不同而有很大差异。例如，针叶材的主要半纤维素是聚半乳糖葡萄甘露糖类，而阔叶材和禾本科草类的却是聚木糖类；针、阔叶材的射线细胞比管胞细胞和纤维细胞含较多的聚木糖类；在针叶材细胞次生壁的中层，聚木糖类含量最低，在次生壁外和内层却较高，而聚半乳糖葡萄甘露糖类的分布则恰恰相反。

半纤维素具有亲水性能，这将造成细胞壁的润胀，可赋予纤维弹性。在纸页成型过程中有利于纤维构造和纤维间的结合力。因此，纸浆中保留或加入半纤维素有利于打浆，使纤维精磨而不是被切断，降低打浆能耗，得到理想的纸浆强度。

从生物质中分离半纤维素的方法主要采用物理法或化学法破坏半纤维素与纤维素之间的氢键，以及破坏半纤维素与木质素之间的醚键或酯键等共价键，使半纤维素溶出。

物理方法主要包括以下几种。①蒸汽爆破法。植物纤维先在高温高压和水蒸气作用下处理，然后突然将高压释放，此时存在于植物纤维孔隙间的气体急剧膨胀，产生爆破效果，半纤维素会部分降解，同时原料也会胀裂为细小纤维态。②热水抽提法。水在高温和压力下具有很多物理化学性质。在超临界状态下，水较高的介电常数可以增加离子反应，适合许多合成或降解反应。有研究表明，热水可以完全溶解完整生物质中的半纤维素，但是完全脱除生物质中半纤维素的热水预处理的温度较高，纤维素的降解也会比较严重，如果降低温度，半纤维素的抽提得率又会降低。③微波法。它是半纤维素预提取手段中耗时最短的一种方法，处理时间为几分钟到十几分钟。不过该方法一般作为一种辅助提取方法使用，如微波辅助热水预处理生物质以提取半纤维素。研究表明，微波使半纤维素的得率提高，反应总时间降低，生物质表面发生明显变化。④超声波法。与微波法类似，超声波法也是一种辅助预处理技术，它具有产生强烈的振动、空化、搅拌及促进传质等作用。超声波空化时产生的极大压力和局部高温可以使细胞壁的通透性提高，甚至造成细胞壁及整个生物体破裂，而且整个破裂过程在瞬间完成，从而使细胞中的有效成分得以快速释放，直接与溶剂接触并溶解在其中。

　　化学方法主要包括以下几种。①稀酸水解法。半纤维素很容易在酸性条件下降解，故稀酸水解法已成为一种比较成熟的预提取半纤维素的技术。H_2SO_4、HCl、HF、H_3PO_4、HNO_3 和 CH_3COOH 是常用的酸。酸可以破坏半纤维素与纤维素之间的连接键，由于半纤维素上的连接键比纤维素的弱，半纤维素的稀酸水解不会对纤维素产生破坏，生物质经水解后可以得到由纤维素和木质素组成的固体残渣，可以被进一步利用。稀酸预水解的酸浓度一般为 0.4% ~ 2%（m/V），温度为 130 ~ 220℃，时间为几分钟到几小时。提高酸浓度和温度都会加快水解速度，但是也会产生一些不良反应。②碱水解法。半纤维素的分离一般是利用不同浓度的碱液与某些助剂的共同作用，将不同的聚糖抽提出来。碱液可以分别削弱皂化纤维素与半纤维素之间的氢键、半纤维素与木质素之间的酯键，从而将半纤维素释放到溶液中，常用的碱是 NaOH 和 KOH。③有机溶剂法。二甲基亚砜是一种常用的有机溶剂。在用碱液抽提分离半纤维素时，其中的乙酰基会被脱除，而乙酰基是细胞壁中重要的功能性基团，二甲基亚砜抽提可以避免乙酰基的脱除，使分离的半纤维素更接近原本结构，进而利于更好地研究半纤维素。有机溶剂提取具有一般的酸、碱不可比拟的优点。例如，生物质经有机溶剂处理后，回收的半纤维素纯度高、活性好。但是大多数的有机溶剂都有毒，易造成环境污染，不适于大规模应用。

　　能够降解半纤维素的微生物很多，一般在植物残留物上能够生长的微生物都可以合成降解半纤维素的水解酶。已知可产半纤维素酶的微生物有几十个属，100 多种，其中包括细菌、放线菌、各类真菌等。实际上大多细菌和真菌都能够产胞外木聚糖酶，从而作用于半纤维素类物质，释放木糖，为异养型微生物提供营养物质。大多数具有纤维素分解能力的微生物如瑞氏木霉（*Trichoderma reesei*）、绿色木霉（*Trichoderma viride*）和康氏木霉（*Trichoderma koningii*）等在降解纤维素的同时也都能够降解半纤维素，并有较好的胞外酶活性。但很多分解半纤维素的微生物，尤其是细菌和放线菌，由于只具有内切葡聚糖酶而缺少外切葡聚糖酶的功能，因而对纤维素的分解能力较弱。酵母菌中的丝孢酵母（*Trichosporon*）、隐球酵母（*Cryptococcus*）等也能分泌半纤维素降解酶，甚至某些原生动物和藻类也具备这种能力。胞外半纤维素酶活较好的微生物主要有曲霉、枯草芽孢杆菌及厌氧菌中的梭状芽孢杆菌。

木聚糖是植物半纤维素的重要组分，是一种高度异构的杂聚糖，很难被分解，秸秆中大部分木聚糖未被有效利用，造成了极大的资源浪费和环境污染。木聚糖的主链由 β-D-吡喃木糖残基经 β-1，4-糖苷键连接，富含于阔叶树和大多数一年生植物体内，不同来源木聚糖有不同的侧链取代基。自然界存在的木聚糖形式多样，结构变化非常大，且多为异型多糖，如木糖残基的 C-2 位、C-3 位上可以发生部分或完全乙酰化，或者通过 α-1，3-糖苷键与 α-L-呋喃型阿拉伯糖残基相连。C-2 位也可通过 α-1，2-糖苷键与 4-*O*-甲基葡萄糖醛酸残基相连。此外，在木聚糖中还有少量通过 L-阿拉伯糖残基的 C-5 连接的阿魏酸（ferulic acid）和香豆酸（p-coumaric acid）。在少数情况下，木糖或聚合的阿拉伯糖也可作为侧链。

木聚糖酶（1，4-β-D-xylanxylanohydrolase，EC3.2.18）是一类木聚糖降解酶系，属于水解酶类，包括内切 β-木聚糖酶、外切 β-木聚糖酶和 β-木聚糖苷酶，降解木聚糖为木单糖或木寡糖等。木聚糖酶可以应用在能源工业中，促进生物量转化；可作为食品、饮料工业用酶制剂；可用来生产低聚木糖，应用在保健品等方面；可以用于水解农业有机废料生产乙醇；也可以在制浆造纸中用于预漂白。现已发现的木聚糖酶主要来源于微生物，包括细菌、真菌、黑曲霉、木霉等。不同来源的木聚糖酶的催化特性是有差异的，有不同的最适 pH 和最适作用温度，金属离子对不同来源的木聚糖酶活性的影响也各不相同。产木聚糖酶的菌株往往同时产生一定量的纤维素酶。相关研究表明木聚糖酶在果实的成熟、种子的萌发、真菌的寄生及植物的抗病性等诸多生理过程中也起着重要的作用。木聚糖酶能够降解木聚糖生成聚合度为 2~10 的低聚木糖混合物，产物具有很高的经济价值。

由于不同来源的木聚糖主链的聚合度，以及支链残基的种类、数量、长度及其在主链上结合位点的不同，要彻底降解木聚糖需要多种酶的共同参与和协同，主要包括以下几种类型。

1）内切 β-1，4-D-木聚糖酶（endo-β-1，4-D-xylanase）（EC3.2.1.8），简称木聚糖酶，作用于木聚糖主链的糖苷键，主要生成木二糖和木三糖等寡糖，很少生成木糖。

2）β-D-木糖苷酶（β-D-xylosidases）（EC3.2.1.37），作用于寡聚木糖的还原端，并释放出木糖。

3）α-L-呋喃阿拉伯糖苷酶（α-L-arabinofuranosidases），分为两种类型，一种是外切型的 α-L-呋喃阿拉伯糖苷酶（EC3.2.1.55），作用于 β-硝基酚–呋喃型阿拉伯糖苷或分支阿拉伯聚糖；另一种是内切-1，5-α-L-阿拉伯聚糖酶（EC3.2.1.99），只对阿拉伯聚糖侧链有活性。

4）α-D-葡萄糖醛酸苷酶（α-D-glucuronidases）（EC3.2.239），主要作用是水

解 4-*O*-甲基葡萄糖醛酸与木糖之间的 α-1，2-糖苷键，在木聚糖降解过程中与木聚糖酶相互促进，加速低聚木糖的产生。

5）乙酰木聚糖酯酶（acetyl xylan esterases）（EC3.2.72），作用于木糖残基的 C-2 位和 C-3 位上的乙酰基。

6）酚酸酯酶（phenol acid esterases）主要包括阿魏酸酯酶（ferulic acid esterases）（EC3.2.73）和香豆酸酯酶（p-coumaric acid esterases）（EC3.2.–），前者可切除阿魏酸与阿拉伯糖残基之间的酯键，后者作用于香豆酸和阿拉伯糖残基之间的酯键。

木聚糖酶（β-1，4-D-木聚糖酶）来源广泛、结构复杂，可从不同方面对其进行分类。依据木聚糖酶对底物的特异性不同，可将其分为特异性木聚糖酶和非特异性木聚糖酶。特异性木聚糖酶只作用于木聚糖底物，非特异性木聚糖酶除作用于木聚糖外，还能作用于纤维素及人工底物，故称为双功能酶。从酶的分子质量上划分，可将木聚糖酶分为低分子质量木聚糖酶和高分子质量木聚糖酶，通常低分子质量木聚糖酶含有 182～234 个氨基酸残基；高分子质量木聚糖酶含 269～809 个氨基酸残基。另外，根据糖苷键水解酶催化区域的氨基酸序列组成和疏水性分析，可将糖苷水解酶类分成不同的家族，目前发现的木聚糖酶主要属于 F/10 和 G/11 族。一般而言，F/10 家族的木聚糖酶分子质量高，结构较复杂，该家族的木聚糖酶可以作用于对硝基苯和对硝基苯纤维二糖，底物降解后的主要产物为低聚木糖。G/11 家族的木聚糖酶则对木聚糖有很高的特异性，酶解后的主要产物为木糖。

木聚糖酶活性测定是判定半纤维素降解能力的重要定量指标。木聚糖酶活性的测定方法大致可分为取样法和连续法。取样法是在最适条件下，酶反应开始后一定时间内，从反应体系中取出一定量的反应液，并终止反应，然后用选定的方法分析取样液中底物消耗量或产物生成量，由此计算出酶活力。具体的分析方法有化学法、光学法、电化学法等，分光光度法是应用较广又快捷方便的方法。连续法不对酶促反应进行终止，而是在反应过程中用特定的检测仪器，对反应底物的消失或产物的生成所伴生的某种物理量（如电位、光度等）变化进行跟踪、自动记录，并输出数据。

本实验的目的是分离筛选具有木聚糖酶活性的半纤维素降解菌。半纤维素的制备采取碱水解法，选用 NaOH 作为水解碱液，以提取的半纤维素为唯一碳源，配制选择性培养基，平板培养目标菌株，通过透明圈测定初步观察半纤维素降解性状。然后，将初筛出来的菌株用双层的透明圈测定培养基复筛，筛选出所需的半纤维素降解菌。木聚糖酶活性的检测采用取样法中的分光光度法，由于应用了 3，5-二硝基水杨酸（DNS），故又称 DNS 法。在一定温度和 pH 条件下，木聚糖酶将木聚糖降解成寡糖和单糖。具有还原性末端的寡糖和具有还原性基团的单糖与 DNS 试剂发生显色反应，在波长 540nm 有最大吸收峰。反应液的颜色强度与酶解产生还原糖的量成正比，还原糖生成量与反应液中木聚糖酶活力成正比，通过分光比色测定反应液吸光度，可计算木聚糖酶活力。

三、实验材料

1. 半纤维素分解菌的分离筛选

（1）材料

土壤样品，秸秆。

（2）培养基

1）分离培养基（g/L）：$(NH_4)_2SO_4$ 0.5，K_2HPO_4 1.0，$MgSO_4 \cdot 7H_2O$ 0.3，$CaCl_2 \cdot 2H_2O$ 0.2，K_2SO_4 0.1，NaCl 0.2，半纤维素 15.0，琼脂 20.0，pH7.2（用于细菌放线菌的分离，如分离霉菌和大型真菌可将 K_2HPO_4 换成 KH_2PO_4，调 pH 至 6.5 即可）。

2）透明圈测定培养基（g/L）：K_2HPO_4 2.0，NH_4NO_3 2.0，$MgSO_4 \cdot 7H_2O$ 0.2，酵母膏 5.0，半纤维素 20.0，琼脂 20.0，pH7.2。

3）木聚糖酶粗酶液制备培养基（g/L）：K_2HPO_4 2.0，NH_4NO_3 2.0，$MgSO_4 \cdot 7H_2O$ 0.2，酵母膏 5.0，半纤维素 20.0，pH7.2。

2. 木聚糖酶活性的检测

（1）试剂配制

1）0.05mol/L pH5.3 的乙酸缓冲液。

2）0.5mol/L NaOH 溶液。

3）1mol/L 乙酸溶液。

4）1.0% 的标准木糖溶液：精确称取经 105℃ 烘干至恒重的无水木糖 1.000g，用蒸馏水定容至 100mL。

5）1.0% 木聚糖溶液：称 1.0g 木聚糖，加 0.5mol/L 的 NaOH 溶液 10mL，放入控温磁力搅拌器上混匀 30min，用 1mol/L 的乙酸调溶液 pH 至 5.3，然后用 0.05mol/L，pH 5.3 的乙酸缓冲液定容至 100mL。

6）DNS（3，5-二硝基水杨酸）试剂：称取酒石酸钾钠 182.0g，溶于 500mL 蒸馏水中，加热（不超过 50℃），于热溶液中依次加入 3，5-二硝基水杨酸 6.3g，NaOH 21.0g，苯酚 5.0g，无水硫酸钠 5.0g，搅拌至溶解，冷却后用蒸馏水定容至 1000mL，贮于棕色瓶中，室温保存。

（2）木聚糖酶粗酶液制备

将具有半纤维素降解能力的候选菌株接种木聚糖酶粗酶液制备培养基，30℃ 培养 72h，8000r/min 离心 10min，收集上清液为木聚糖酶粗酶液。

3. 器材

恒温培养箱，紫外/可见分光光度计，恒温水浴锅，超净工作台，高压蒸汽灭菌锅，电子分析天平，离心机，无菌移液管，控温磁力搅拌器，pH 计。

四、实验步骤

1. 半纤维素降解菌的分离筛选

（1）半纤维素的制备

1）取水稻秸秆磨成的粉末，用60g/L的NaOH于120℃浸泡2h（浸泡固液比为1/15），过滤得滤液。

2）将所得滤液冷却至室温，调pH至7.0，加入与滤液等体积的乙醇（或工业乙醇）沉淀，高速冷冻离心机5000r/min离心5min，沉淀物用无水乙醇洗涤离心2或3次。

3）将所得固体物45℃下烘干，得到的粉末即半纤维素。

（2）双层平板制备

在直径为9cm的平皿中倒双层平板，下层为10cm水琼脂，上层为10cm透明圈测定培养基。

（3）初步筛选半纤维素降解菌

将土壤样品制备成梯度稀释液，涂布在双层平板上，30℃培养72h，观察记录分离获得的微生物菌落特征及透明圈。将产生透明圈的单菌落分离物，在双层平板上划线获得纯培养。

（4）复筛半纤维素降解菌

取待测菌株，点接到双层平板上，每株点3个重复，30℃培养72h，测量水解圈和菌苔直径，并计算水解圈和菌苔直径比，数值大的降解半纤维素能力强。

2. 木聚糖酶活性的检测

1）木糖标准曲线的制作：分别吸取1.0%的标准木糖溶液1.0mL、2.0mL、3.0mL、4.0mL、5.0mL于100mL容量瓶中，用蒸馏水分别制成含木糖100μg/mL、200μg/mL、300μg/mL、400μg/mL、500μg/mL的标准液。各取不同浓度木糖标准液1mL于试管中，加入DNS试剂3mL混匀，于沸水浴中准确反应5min（从试管放入重新沸腾时算起），取出后立即放冷水浴冷却至室温。制作空白：取1mL蒸馏水代替1mL标准木糖溶液，以空白管调零，在波长540nm处比色，所得到的OD_{540nm}为纵坐标，以对应的标准木糖溶液的浓度为横坐标，绘制标准曲线，得出曲线方程和相关参数。

2）样品酶活性测定：待测粗酶液用0.05mol/L，pH5.3的乙酸缓冲液稀释适当倍数（控制反应后OD_{540nm}为0.2~0.6），取经40℃预热的此稀释液1.0mL加入经40℃预热的1.0%木聚糖溶液1.0mL混匀，40℃准确反应30min，立即加入DNS试剂3mL混匀，95℃加热10min，测定OD_{540}。每个样品同时做3个平行试验，结果取平均值计算酶活力。空白对照：将待测稀释酶液95℃加热10min失活后，取1.0mL做上述反应。反应产生木糖量：待测粗酶液OD_{540}－空白OD_{540}。通过木糖标准曲线方程，计算出反应产生木糖量。

3）木聚糖酶的活力单位定义：在40℃，pH为5.3条件下，每分钟从浓度为

10mg/mL 的木聚糖溶液中释放 1μmol 还原糖所需要的酶量为一个活力单位（U）。

4）木聚糖酶活力计算公式＝［（待测粗酶液 OD_{540}－空白 OD_{540}）×木糖标准曲线斜率+标准曲线截距］×酶液稀释倍数×转化系数÷木糖分子质量×反应时间

式中，转化系数为 1000；木糖分子质量为 150.2；反应时间为 30min。

注意：

1）酶与木聚糖溶液的反应时间必须严格控制，从盛有反应液的比色管放入恒温水浴中开始用秒表计时，到时间后快速冷却。

2）反应液与 DNS 试剂的反应时间要求没有酶与木聚糖的反应时间控制严格，一般只要保证能使显色剂显色就可以了，通常煮沸 5～10min 即可。

3）使用分光光度计时，要注意比色皿放置的位置，使其透光面垂直于光束方向，以减少入射光的反射损失和造成光程差。

4）指纹、油腻或皿壁上其他沉积物都会影响其投射特性，因此应注意保持比色皿的光洁。

5）盛反应液的比色管不能直接用电炉加热，建议用水浴加热。

6）样品测定时必须以灭活的酶液作为空白对照，否则测定结果偏高。

五、实验结果

1. 观察菌落周围是否产生透明圈，注意观察透明圈的大小及数量，测量透明圈和菌苔大小，并计算二者大小之比。

2. 绘制木糖标准曲线，根据实验数据计算实验中待测菌株胞外木聚糖酶的活性。

六、思考题

1. DNS 法的实验原理及适用范围是什么？

2. 对比几种半纤维素制备方法的异同点。

七、参考文献

彭红, 胡铮瑢, 余紫苹, 等. 2012. 超声波辅助碱分离毛竹纤维素. 农业工程学报, 28（9）: 250-256.

任海伟, 张飞, 张轶, 等. 2012. 超声波辅助碱性 H_2O_2 法提取酒糟半纤维素组分 B. 纤维素科学与技术, 20（3）: 6-12.

张晓民. 2012. 半纤维素结构的植物分类学特征. 中国野生植物资源, 31（5）: 1-7.

Mosier N, Wyman C, Dale B, et al. 2005. Features of promising technologies for pretreatment of lign cellulosic biomass. Bioresource Technol, 96（6）: 673-686.

Zhang YHP. 2008. Reviving the carbohydrate economy via multi-product lignocellulose biorefineries. J Ind Microbiol Biotechnol, 35: 367-375.

实验二十一　卤代芳香烃降解基因的 PCR 检测

一、实验目的

1. 了解微生物总 DNA 的提取过程。
2. 学习和掌握 PCR 的原理和过程。
3. 了解 PCR 和电泳检测技术。

二、实验原理

芳香烃简称"芳烃"，通常指分子中含有苯环结构的碳氢化合物。历史上早期发现的这类化合物多有芳香味道，因此这些烃类物质称为芳香烃，后来发现的不具有芳香味道的烃类也都统一沿用这种叫法。芳香类化合物都是苯及苯的衍生物，如苯、酚、甲苯、萘、菲、蒽等。芳香类化合物常存在于石油化工废水中，其中酚大量存在于炼焦、煤气厂污水中。随着经济快速发展和人类活动加剧，各种人为释放的污染物进入土壤，如各种化石燃料、煤炭、石油等的不完全燃烧，大气沉降，污水灌溉，废物倾倒和工业渗漏等。土壤是环境中芳香烃类化合物的重要归属之一，其中的芳香烃类化合物容易通过接触直接进入人体，或者在一定条件下进入大气、地下水和生物等其他环境介质，通过生物链进入生态系统。由于该类化合物具有在环境中难以降解的高度稳定性及致癌、致畸、致突变等特性，从而危害人类健康和整个生态系统的安全。

芳香烃类化合物一般都比较难被微生物降解，大部分都对微生物有抑制作用，能使菌体蛋白质凝聚，生长受阻或死亡。但在一定浓度下，芳香烃也能被一些细菌、放线菌降解。它的降解是通过 β-酮基己二酸途径进行的，如果有侧链则先从侧链开始分解，然后发生芳香环的氧化，引入羟基环开裂。接着进行的氧化便与脂肪族的化合物相同，最后分解成二氧化碳和水。能降解烃类化合物的微生物都是好氧的，厌氧微生物不能降解烃类。

芳烃分子中的一个或几个氢原子被卤素原子取代后生成的化合物称为卤代烃，也称为芳烃的卤素衍生物，简称为芳卤。卤代芳香烃类化合物是一类广泛存在于环境中的污染物，它包括四氯二苯-对-二噁英（TCDD）、多氯联苯、多溴联苯等。卤代芳香烃广泛用于工农业生产，使用过程中会释放到环境中从而造成环境危害，对动物和人也造成危害。例如，四氯二苯-对-二噁英是由四氯代苯合成 2，4，5-三氯苯酚的副产品，是毒性最大的人工制造的化学物质之一。TCDD 对很多哺乳类动物都能产生毒性作用，豚鼠对 TCDD 最敏感，急性中毒时半数致死量（LD_{50}）<1μg/kg

体重，小鼠和兔的 LD_{50} 大约为 $100\mu g/kg$ 体重。TCDD 的毒性作用包括肝脏损伤、胸腺萎缩、血液方面的变化和致畸作用。由于天然微生物缺乏降解氯代芳烃的酶或酶系，氯代芳烃通常难以被生物降解，持久滞留于环境，对生态环境和人体健康构成极大的威胁。

研究发现，受氯代芳烃污染的环境中某些生物能降解或转化这些污染物，表明这些生物具有降解这些污染物的基因资源。例如，从氯代芳香烃类化合物的污染环境中分离得到降解目标污染物的菌株，克隆污染物降解基因，对于人们认识氯代芳香烃类化合物在环境中的降解途径及微生物代谢机制等问题有重要的促进作用。获得的基因资源可用于构建高效降解微生物菌株或开发污染物控制技术。合理开发并利用这些基因资源来发展生物治理或生物修复技术具有重要的意义和广阔的应用前景。

邻苯二酚是所有芳香族化合物降解过程中重要的中间产物，所有的芳香族化合物都是先降解为邻苯二酚，而后邻苯二酚通过邻位或间位双加氧酶的作用裂解为粘康酸半醛或粘康酸，从而使苯环断裂。其降解有邻位和间位裂解两条裂解途径，分别由邻苯二酚-1，2-双加氧酶（C12O）和邻苯二酚-2，3-双加氧酶（C23O）催化裂解。

氯邻苯二酚-1，2-双加氧酶（chlorocatechol-1，2-dioxygenase）是氯代芳香烃化合物降解的关键酶，是邻苯二酚-1，2-双加氧酶中的一类，属于邻位开环酶（intradiol dioxygenase），它使氯邻苯二酚发生邻位开环生成氯粘康酸。氯邻苯二酚-1，2-双加氧酶类底物范围较宽，可作用于邻苯二酚和氯代邻苯二酚，对氯代邻苯二酚催化能力更强。氯邻苯二酚-1，2-双加氧酶通常以二聚体的形式存在，亚基分子质量通常为 $27\sim30kDa$，每个亚基的活性位点都含有一个非血红素的铁离子。在没有铁离子的情况下，氯邻苯二酚-1，2-双加氧酶是没有活性的。

氯邻苯二酚-1，2-双加氧酶的编码基因通常位于革兰氏阴性细菌的降解质粒上，如 *Ralstonia eutropha* JMP134 质粒 pJP4 上的 *tfdC* 基因和 *Pseudomonas* sp. P51 中的质粒 pP51 上的 *tcbC*。通过 PCR 扩增方法，能够从不同菌株细菌中检测到编码氯邻苯二酚-1,2-双加氧酶的基因，并通过已知的 *tfdC* 基因制备的探针进行杂交，证明了 PCR 产物与 *tfdC* 有同源性。从降解 1，2，4-三氯苯的铜绿假单胞菌（*Pseudomonas aeruginosa*）J5-2 提取总 DNA，利用 PCR 方法克隆到氯代邻苯二酚-1，2-双加氧酶基因 *tcbC*（J5-2），与来源于 *Pseudomonas* sp. P51 中的 *tcbC*（P51）同源性为 95%。实时定量 PCR 结果显示，1，2，4-三氯苯对 *tcbC*（J5-2）基因表达的诱导作用强于 1，2-二氯苯和 1，3-二氯苯。为适应氯代芳烃的降解，该途径中的酶通常具有较广的底物特异性，此外还需要一个染色体编码的马来酰乙酸还原酶催化 β-酮己二酸形成，组成一个邻位开环途径。了解编码氯邻苯二酚-1，2-双加氧酶的基因多样性对于理解细菌芳香烃化合物好氧降解的一些代谢途径的能力是很有帮助的。本实验将以 PCR 的方法从土壤细菌基因组 DNA 扩增编码氯邻苯二酚-1，2-双加氧酶的目标基因，以了解该基因的多样性，并获得新型氯邻苯二酚-1，2-双加氧酶基因。

应用 PCR 技术检测环境中污染物降解基因，主要有以下步骤：模板 DNA 的提取，PCR 扩增靶序列和 PCR 扩增产物的检测与分析。

　　样品中 DNA 的提取分为两个步骤：裂解细胞和提取核酸。从样品中提取 DNA 首先要通过物理、化学或酶解作用裂解细胞，使 DNA 释放出来。常用方法包括物理法（煮沸、冻融、微波、超声或研磨等）、化学方法（高盐、表面活性剂 SDS 或热酚等）和酶解法（裂解酶、溶菌酶或蛋白酶 K 等）。传统的 DNA 制备方法一般依赖上述方法裂解细胞，某些情况需要用酶来消化蛋白质或降解一些细胞组分，然后细胞材料常用酚/氯仿溶剂抽提。分离成两相后，核酸在水相中。核酸进一步纯化可用乙醇沉淀法，再重新溶解在适宜的缓冲液中。用这些技术得到的 DNA 是高纯度的，并适用于大部分分子生物学技术。由表 21-1 可见，这些核酸提取方法各有优缺点。在实际操作中，应视实验目的及条件的不同而选择不同的方法。

表 21-1　几种核酸提取方法比较

	传统法	螯合树脂法	玻璃粉法	磁珠法	免疫亲和法
DNA 提取	酚/氯仿等有机溶剂提取	Chelex100 树脂	玻璃粉吸附	磁珠吸附，磁场分离	抗原抗体反应，磁场分离
适用范围	大多数标本 DNA 提取、纯化	培养及各种临床标本	土壤标本	冰冻、陈旧组织	冰冻、陈旧组织，样本含量很少的标本
方法评价	获得的 DNA 纯度高，含量多，但比较费时，步骤繁琐，而且使用有机溶剂，有损操作者健康	简单快速，且成本不高，可用于培养标本和各种临床标本细菌及部分病毒核酸提取	提取方法简便，可用于土壤中细菌芽孢 DNA 的提取，不能彻底除去 PCR 抑制剂	简单快速，整个过程仅需不到 2h，利用磁场分裂可以得到较纯的 DNA，但产量比传统方法获得的少	获得 DNA 纯度高，含量多，尤其适合样本含量很少的标本。抗 DNA 单克隆抗体制备是关键的一步

　　直接对环境样品中的细菌基因组 DNA 组成状况进行分析评价，一定要建立高效、可靠的 DNA 提取方法。由于环境样品中微生物的种类组成复杂且常常混杂有大量有毒物质，如何使所有细胞裂解、充分释放 DNA 并有效去除杂质，得到可以进行分子生物学操作的高纯度 DNA，是研究环境样品中微生物种群结构与功能关系的关键所在。PCR 产物可通过琼脂糖凝胶电泳后用溴化乙锭染色来检测。扩增基因测序后，将其与已公开发表的基因序列进行同源性比对，可以分析确定目标基因的性质和功能。

三、实验材料

1. 土壤样品

采集受卤代芳香烃污染的土壤样品，冷藏带回实验室，于 -20℃ 冰箱保存备用。

2. 酶、试剂盒及药品

DNA 提取液（100mmol/L Tris-HCl，100mmol/L EDTA，100mmol/L 磷酸钠，

1. 5mol/L NaCl，1% CTAB，pH8. 0），0. 1mg/mL 蛋白酶 K，液氮，氯仿/异戊醇，异丙醇，CsCl，双蒸水，TE 缓冲液（pH8. 0），8mol/L 乙酸钾溶液，琼脂糖，DNA marker，核酸上样缓冲液，70% 乙醇，DNA 回收试剂盒。

3. 器材

水浴摇床，凝胶成像系统，超微量紫外分光光度计，离心机，水浴锅，涡旋振荡器，微量移液枪，DNA 电泳设备，PCR 扩增仪。

四、实验步骤

（1）土壤微生物总 DNA 的提取（SDS-高盐缓冲液抽提法）

1）称取 1g 土壤样品，加 2. 7mL DNA 提取液。

2）加入 20μL（0. 1mg/mL）蛋白酶 K，放在摇床上，37℃，250r/min 振荡 30min。

3）加入 20% SDS 溶液 300μL，65℃ 水浴 2h，每隔 20min 轻轻颠倒几次。

4）液氮冷冻 10min，65℃ 水浴 10min，共 3 个循环。6000r/min 离心 10min。

5）取上清，氯仿/异戊醇抽提一次，异丙醇沉淀 1h，离心。

6）70% 乙醇清洗，TE 缓冲液溶解。

（2）DNA 的纯化

1）取 1mL DNA 粗提液，加 1g CsCl，室温放置 3h，离心（每次离心均为15 000g，5min），取上清。

2）加 4mL 双蒸水与 3mL 异丙醇，室温放置 15min，离心。

3）去上清，TE 缓冲液溶解沉淀。

4）加 100μL 8mol/L KAc，放置 15min，离心。

5）取上清，加 0. 6 体积异丙醇，放置 15min，离心。

6）70% 乙醇清洗，200μL TE 缓冲液溶解。

7）DNA 浓度和纯度用超微量紫外分光光度计测定。在 1% 琼脂糖凝胶上进行电泳，检测 DNA 提取效果，凝胶成像系统记录结果。

（3）PCR 引物设计

以真氧产碱杆菌（*Ralstonia eutropha*）JMP134 中 GenBank 收录号 M35097 的 *tfdC* 序列，采用 Clustal W 软件按保守区设计引物。确定上游引物 TFDCF（20-mer，位于序列 M35097 的 297～279bp）：5′-GGC CGG CTS AAG ACH TAC GA-3′ 和下游引物 TFDCR（19-mer，位于序列 M35097 的 721～740bp）：5′-GCG GGY TCG ATV ACG AAG T-3′。

（4）PCR 扩增

在 50μL PCR 反应体系中含有：

每种 dNTP　　　　　　200μmol/L

每种引物　　　　　　0. 25μmol/L

MgCl₂	1.5mmol/L

MgCl$_2$ 1.5mmol/L

缓冲液   5μL

Taq DNA 聚合酶   1.25U

每个反应加   5ng 模板 DNA

在 PCR 扩增仪中进行 PCR 循环：

94℃   4min

94℃   1min

57℃   1min } 40 个循环

72℃   2min

72℃   15min

（5）PCR 产物检测

扩增结束后，取 5μL 产物进行 1% 琼脂糖凝胶电泳，用凝胶成像系统记录结果。

（6）条带回收

在对 PCR 产物电泳胶照相后，以 DNA 回收试剂盒回收目的条带。

1）将单一目的 DNA 条带从琼脂糖凝胶中切下（尽量切除多余部分），放入干净的离心管（自备）中，称取质量（注意：若胶块的体积过大，可将胶块切成碎块）。

2）向胶块中加入 3 倍体积 Buffer PG；当琼脂糖凝胶浓度>2% 时，建议使用 6 倍体积 Buffer PG（如凝胶重为 100mg，其体积可视为 100μL，依此类推）。

3）50℃ 孵育 10min，其间不断温和地上下颠倒离心管，以确保胶块充分溶解。如果还有未溶的胶块，可再补加一些溶胶液或继续放置几分钟，直至胶块完全溶解。

注意：

1）在胶充分溶解后检测 pH，若 pH 大于 7.5，可向含有 DNA 的胶溶液中加 10~30μL 的 3mol/L 乙酸钠（pH5.0）将 pH 调为 5~7。

2）胶块完全溶解后最好将胶溶液温度降至室温再上柱，因为吸附柱在较高温度时结合 DNA 的能力较弱。

4）（可选步骤）当回收片段小于 500bp 或大于 4kb 时，应加入 1 倍胶体积的异丙醇，上下颠倒混匀（如凝胶为 100mg，则加入 100μL 异丙醇）。

注意：当回收片段为 500bp~4kb 时，加入异丙醇不会影响回收率。

5）柱平衡：向已装入收集管中的吸附柱中加入 200μL Buffer PS，12 000r/min（13 400g）离心 2min，倒掉收集管中的废液，将吸附柱重新放回收集管中。

6）将步骤 3 或步骤 4 所得溶液加入到已装入收集管的吸附柱中，室温放置 2min，12 000r/min 离心 1min，倒掉收集管中的废液，将吸附柱放回收集管中。

注意：吸附柱容积为 700μL，若样品体积大于 700μL，可分批加入。

7）（可选步骤）向吸附柱中加入 500μL Buffer PG，12 000r/min 离心 1min，倒掉收集管中的废液，将吸附柱放回收集管中。

注意：如果后续实验用于直接测序、体外转录或显微注射，推荐用此步骤以除去所有凝胶。

8）向吸附柱中加入 650μL Buffer PW（使用前请先检查是否已加入无水乙醇），12 000r/min 离心 1min，倒掉收集管中的废液，将吸附柱放回收集管中。

注意：如果纯化的 DNA 用于盐敏感的实验（如平末端连接或直接测序），建议加入 Buffer PW 静置 2~5min 再离心。

9）12 000r/min 离心 2min，倒掉收集管中的废液。将吸附柱置于室温数分钟，以彻底晾干。

注意：这一步的目的是将吸附柱中残余乙醇去除，乙醇残留会影响后续的酶促反应（酶切、PCR 等）。

10）将吸附柱放到一个新离心管中，向吸附膜中间位置悬空滴加 100μL Buffer EB（pH8.5），室温放置 2min。12 000r/min 离心 2min，收集 DNA 溶液。–20℃保存 DNA。

注意：

1）洗脱液的 pH 对于洗脱效率有很大影响。若用水作为洗脱液，应保证其 pH 在 7.0~8.5（可以用 NaOH 将水的 pH 调到此范围）。

2）为了提高 DNA 的回收量，可将离心得到的溶液重新滴加到吸附柱中，重复步骤 10。

3）洗脱体积不应小于 50μL，体积过少会影响回收效率。

4）如果使用 TE 缓冲液洗脱，需要考虑其中含有的 EDTA 是否会影响后续的酶促反应。

5）回收大于 10kb 的 DNA 片段时，Buffer EB 应在 50℃水浴中预热，适当延长吸附和洗脱时间，可增加回收效率。

（7）PCR 回收产物的测序

测序送测序公司测序，测序结果通过 BLASTA 程序，与 GenBank 中核酸数据进行同源性比较分析。

五、实验结果

1. 列出提取微生物总 DNA 后的电泳检测结果。
2. 列出 PCR 产物的电泳检测结果。
3. 列出 PCR 产物回收后的电泳检测结果。
4. 测序结果与 GenBank 中核酸数据进行同源性比较分析。

六、思考题

1. PCR 复性温度如何确定？

2. 为什么要在最后延伸 15min?

3. PCR 反应体系中为什么要最后加 *Taq* DNA 聚合酶?

七、参考文献

杜翠红, 周集体, 王竞, 等. 2005. 难降解芳香烃生物降解及基因工程菌研究进展. 环境与科学技术, 1: 106-108.

马忠华, 罗如新, 夏怡丰, 等. 2002. 邻单胞菌邻苯二酚 1, 2-双加氧酶基因 (*tfdC*) 的克隆及在大肠杆菌中表达. 微生物学报, 40 (6): 579-585.

郑乐, 刘宛, 李培军. 2007. 多环芳烃微生物降解基因的研究进展. 生态学杂志, 26 (3): 449-454.

Alfreider A, Vogt C, Babel W. 2003. Expression of chlorocatechol-1, 2-dioxygenase and chlorocatechol-2, 3-dioxygenase genes in chlorobenzene-contaiminated subsurface samples. Appl Environ Microbiol, 69: 1372-1376.

Wang P, Xu J, Guo W, et al. 2007. Preliminary study on PAHs in aquatic environment at Lanzhou reach of Yellow River. Environmental Monitoring in China, 23 (3): 48-51.

第五章　环境质量监测微生物学技术

实验二十二　水质微型生物群落监测泡沫塑料块法

一、实验目的

1. 了解泡沫塑料块（PFU）法监测水质安全的原理。
2. 学习并掌握 PFU 微型生物群落监测的方法。
3. 掌握微型生物群落应用的优缺点。

二、实验原理

水是地球上一切生命赖以生存、人类生活和生产必不可少的基本物质，是宝贵的自然资源。水占地球表层 5km 地壳的 50% 以上，覆盖地球表面积 70.8%，地球上水的总储量约 14 亿 km³，其中 97% 以上是海水。在仅有的 3% 的淡水中，77.2% 分布在南北两极地带及高山高原地带，以冰帽或冰川形态存在。22.4% 以地下水或土壤水的形式存在。湖泊、沼泽水占 0.35%，河水占 0.01%，大气中的水占 0.04%。其中便于人们取用的淡水只是河水、淡水湖水和浅层地下水，约 300 万 km³，占地球总水量的 0.2% 左右。因此，淡水是一种极为有限的资源，在经济发展的同时，应珍惜并保护这种宝贵资源。

我国在水资源开发利用上缺乏统筹兼顾、科学管理和长期规划，具体反映在：①河川径流的调节程度不高，供水能力弱；②地表水量不足，造成地下水开采过度，目前北方 10 省、自治区和直辖市的地下水形成降落漏斗 50 余个，水位埋深在 10m 的漏斗面积约 30 000km²，部分地区造成地面沉降；③用水效率低，水的浪费严重，农业方面，不少地区种植业用水的定额高在 15 000m³/(10^4m² · a) 以上，工业单位用水定额往往比发达国家高 10 倍以上；④工业废水、生活污水及畜禽粪尿的处理效率低，往往未经妥善处理而直接排放河湖内海，造成严重污染，使优质水资源日益短缺，且对饮用水源地构成巨大威胁。

水体污染指由于人类活动排放的污染物进入河流、湖泊、海洋或地下水等水体，使水体中水的物理、化学性质或生物群落组成发生变化，从而降低了水体的使用价值。按污染物在水体中的形态可分为无机悬浮固体、浮游生物、微生物、胶体、低分子化合物、无机离子及溶解性气体，按污染物的危害特征可分为耗氧有机物、难降解有机物、植物性营养物（硝酸盐、亚硝酸盐、铵盐、氨氮、有机氮化合物及一些磷化合物）、重金属（汞、镉、铬、铅、砷）、无机悬浮物、放射性污染物、石油类、酸碱、热污染和病原体。

水体中各种化合物及潜在污染物对微型生物的作用具有相加、相乘或拮抗作用，因此必须将污染物、水质、生物因素综合考虑才能正确评估水体质量。从生态学角度出发，水环境决定了微型生物种群或群落结构特征，而微型生物的个体、种群或群落的变化，则可客观地反映出水体质量的变化规律。

微型生物群落对水质变化的生态效应主要表现在以下几个方面：①某些指标种（对某种污染有耐性或敏感的种类）的出现或消失；②个别种群的变化；③微型生物群落中种类或类群的增减及改变；④自养及异养程度的变化；⑤生产力高低程度的变化等。因此，微型生物应用于水质监测有效、科学，且具有化学监测不可替代的作用。

传统的环境微型生物形态观察实验取样比较困难，直接取样受到季节、水体、地点的影响，并且取样中微生物的数量、种类、活体较少，而 PFU 法采样不受季节、地点、水体的影响，微型生物的数量多，种类具有很强的代表性。

PFU 微型生物群落监测方法（water quality-microbial community biomonitoring PFU method）是美国著名生态学家、美国科学院院士 John Cairns Jr. 教授于 1969 年创立，后经我国科学家的不断完善，最终成为我国首例生物监测的标准方法（GB/T 12990—1991）。其主要的改进和创新点包括：①提出了植鞭毛虫百分比、原生动物种数、多样性指数、异养性指数 4 个表征参数；②修正了 MacArthur-Wilson 岛屿区域地理平衡模型，加入了环境压迫因素（H）；③在种类污染价的基础上建立了群落污染价，并得到验证；④设计的恒流稀释微宇宙（flow-through diluted microcosm）装置适用于群落级毒性试验和修复试验，毒性试验可以在现场进行，在 15d 内完成，结果能提出当地受纳水体中化学品的最高容许浓度（MATC）范围；⑤常规监测 1（或3）d，能及时发现泄漏事故，若种数突然下降，即可向管理部门报警。PFU 监测法是应用泡沫塑料块（polyurethane foam unit，PFU）作为人工基质收集水体中的微型生物群落，测定该群落结构与功能的各种参数，以评价水质。此外，用室内毒性试验方法，以预报工业废水和化学品对受纳水体中微型生物群落的毒性强度，为制定其安全浓度和最高容许浓度提出群落级水平的基准。

微型生物群落是指水生态系统中，在显微镜下才能看见的微小生物，主要是细菌、真菌、藻类和原生动物，此外也包括小型的后生动物，如轮虫等。它们占据着各自的生态位，彼此间有复杂的相互作用，构成一特定的群落，称为微型生物群落。在野外监测中，PFU 法适用于淡水水体，包括湖泊、水库、池塘、大江、河流、溪流。在室内毒性试验中，适用于工厂排放的废水、城镇生活污水、各类有害化学物质。该法不仅适用于受单一污染物污染水体的水质评价，而且适用于综合水质评价。

微型生物群落在水生态系统中客观存在。用 PFU 浸泡水中，暴露一定时间后，水体中大部分微型生物种类均可群集到 PFU 内，挤出的水样能代表水体中的微型生物群落。已证明原生动物（包括植物性鞭毛虫、动物性鞭毛虫、肉足虫和纤毛虫）在群集过程中符合生态学上的 MacArthur-Wilson 岛屿区域地理平衡模型，由此可求出群集过程中的 3 个功能参数：平衡时的物种数量、群集曲线的斜率、达到平衡物种所需的时间。如果环境受到污染胁迫，原来的平衡遭到破坏，3 个功能参数将发生改变。在生物组建水平中，群落水平高于种和种群水平，因而在群落水平上的生物监测和毒性试验比种和种群水平更具有环境真实性，为环境管理部门提供符合客观环境的结构和功能参数，有助于做出科学的判断。

PFU 法的诸多优点如下。

1）自然条件下，PFU 微型生物群落的种类组成及群落的群集速度相对稳定。

2）自然条件下，PFU 微型生物群落的结构和功能不受季节变化的影响。

3）当 PFU 微型生物群落受到外界胁迫时，不管这种胁迫来自物化因素或是生物因素，其群落结构和功能都会发生破坏性变化。

4）用 PFU 法进行微型生物群落生态学和毒理学研究，所得的结构参数及功能参数能反映客观状况，具有现实指导意义。

但是，应用该方法同样也具有一定的局限性，主要包括以下几个方面。

1）一些环境因素如温度、光周期、溶解营养物、流速快慢等可引起微型生物群落的变化，这种群落内正常的季节性或日变化与人类活动引起的污染效果是不同的，如何区分季节的和日循环变化与污染造成的效应仍是一个难题。

2）微型生物监测常常应用多样性指数法。但多样性指数数据都是按单个的指数或数字进行整理的，如果仅用多样性指数法进行分析会大量减少样品的信息量。多样性指数法可用来归纳大量的数据，可以在样品之间按空间或时间进行比较，但不能过分依赖，必须结合其他生物学方法和实际调查，才能得出正确结论。

3）微型生物监测水质在种类鉴别上要求具备一定的生物学知识与训练，这限制了它在常规监测中的应用。因此，常规监测只要求鉴定以形态差异为主的分类学上的种，无法确定个别种学名时，可用属、科或类群代替。

三、实验材料

1）50mm×65mm×75mm 聚氨酯泡沫塑料块，白色或淡黄色均可。使用前在蒸馏水中浸泡 12～24h，取出并挤去水分。用细绳将 PFU 束腰捆紧，留出 150～200mm 长的绳头便于悬挂。

2）55mm×260mm×540mm 的搪瓷盘或塑料盘和玻璃培养柜。玻璃培养柜可隔成 3 层，层距 660mm。每层装 40W 日光灯。

3）可调恒流稀释装置 1 台。直径 400mm、高 200mm 的有机玻璃平底圆形试验槽 8 个，槽底均匀分布 6 个直径 10mm 的出水孔。

4）配有相差镜头的生物显微镜一台。

5）其他毒物测试用试剂和仪器依测试毒物而定。测叶绿素 a 含量常规方法中用的试剂和仪器包括 90% 丙酮、抽滤装置、分光光度计、孔径 0.7~1.0μm 玻璃纤维滤膜。

6）测量灰分干重常规方法中用的试剂和仪器，包括烘箱，马福炉，10mL 坩埚，分析天平。

四、实验步骤

1. 野外监测

（1）PFU 挂放

PFU 的挂放数量依工作要求而定（注意：PFU 均需有重物垂吊，以免漂移）。悬挂的方式有 3 种。

1）漂浮式（图 22-1）：浮桶用固体物固定采样位置后，用绳线把两个浮桶吊住。

2）沉式（图 22-2）：把 PFU 绑成一束，用石块下沉。用重物系一束 PFU 抛向水中（注意：不得把 PFU 沉在底部），以免影响污染监测的效果。

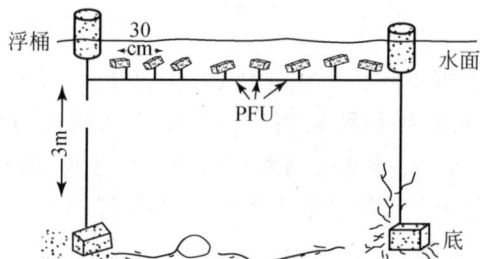

图 22-1　漂浮式

图 22-2　沉式

3）分散式（图 22-3）：在同一采样点分散挂放，每处只放 2~4 个 PFU，细绳固定在采样岸边。

图 22-3　分散式

（2）采样

不同的水环境条件，采用不同的悬挂方法。PFU 暴露天数根据工作要求而异。

常规监测暴露不能少于1d。评价水质要做一个完整的群集曲线，暴露时间规定1d、3d、7d、11d、15d、21d和28d时采样。静水和流水分别在28d和15d结束。如流速较快，还可追加12h。采样时从挂放的PFU随机取两块，供生物平行观察。如需进行叶绿素a和去灰分干重的测定，则取第3块PFU。采集的PFU块分别放在塑料食品袋中带回实验室，袋中不要加水。回室后，戴上薄膜塑料手套，把PFU中的水全部挤于烧杯中，把袋中的水也倒入。观察完一个样品再挤另一个样品进行镜检观察（注意：全部镜检样品必须在48h内完成）。

2. 毒性试验

（1）稀释水

用没有污染的天然水或去氯自来水，加热到60℃维持20min，以便杀死水中的生物。在冷却过程中自然曝气，备用。

（2）种源PFU

种源（epicenter）PFU是指事先在无污染水体中已放了数天（流水3d，静水15~20d）的PFU，其上已群集了许多微型生物种类，接近平衡期的、未成熟的群落。未成熟群落要比成熟群落（平衡期后）对污染的毒性反应敏感得多。毒性试验0d时，须镜检种源PFU。

（3）静态毒性试验的布局

静态毒性试验的布局是在试验盘的两端各绑4或5个空白PFU，并使PFU吸满受试水。于盘子中央再挂放种源PFU。各空白PFU须与种源PFU距离相等（图22-4）。各浓度梯度均应有两个试验盘。置于玻璃培养柜内，40W日光灯保持试验盘光强1000~2000lx。白天开灯12h，天黑关灯12h，成为一个实验室微生态系统（图22-5）。

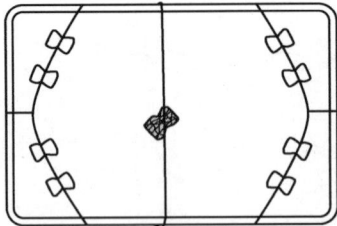

图22-4　静态毒性试验盘中PFU的布放

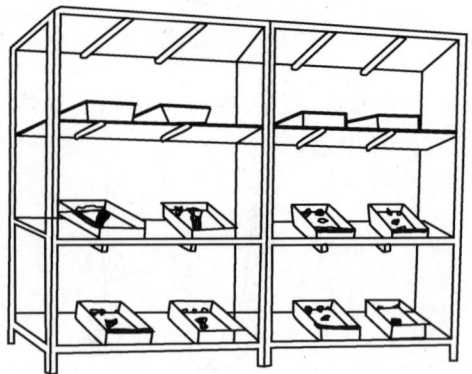

图22-5　静态毒性试验的布置

（4）动态毒性试验的布局

动态毒性试验的布局是把盛稀释水的和盛母液的容器出水管分别引入恒流稀释装置内进行配比，然后再把恒流稀释装置的出水管滴流到试验槽的中央，根据试验要求可调试至所需的稀释倍数。如果采用 0.5 稀释因子，理论上可得到毒物浓度为 100%、50%、25%、12.5%、6.25%、0% 等组，可根据人力情况删去个别低浓度组。调试浓度梯度后，再在试验槽中先挂空白 PFU，再挂种源 PFU，两者距离相等。试验期间仍需按时分析浓度梯度（图 22-6）。

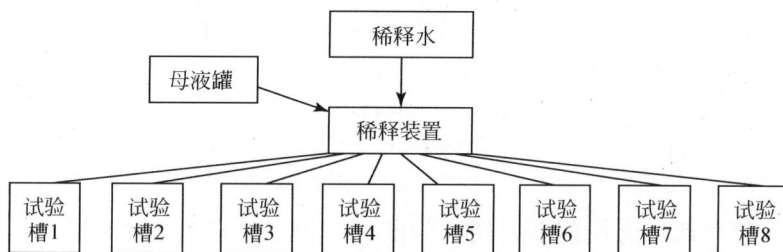

图 22-6 动态毒性试验–流水、稀释系统示意图

（5）采样

在静态试验中按 1d、3d、7d、11d、15d 采样，在动态试验中按 0.5d、1d、3d、7d、11d、15d 采样（注意：采样是随机的）。小心地解开 PFU 绳索，从试验盘（槽）中提出，挤出溶液于烧杯后，仍将 PFU 小心放回原地绑好，做好记号表示此 PFU 已用过。试验结束后对各盘中种源 PFU 进行镜检。

3. 原生动物镜检

1）种类鉴定。把水样摇匀，用细吸管从烧杯底部、向光部、背光部和表层水部各吸一滴水样于载玻片上，盖上 22mm×32mm 盖玻片，镜检（注意：按高、中、低倍镜顺序仔细全片检查原生动物种类）。要求看到 85% 种类。若要求种类多样性指数，则需定量计算。

2）活体计数。把水样摇匀，用有刻度的改良吸管分别在烧杯的表层、边壁中层和底层各吸 0.1mL 水样于 0.1mL 计数框内，在显微镜下全片进行活体计数。

五、实验结果

1. 微型生物群落的显微观察及鉴定。

2. 群集过程中各个类型原生动物在不同采样点上的密度分布。

3. 微型生物群落结构和功能参数。PFU 法的结果可用各种参数来表示（表 22-1）。对表内的这些参数的生态学意义已有许多说明，有的也已划定了指示水质好坏的范围。

表 22-1 中分类学参数表示要进行种类鉴定，主要是原生动物；非分类学参数是指用仪器（如 Gilson 呼吸仪）或化学分析方法测定整个微型生物群落。群集过程是根据 MacArthur-Wilson 岛屿区系平衡模型修订公式为

$$S_t = S_{eq}(1 - e^{-Gt})/1 + He^{-Gt}$$

式中，S_t 为 t 时的种数；S_{eq} 为平衡时的种数；G 为群集速度常数；H 为污染强度。

表 22-1　PFU 微型生物群落结构和功能参数

	结构参数	功能参数
分类学	1）种类数 2）指示种类 3）多样性指数（d）	1）群集过程 $[S_{eq}, G, T_{90\%}$（$T_{90\%}$ 为达到 90% S_{eq} 所需时间）$]$ 2）功能参数（光合自养者 P，食菌者 B，食藻者 A，食肉者 R，腐生者 S，杂食者 N）
非分类学	1）异养性指数（HI） 2）叶绿素 a	1）光合作用速度（P） 2）呼吸作用速度（R）

在 S_{eq} 与毒物浓度之间能获得统计学的相关公式，据此公式可获得 EC_5、EC_{20}、EC_{50} 的效应浓度和预报最大容许浓度（MATC）。

4. 结果的有效性及最大容许浓度

在工厂的排污口、上下游挂放不少于 1d 的 PFU，根据原生动物种数可监测到暴露期内工厂是否有污染事故发生。

毒性强度试验可对水质进行现状和预评价，并估测毒物最大容许浓度。

六、思考题

1. PFU 法测定水质安全的优缺点是什么？
2. PFU 原生动物群落种类组成与水体系统中水质的关系是什么？
3. 试述 PFU 监测结果与水体安全的相关性。

七、参考文献

《环境监测方法标准汇编》编写组 . 2007. 环境监测方法标准汇编 . 北京：中国标准出版社 .

王兰，王忠 . 2009. 环境微生物学实验方法与技术 . 北京：化学工业出版社 .

Chen XJ, Feng WS, Shen YF, et al. 2005. Application of polyurethane foam units and calorimetry to microbial monitoring in Lake Donghu. Thermochimica Acta, 438：63-69.

Jiang JG, Shen YF. 2007. Studies on the restoration succession of PFU microbial communities in a pilot-scale microcosm. Chemosphere, 68：637-646.

Liu T, Chen Z, Shen Y, et al. 2007. Monitoring bioaccumulation and toxic effects of hexachlorobenzene using the polyurethane foam unit method in the microbial communities of the Fuhe River, Wuhan. Journal of Environmental Sciences, 19：738-744.

实验二十三　发光细菌法检测水体及土壤的急性毒性

一、实验目的

1. 了解各类生物毒性快速检测方法的优缺点。
2. 学习发光细菌法检测水体及土壤急性毒性的原理。
3. 掌握发光细菌法检测水体及土壤急性毒性的方法。

二、实验原理

急性毒性（acute toxicity）是一项最基本的化学物毒效应指标。传统的急性毒性实验是大剂量或高浓度一次或 24h 多次给予实验动物，研究短时间内化学物对实验动物所引起的各种毒效应，以半数致死量（LD_{50}）或半数致死浓度（LC_{50}）为参数，评价受试物急性毒性和对人类产生急性损害作用。

近年来，新化学、化工产品层出不穷，致使环境污染物的种类、数量逐年增加，对人类构成严重威胁，迫切需要进行毒性鉴定。急性毒性测试方法可以划分为两类：分析技术和生物监测。其中分析技术常常用于废水常规指标的测试，但不能反映水质毒性的大小。传统的生物监测以水蚤、藻类或鱼类等为受试对象，虽然能反映毒物对生物的直接影响，但是这些方法的最大缺点是实验周期长，实验比较繁琐。针对传统生物毒性检测方法的不足，研究和开发新型生物毒性监测技术——发光细菌法，已引起了广大科研工作者的注意，下面分别对各类生物毒性快速检测方法做介绍。

1. 发光细菌法

发光细菌属革兰氏阴性、兼性厌氧菌，最适生长温度 20～30℃，pH6～9，3% NaCl、0.3% 的甘油对发光有利。目前，已发现和命名的发光细菌分别属于弧菌属（*Vibrio*）、发光杆菌属（*Photobacterium*）、希瓦菌属（*Shewanella*）和异短杆菌属（*Xenorhabdus*）。常用于环境毒性监测的发光细菌有 3 类，分别为费氏弧菌、明亮发光杆菌和青海弧菌。

发光细菌法是利用灵敏的光电测量系统测定毒物对发光细菌发光强度的影响。毒物的毒性可以用 EC_{50} 表示，即发光细菌发光强度降低 50% 时毒物的浓度。发光细菌是指在正常的生理条件下能够发射肉眼可见的蓝绿色荧光的细菌，这种可见荧光波长为 450～490nm，在黑暗处肉眼可见。不同种类发光细菌的发光机制是相同的，都是由特异性的荧光素酶（LE）、还原性的黄素（$FMNH_2$）、八碳以上长链脂肪醛（RCHO）、氧分子（O_2）所参与的复杂反应，大致历程如下。

$$FMNH_2 + LE \rightarrow FMNH_2 \cdot LE + O_2 \rightarrow LE \cdot FMNH_2 \cdot O_2 + RCH \rightarrow LE \cdot FMNH_2 \cdot O_2 \cdot$$

RCHO →LE +FMN +H$_2$O+RCOOH+光

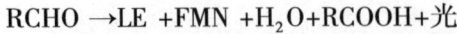

　　具体来说，生物发光反应由分子氧作用，胞内荧光素酶催化，将还原态的黄素单核苷酸（FMNH$_2$）及长链脂肪醛氧化为 FMN 及长链脂肪酸，同时释放出最大发光强度在波长 470～490nm 处的蓝绿光，如图 23-1 所示。

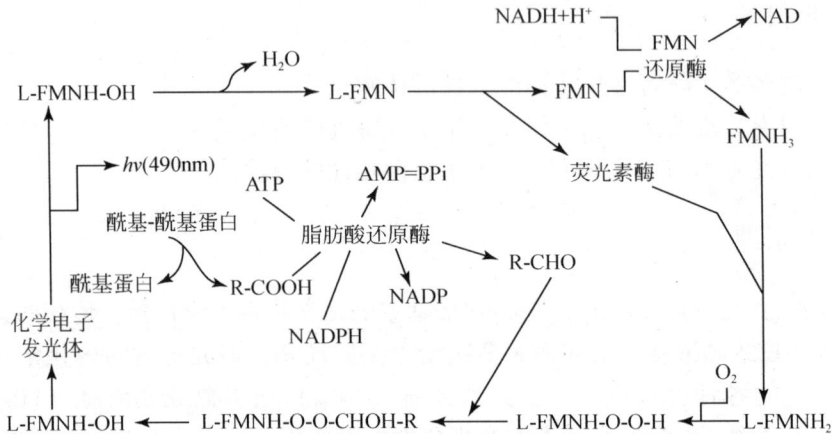

图 23-1　发光细菌的发光机制

　　发光细菌在毒物作用下，细胞活性下降，ATP 含量水平下降，导致发光细菌发光强度的降低。实验显示，毒物浓度与菌体发光强度呈线性负相关，因而，可以根据发光细菌发光强度判断毒物毒性大小，用发光度表征毒物所在环境的急性毒性。

　　美国 Beckman 公司专门制造的微量毒性分析器，就是一种发光菌检测仪。其核心部分即发光菌制剂，是从数百株发光菌中筛选出的一株磷发光杆菌。经特殊方法培养并浓集而不失去菌的特性，然后通过真空冰冻干燥法制成发光菌的冻干菌种，贮存于 2～8℃备用。临测定前加入特制复苏液，使冻干菌种很快成为活跃菌悬液而可以立即投入使用。其测定方法很简便，将定量菌液与待测液混合一起，在所需温度下培养一定时间后（一般培养 5min），即可通过精密光度计直接读出或扫描光量损失百分率。

　　发光细菌用来做水质综合毒性评价有以下优点：①发光细菌对很多有毒物质非常敏感，其灵敏度和可靠性可与鱼体 96h 培养测定的急性毒性方法相比；②发光细菌毒性测试结果与理化分析方法和传统的鱼类毒性试验等其他生物毒性试验结果具有良好的相关性；③仪器使用简便，自动化程度高，反应速度快，一般可在 30min 内得出结果；④由于实验操作简单，能够快速检测，性价比较高。同时，发光细菌法在应用过程中也存在一定的局限性及不足：①作为一种原核生物试验方法，由于原核生物自身特点也不可避免地含有一些缺陷，如原核细胞对毒性物质的耐受性较真核细胞高，某些化合物表现毒性须经过真核生物体内复杂的代谢活化，而原核生物则缺少这些代谢系统；②由于海洋发光菌在测定条件下需加一定量的 NaCl（2%～

5%），对淡水体系样品测试时，高浓度 Cl⁻ 存在会使水样中一些污染物毒性大小发生变化；③明亮发光杆菌的 pH 适应范围较窄，试验时必须将样品 pH 调为 7.3～7.5 后才能测定，影响了样品中有毒组分毒性的真实性。采用淡水发光菌可弥补这方面的不足。尽管存在上述问题，也不会影响发光细菌在环境预警系统中的作用，其反应速度快的特点足以保证第一时间获取水质毒性信息，作为急性毒性初步筛选的手段，能够为进一步的高级动物毒性试验和化学分析提供依据。

随着环境保护工作的深入开展和人们对污染物综合毒性的关注，各种综合毒性的监测方法和检测设备已经问世。但目前的水质毒性研究主要还是针对不同类型水体进行间歇式检测，今后对水体进行连续性水质毒性监测将是环境监测的重点。利用发光细菌自身的优势开发便捷快速低成本的综合毒性监测方法和检测设备，成为环境保护工作中的必要环节。此外，还可以利用发光细菌法与其他方法相结合，制备出具有检测时间短、易于实现连续性在线监测等优点的微生物传感器也是目前研究的热点之一。另外，以毒性数据为基础，结合排污口的污水排放量、主要污染物类型及纳污水体各监测点的水质状况建立水质毒性模型，一方面能够对水污染的发生起到评价和预警的作用，另一方面还能够完善我国的水质评价体系，将水质综合毒性纳入水质评价体系中来，形成以水质和综合毒性为基础的水质评价体系。

2. 酶活性检测法

水体毒性物质常常表现出对特定细菌的某些酶促反应的抑制特性，因而可通过测定酶活性受抑制程度来评价水体毒性。无氧条件下，一些生物染料可以作为生物新陈代谢过程中体内脱氢酶催化反应的电子受体，当生物染料与细菌悬液共存时，其褪色速度是细菌脱氢酶活性大小的标志，通常采用的染料主要有氯化三苯四唑嗯（TTC）、氯化-2-对碘苯-3-对硝基苯-5-苯基四吟嗯（INT）及亚甲基蓝。这种采用酶检测的灵敏方法十分适用于环境的早期预警系统。

3. 化学发光检测技术

化学发光检测技术是根据化学发光酶促反应来检测水毒性的检测技术，主要包括 Eclox 和 Randox 水毒性检测系统。Eclox 系统对地表水化学物的自然变化太敏感，因此此检测系统不适用于地表水毒性评价。

4. 呼吸速率检测技术

由于水中的毒性物质能导致水中微生物的呼吸作用发生变化，可以通过检测微生物的呼吸速率来反映水的毒性。已经投放市场的基于呼吸速率的水毒性检测仪器有 ToxTrak 和 Baroxymeter 系统。ToxTrak 方法是用氧化还原染料刃天青（resazufin）的减少来测量细胞的呼吸作用。ToxTrak 检测方法利用促进剂苯乙哌啶酮（glutethimide）可以减少反应时间，阻止氧的干扰，而且使用苯乙哌啶酮可以用低成本的仪器（如分光光度计和色度计）来测量，从而减少检测成本。这种方法可有效地检测饮用水中的很多污染物，包括重金属、杀虫剂、除草剂、工业化学物和生物毒素等。

Baroxymeter 系统是基于呼吸测量法，即通过压力转换监测微生物的氧吸收。

Baroxymeter 有较稳定的检测性能。用 1mL 的样品量在少于 5min 内测量即可检测到毒性的变化，测量气压的变化在 1Pa 范围内。检测杀虫剂、金属物质的毒性表明，Baroxymeter 具有较好的重现性及与其他的微生物检测法有良好的相关性。

5. 光合作用检测技术

基于对光合作用抑制的水毒性检测系统主要包括 LuminoTox 和水质毒性分析荧光仪（ToxY-PAM）检测系统。LuminoTox 系统的原理是光合作用会抑制荧光素的产生，而水中的有毒物质抑制检测生物的光合作用，从而相应地改变荧光量。与藻类相比，从高等植物中分离光合作用的酶系统（PECs）可在较短时间暴露后检测出金属离子。而且 PECs 能检测较宽的毒素抑制的波谱，但是对无机氮和有机氮的毒性不敏感。结合使用 PECs 和藻类作为 LuminoTox 的生物材料进行毒性检测，可以使得其检测的敏感性与使用水蚤和鱼类进行毒性分析的敏感性基本一致。

ToxY-PAM 系统采用单胞藻类作为指示生物，藻类在受到极低浓度的某些环境污染物刺激时，光合作用性能明显下降，导致藻液荧光产量的增加。ToxY-PAM 系统通过测量藻液中荧光强度的变化来判定水体毒性物质的综合毒性。水体中的多数毒物，如农药、重金属等均能破坏单细胞藻类的光合作用。ToxY-PAM 对敌草隆检测阈值低于欧盟饮用水管理规定的水体中单一的毒性物质的检测极限（0.1μg/L）。由于水体常存在自身的荧光腐蚀物、颜色和混浊度的干扰，而且现在关于藻类对不同化合物的毒性效应的详细资料还相对缺乏，ToxY-PAM 检测技术还没有得到推广。

三、实验材料

1. 菌种

明亮发光杆菌 T₃ 小种（*Photobacterium phosphoreum* T₃ spp.）冻干粉。

2. 试剂

1）3% 的 NaCl 溶液：3.0g NaCl 溶于 90mL 蒸馏水中，定量至 100mL。

2）30% 的 NaCl 溶液：30.0g NaCl 溶于 70mL 蒸馏水中，定量至 100mL。

3）$HgCl_2$ 母液（2000mg/L）：万分之一分析天平精密称量密封保存良好的无结晶水 $HgCl_2$ 0.1000g 于 50mL 容量瓶中，用 3.0% NaCl 溶液稀释至刻度，置于 2~5℃ 冰箱备用，保存期 6 个月。

4）$HgCl_2$ 工作液（2.0mg/L）：用移液管吸取 $HgCl_2$ 母液 10mL 加入 1000mL 容量瓶，用 3.0% NaCl 溶液定容。再用移液管吸取 $HgCl_2$ 20mg/L 的溶液 25mL 加入 250mL 容量瓶，用 3.0% NaCl 溶液定容，将此液倒入配有半微量滴定管的试液瓶，然后用 3.0% NaCl 溶液将 $HgCl_2$ 2.0mg/L 溶液稀释成 0.02mg/L、0.04mg/L、0.06mgL、0.08mg/L、0.10mg/L、0.12mg/L、0.14mg/L、0.16mg/L、0.18mg/L、0.20mg/L、0.22mg/L 和 0.24mg/L 系列浓度（均稀释至 50mL 容量瓶中）。配制的稀释液保存期不超过 24h。

3. 器材

生物发光光度计（配 1mL 测试管），1mL 注射器，10μL 微量注射器，采样瓶，移液管，微型混合器。

四、实验步骤

1. 样品采集

采样瓶使用带有聚四氟乙烯衬垫的玻璃瓶，务必清洁、干燥。采集水样时，瓶内应充满水样不留空气。采样后，用塑胶带将瓶口密封。毒性测定应在采样后 6h 内进行。否则应在 2～5℃条件下保存样品，但不得超过 24h。报告中应写明水样采集时间和测定时间。对于含固体悬浮物的样品须离心或过滤去除，以免干扰测定。

2. 发光细菌冻干菌剂复苏

从冰箱 2～5℃室取出含有 0.5g 发光细菌冻干粉的安瓿瓶和氯化钠溶液，置于冰块中，用 1mL 注射器吸取 1mL 冷的 3% 氯化钠溶液注入已开口的冻干粉安瓿瓶，务必充分混匀。2min 后菌种即复苏发光（可在暗室内检验，肉眼应见微光，备用）。初始发光强度应为 600～1900mV，低于 600mV 允许将倍率调至"×2"档，高于 1900mV 允许将倍率调至"×0.5"档。仍不达标者，更换冻干粉。当 $HgCl_2$ 标准溶液浓度为 0.10mg/mL 时，发光细菌的相对发光度为 50%，其误差不超过 10%（注意：为了保证温度恒定，发光细菌实验在装有空调，室温为 20～22℃ 的实验室内进行）。

3. 测定

1）将生物发光光度计接通电源，预热 10min，调节灵敏度及基数"零"。

2）将废水样品的 pH 用 1：1 的 HCl 调至中性（废水样的 pH 分别在中性和碱性范围）。

3）将废水样 0.00mL、0.20mL、0.40mL、0.60mL、0.80mL 分别置于 1mL 测试管中，加入蒸馏水 0.90mL、0.70mL、0.50mL、0.30mL、0.10mL，稀释废水样，再往每个试管中加入 30% 的 NaCl 溶液 0.1mL，用微型混合器充分振荡混合均匀（注意：每个废水稀释度可设 3 个重复）。

注意：如待测样品为土样，则根据其含水量折算成干重，以水土比 20：1 配置成土壤悬浊液，在振荡器中振荡 2h，然后过滤。取 10mL 滤液加入 0.3g NaCl 配置成 3% NaCl 溶液，为样品液。其他操作同上。

4）加入 10μL 菌悬液，计时，振荡混合均匀，将盛有待测液的试管放入测定仪中，从加入菌悬液时开始计时，5min 后记录各待测液的发光强度，若发光强度为 0 或太低时则需要加大废水样的浓度比例。

5）记录实验数据。

4. 数据处理

1）EC_{50} 表示使发光强度减少 50% 的废水浓度。

2）EC$_{50}$计算：定义 γ 函数，光强度减少和光强度剩余量之比。

光强减少 50%（EC$_{50}$）即 $\gamma = 1$。

$$\gamma = \frac{光强度减少量}{光强度剩余量} = \frac{对照光强 - 样品光强}{样品光强}$$

3）在坐标纸上或利用 Excel 软件，绘出 γ 的对数值 $\lg\gamma$ 与浓度 C 的对数值 $\lg C$ 的函数曲线，从 $\lg\gamma = 0$（即 $\gamma = 1$）与曲线相对应的交点定出 EC$_{50}$。根据表 23-1，判断待测废水的毒性级别。

表 23-1　百分数等级比较法划分的工业废水等级（方战强等，2003）

EC$_{50}$（百分浓度）	毒性级别	等级
<25%	很毒	1
25% ~ 75%	有毒	2
>75%	微毒	3
求不出 EC$_{50}$	无毒	4

五、实验结果

将检测的数据记录于表 23-2 中，并计算出 EC$_{50}$ 的值。根据表 23-1 判断实验所用待测废水的毒性级别。

表 23-2　实验结果

试管编号	废水量/mL	蒸馏水量/mL	30% NaCl 溶液/mL	菌悬液/μL	光强读数
1（对照）	0	0.90	0.10	10	
2	0.20	0.70	0.10	10	
3	0.40	0.50	0.10	10	
4	0.60	0.30	0.10	10	
5	0.80	0.10	0.10	10	

六、思考题

1. 比较各类生物法检测急性毒性方法的优缺点。
2. 待测样品中加入 30% NaCl 溶液的作用是什么？
3. 实验所用待测废水的毒性物质可能来源于什么？

七、参考文献

方战强，陈中豪，胡勇有，等 . 2003. 发光细菌法在水质监测中的应用 . 重庆环境科学，25：56-58.

王广鹤，瞿璟琰，卢湘岳．2008．水质毒性快速检测技术及其发展趋势．环境科技，2（21）：27-31.

朱丽娜，刘瑞志，夏建新，等．2011．发光细菌法测定水质综合毒性研究进展．中央民族大学学报，20（4）：14-20.

朱文杰，徐亚同，张秋卓，等．2010．发光细菌法在环境污染物监测中的进展与应用．净水技术，29（4）：54-59.

Dunlap PV, Tsukamoto KK. 2006. Luminous Bacteria. Prokaryotes，（2）：863-892.

Golding GR, Kelly CA, Sparling R, et al. 2007. Evaluation of mercury toxicity as a predictor of mercury bioavailability. Environ Sci Technol, 41（16）：5685-5692.

Hwang ET, Lee JH, Chae YJ, et al. 2008. Analysis of the toxic mode of action of silver nanoparticles using stress-specific bioluminescent bacteria. Small, 4（6）：746-750.

实验二十四　应用 Ames 实验检测水体中的致突变污染物

一、实验目的

1. 学习应用 Ames 实验检测水体中的致突变污染物的方法。
2. 掌握 Ames 实验的原理。

二、实验原理

　　人们在生活过程中，不断与环境中的各种化学物质相接触。有些物质长时间、低剂量、联合作用于人体，其对人的远期危害作用如何，尤其是致癌效应如何，是当前人们最为普遍关注的问题，也是环境监测工作应该回答的问题。关于癌症的起因，存在着几种学说，但普遍认为，人类癌症 80% ~ 90% 是由于环境因素引起的，而环境因素中又以化学因素占主要地位。目前，世界上常用的化学物质达 7 万种，其致癌性研究比较充分者仅有 1/10；每年又至少增加 1000 种的新化合物，而世界范围内每年能详细鉴定者仅 500 种。应用传统的动物实验方法或通过人群流行病学方法，调查环境污染与人类疾病的关系，费时费钱，工作量巨大，远远满足不了客观要求，因而亟待发展一些快速准确的测试方法，以与上述各法相互补充。目前，世界上已发展了百余种短期快速测试法，其中包括多种利用微生物作为测试手段的方法。

　　Ames 实验是目前国内外公认并首选的一种检测环境致突变物的短期生物学试验方法，其阳性结果与致癌性吻合率高达 83%，因此该实验已广泛应用于致突变化合物的初筛。Ames 实验不仅快速、简便、灵敏、经济，而且能很好地反映环境中多种污染物联合作用的效应。

　　Ames 实验采用鼠伤寒沙门组氨酸营养缺陷型菌株，该菌株不能合成组氨酸，故在缺乏组氨酸的培养基上，仅少数自发回复突变的细菌可以生长（图 24-1）。假如有致突变物存在，则营养缺陷型的细菌回复突变成原养型，因而能生长形成菌落，据此判断受试物是否为致突变物（图 24-2）。某些致突变物需要代谢活化后才能引起回复突变，故需加入经诱导剂诱导的大鼠肝制备的 S9 混合液（其中含有混合功能氧化酶系，能氧化进入肝、肺的外源性化学物质），可产生两种反应：①降解作用，使得化学物质变成低毒或无毒物排出；②激活作用，使得化学物质发生转化，毒性增强，成为致突变物或致癌物。由于肝脏是人体将外来化合物代谢转化的主要场所，将样品经鼠肝脏匀浆液进行活化，可以模拟人体内环境，从而提高结果的准确性。

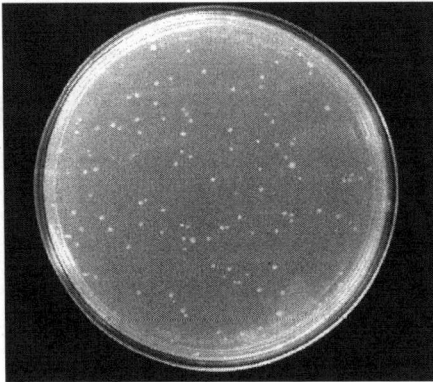

图 24-1　阴性对照

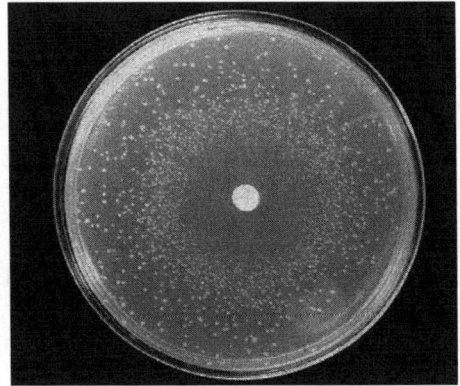

图 24-2　阳性反应

　　在实际操作中，通常采用 TA97、TA98、TA100 和 TA102 一组标准测试菌株。菌株鉴定的判断标准见表 24-1。

表 24-1　常用标准测试菌株的特性（GBZ/T 240.8—2011）

菌株	组氨酸缺陷	脂多糖屏障缺损	氨苄青霉素抗性	紫外线敏感性	四环素抗性	自发回变菌落数*
TA97	+	+	+	+	—	90 ~ 180
TA98	+	+	+	+	—	30 ~ 50
TA100	+	+	+	+	—	100 ~ 200
TA102	+	+	+	—	+	240 ~ 320
注	"+"表示需要组氨酸	"+"表示具有 rfa 突变	"+"表示具有 R 因子	"+"表示具有 ΔuvrB 突变	"+"表示具有 pAQ I 质粒	*在体外代谢活化条件下自发回变菌落数略增

这些菌株的性状鉴定方法如下。

（1）组氨酸缺陷

1）原理：组氨酸缺陷型试验菌株本身不能合成组氨酸，只能在补充组氨酸的培养基上生长，而在缺乏组氨酸的培养基上，则不能生长。

2）鉴定方法：将测试菌株菌液分别于含组氨酸培养基平板和无组氨酸平板上划线，于37℃下培养24h后观察结果。

3）结果判断：组氨酸缺陷型菌株在含组氨酸平板上生长，而在无组氨酸平板上则不能生长。

（2）脂多糖屏障缺损

1）原理：具有深粗糙（rfa）的菌株，其表面一层脂多糖屏障缺损，因此一些大分子物质如结晶紫能穿透菌膜进入菌体，从而抑制其生长，而野生型菌株则不受其影响。

2）鉴定方法：吸取待测菌株菌液0.1mL于营养琼脂平板上划线，然后将浸湿的0.1%结晶紫溶液滤纸条与划线处交叉放置，37℃下培养24h后观察结果。

3）结果判断：假若待测菌在滤纸条与划线交叉处出现一透明菌带，说明该待测菌株具有rfa突变。

（3）氨苄青霉素抗性

1）原理：含R因子的试验菌株对氨苄青霉素有抗性。因为R因子不太稳定，容易丢失，故用氨苄青霉素确定该质粒存在与否。

2）鉴定方法：吸取待测菌株菌液0.1mL，在氨苄青霉素平板上划线，37℃下培养24h后观察结果。

3）结果判断；假若测试菌在氨苄青霉素平板上生长，说明该测试菌具有抗氨苄青霉素作用，表示含R因子，否则，表示测试菌不含R因子或R因子丢失。

（4）紫外线敏感性

1）原理：具有ΔuvrB突变的菌株对紫外线敏感，当受到紫外线照射后，不能生长，而具有野生型切除修复酶的菌株，则能照常生长。

2）鉴定方法：吸取待测菌株菌液0.1mL于营养琼脂平板上划线，用黑纸盖住平板的一半，置紫外灯下照射（15W，距离33cm）8s，置37℃下孵育24h后观察结果。

3）结果判断：具有ΔuvrB突变的菌株对紫外线敏感，经辐射后细菌不生长，而具有完整的切除修复系统的菌株，则照常生长。

（5）四环素抗性

1）原理：具有pAQ I的菌株对四环素有抗性。

2）鉴定方法：吸取待测菌株菌液0.1mL于氨苄青霉素/四环素平板上划线，置37℃下孵育24h后观察结果。

3）结果判断：假若测试菌照常在氨苄青霉素/四环素平板上生长，表明该测试菌株对氨苄青霉素和四环素两者有抗性，具有 pAQ I 质粒，否则，说明测试菌株不含 pAQ I 质粒。

（6）自发回变

1）原理：每种试验菌株都以一定的频率自发地产生回变，称为自发回变。这种自发回变是每种试验菌株的一项特性。

2）鉴定方法：将待测菌株菌液 0.1mL 加到 2mL 含组氨酸-生物素的顶层琼脂培养基的试管内，混匀后铺到底层琼脂平板上，待琼脂固化后，置 37℃培养箱中孵育 48h 后记数每皿回变菌落数。

3）结果判断：每种标准测试菌株的自发回变菌落数应符合表 24-1 要求。经体外代谢活化后的自发回变菌落数，要比直接作用下的略高。

（7）回变特性——诊断性试验

1）原理：每种试验菌株对诊断性诱变剂回变作用的性质及 S_9 混合液的效应不一。

2）鉴定方法：按照平板掺入试验的操作步骤进行，将受试物换成诊断性诱变剂。

3）结果判断：标准菌株对某些诊断性诱变剂特有的回变结果参见表 24-2。

表 24-2　测试菌株的回变性（GBZ/T 240.8—2011）

诱变剂	剂量/μg	S_9	TA97	TA98	TA100	TA102
柔毛霉素	6.0	—	124	3123	47	592
叠氮化钠	1.5	—	76	3	3000	188
ICR-191	1.0	—	1640	63	185	0
链霉黑素	0.25	—	inh	inh	inh	2230
丝裂霉素 C	0.5	—	inh	inh	inh	2772
2，4，7-三硝基-9-芴酮	0.20	—	8377	8244	400	16
4-硝基-O-次苯二胺	20	—	2160	1599	798	0
4-硝基喹啉-N-氧化物	0.5	—	528	292	4220	287
甲基磺酸甲酯	1.0	—	174	23	2730	6586
2-氨基芴	10	+	1742	6194	3026	261
苯并（α）芘	1.0	+	337	143	937	255

注：inh 表示抑菌；表中数值均已扣除溶剂对照回变菌落数；ICR-191 为 2-甲氧-6-氯-9- [3- （2-氯乙基）氨基丙胺] 吖啶。

目前用 Ames 法测定了数百种分属各类群的化合物，其结果与致癌性的吻合率高达 80%～90%。可见，所用沙门菌菌株极为灵敏，适于多类物质的检测；又可根据其菌株型号，推知该化合物所引起的突变类型。同时，该法尚有微生物试验法所具有的如下优点：①试验周期短，两天即可得到结果，远比动物试验快；②一次试验即可同时作用于以千万计的细菌个体，远非动物试验所能及；③灵敏度高，待测物需用量少，有时虽低至 ng 也能检出致突变性，因而大大节约了药品及工作量；④试验用品不复杂，操作步骤简便，结果明确易于检查；⑤可以直接测定混合物（液），能更好地反映污染环境中多种物质联合作用的总效应。因此，Ames 实验法问世以来，受到最广泛的重视与应用，确是一种良好的环境潜在致突变物与致癌物的初筛报警手段。然而，任何一种方法均有其局限性。Ames 实验尚有约 10% 的不吻合率，可能出现假阳性及假阴性。尤其使人关注的是假阴性，某些偶氮化合物、激素类、抗生素及重金属等致癌物，本法检测不出，呈假阴性反应。其原因各有不同。例如，金属致癌物，可能因其被培养基中大量螯合剂所结合的缘故；抗生素因对微生物细胞致毒，因而不能测出；某些致癌物，不是由于致突变机制而使细胞恶化的，当然也不能为 Ames 法所测出；有的物质虽引起突变，但非所用沙门菌菌株的突变型，或者因所加之代谢活化系统不适当等，因而检测成为假阴性。其最主要的问题还在于，细菌与人毕竟存在生物种属的不同，体外代谢活化系统也不能完全准确地代表人体内激活与解毒的过程。因此，欲将细菌致突变试验的结果外推于人，做出正确恰当的对人体危害的评价，是一件极为复杂的工作，必须慎重对待。应配合其他检测方法做出准确的综合评价，应当采用一组而非一项试验来判明物质的致癌性。

三、实验材料

1. 菌种

采用 TA97、TA98、TA100 和 TA102 一组标准测试菌株（注意：标准测试菌株在使用前，必须进行预检，以免菌株失效）。

2. 器材

培养箱，恒温水浴锅，振荡水浴摇床，压力蒸汽消毒器，干热烤箱，低温冰箱（-80℃）或液氮生物容器，普通冰箱，天平（精密度 0.1g 和 0.0001g），混匀振荡器，匀浆器，菌落计数器，低温高速离心机，玻璃器皿等。

3. 试剂与培养基

1）0.5mmol/L 组氨酸- 0.5mmol/L 生物素溶液。成分：L-组氨酸（M_r155）78mg，D-生物素（M_r244）122mg，加蒸馏水至 1000mL。配制：将上述成分加热，以溶解生物素，然后在 0.068MPa 下高压灭菌 20min。贮于 4℃冰箱。

2）顶层琼脂培养基。成分：琼脂粉 1.2g，氯化钠 1.0g，加蒸馏水至 200mL。配制：上述成分混合后，于 0.103MPa 下高压灭菌 30min。实验时，加入 0.5mmol/L 组氨酸-0.5mmol/L 生物素溶液 20mL。

3）Vogel-Bonner（V-B）培养基 E。成分：柠檬酸（$C_6H_8O_7 \cdot H_2O$）100g，磷酸氢二钾（K_2HPO_4）500g，磷酸氢铵钠（$NaNH_4HPO_4 \cdot 4H_2O$）175g，硫酸镁（$MgSO_4 \cdot 7H_2O$）10g，加蒸馏水至 1000mL。配制：先将前 3 种成分加热溶解后，再

将溶解的硫酸镁缓缓倒入容量瓶中，加蒸馏水至 1000mL。于 0.103MPa 下高压灭菌 30min。贮于 4℃冰箱。

4）底层琼脂培养基。成分：琼脂粉 7.5g，蒸馏水 480mL，V-B 培养基 E 10mL，20% 葡萄糖溶液 10mL。配制：首先将前两种成分于 0.103MPa 下高压灭菌 30min 后，再加入后两种成分，充分混匀倒底层平板。按每皿 25mL 制备平板，冷凝固化后倒置于 37℃ 培养箱中 24h，备用。

5）营养肉汤培养基。成分：牛肉膏 2.5g，胰蛋白胨 5.0g，磷酸氢二钾（K_2HPO_4）1.0g，加蒸馏水至 500mL。配制：将上述成分混合后，于 0.103MPa 下高压灭菌 30min。贮于 4℃冰箱。

6）S_9 混合液。成分（每毫升 S_9 混合液）：肝 S_9 100μL，盐溶液 20μL，灭菌蒸馏水 380μL，0.2mol/L 磷酸盐缓冲液 500μL，辅酶 II（NADP）4μmol，6-磷酸葡萄糖（G-6-P）5μmol。配制：将辅酶 II 和 6-磷酸葡萄糖置于灭菌三角瓶内称重，然后按上述相反的次序加入各种成分，使肝 S_9 加到已有缓冲液的溶液中。该混合液必须临用现配，并保存于冰水浴中。实验结束，剩余 S_9 混合液应该丢弃。

7）0.15mol/L 氯化钾溶液。氯化钾 11.18g，加蒸馏水至 1000mL。

4. 待测样品

可能含致癌物的工业废水，稀释成含待测液百分之几至千分之几的浓度。如果受试物为水溶性，可用灭菌蒸馏水作为溶剂；如为脂溶性，应选择对试验菌株毒性低且无致突变性的有机溶剂，常用的有二甲基亚砜（DMSO）、丙酮、95% 乙醇。一般操作中，为了减少误差和溶剂的影响，常按每皿使用剂量用同一溶剂配成不同的浓度，固定加入量为 100μL。

决定受试物最高剂量的标准是对细菌的毒性及其溶解度。自发回变数的减少，背景菌变得清晰或被处理的培养物细菌存活数减少，都是毒性的标志。

对原料而言，一般最高剂量组可为 5mg/皿。对产品而言，有杀菌作用的受试物，最高剂量可为最低抑菌浓度，无杀菌作用的受试物，最高剂量可为原液。受试物至少应设 4 个剂量组。每个剂量均做 3 个重复。

四、实验步骤

1. 大鼠肝微粒体酶的诱导和 S_9 的制备

（1）诱导

最广泛应用的大鼠肝微粒体酶的诱导剂是多氯联苯（PCB 混合物），选择健康雄性大鼠（体重 200g 左右），一次腹腔注射诱导剂，剂量为 500mg/kg 体重。诱导剂溶于玉米油中，浓度为 200mg/mL。

（2）S_9 制备

动物诱导后第 5 日断头处死。处死前 12h 停止饮食，但可自由饮水。首先，用 75% 乙醇消毒动物皮毛，剖开腹部。在无菌条件下，取出肝脏，去除肝脏的结缔组织，用冰浴的 0.15mol/L 氯化钾溶液淋洗肝脏，放入盛有 0.15mol/L 氯化钾溶液的烧杯里。按每克肝脏加入 0.15mol/L 氯化钾溶液 3mL。用电动匀浆器制成肝匀浆，再在低温高速离心机上，4℃，9000g 离心 10min，取上清液（S_9）分装于塑料管中。每管装 2~3mL。储存于液氮生物容器中或−80℃冰箱中备用。

注意：上述全部操作均在冰水浴中和无菌条件下进行。制备肝 S_9 所用一切手术器械、器皿等，均经灭菌消毒。S_9 制备后，其活力需经预实验进行鉴定。

2. 增菌培养

取营养肉汤培养基 5mL，加入无菌试管中，将保存的菌株培养物接种于营养肉汤培养基内，37℃ 振荡（100 次/min）培养 10h。该菌株培养物应每毫升不少于 $1×10^9$~$2×10^9$ 活菌数。

3. 平板掺入法

预先制备底层琼脂平板。实验时，将含 0.5mmol/L 组氨酸-0.5mmol/L 生物素溶液的顶层琼脂培养基 2.0mL 分装于试管中，45℃ 水浴中保温，然后每管依次加入试验菌株增菌液 0.1mL、待测水样 0.1mL 和 S_9 混合液 0.5mL（需代谢活化），充分混匀，迅速倾入底层琼脂平板上，转动平板，使之分布均匀。水平放置待冷凝固化后，倒置于 37℃ 培养箱里孵育 48h。记数每皿回变菌落数（每种处理重复 3 次）。

实验中，待测水样需设不同稀释度，还应同时设空白对照（自发回变）、溶剂对照、阳性诱变剂对照和无菌对照。

阳性诱变剂对照可以选用黄曲霉毒素 B1。黄曲霉毒素 B1 须经过大鼠肝微粒体酶的激活。黄曲霉毒素 B1 的浓度选用 10μg/mL 和 100μg/mL 两个浓度，其他操作同上。

自发回变鉴定方法：将待测菌株增菌液 0.1mL 加到 2mL 含组氨酸-生物素的顶层琼脂培养基的试管内，混匀后铺于底层琼脂平板上，待琼脂固化后，置 37℃ 培养箱中孵育 48h 后计数每皿回变菌落数。

4. 数据处理和结果判断

记录待测水样各稀释度、空白对照（自发回变）、溶剂对照及阳性诱变剂对照的每皿回变菌落数，并求平均值和标准差。

如果待测水样的回变菌落数是溶剂对照回变菌落数的两倍或两倍以上，并呈剂量-反应关系者，则该受试物判定为致突变阳性。

受试物经上述 4 个试验菌株测定后，只要有一个试验菌株，无论在加 S_9 或未加 S_9 条件下均为阳性，则可报告该受试物对鼠伤寒沙门菌为致突变阳性。如果受试物经 4 个试验菌株检测后，无论加 S_9 和未加 S_9 均为阴性，则可报告该受试物为致突变阴性。

五、实验结果

待测水样的 Ames 实验结果填入表 24-3 中，并判断实验结果。

表 24-3　Ames 试验菌株的回变结果（平均值±标准差）

组别	稀释度	TA97		TA98		TA100		TA102	
		$-S_9$	$+S_9$	$-S_9$	$+S_9$	$-S_9$	$+S_9$	$-S_9$	$+S_9$
待测水样									
自发回变									
溶剂对照									
阳性诱变剂对照									

六、思考题

1. 设置空白对照（自发回变）、溶剂对照及阳性诱变剂对照的作用是什么？
2. 待测水样是否合格？分析原因。

七、参考文献

王家玲. 2004. 环境微生物学. 北京：高等教育出版社.

GBZ/T 240.8—2011. 化学品毒理学评价程序和试验方法. 第 8 部分：鼠伤寒沙门氏菌回复突变试验.

Mortelmansa K, Zeiger E. 2000. The Ames Salmonella/microsome mutagenicity assay. Mutation Research/Fundamental and Molecular Mechanisms of Mutagenesis, 455: 29-60.

Ames BN, Durston WE, Yamasaki E, et al. 1973. Carcinogens are mutagens: a simple test system combining liver homogenates for activation and bacteria for detection. Proc Natl Acad Sci USA, 70: 2281-2285.

第六章　微生物在环境领域上的应用技术

实验二十五　木质纤维素废弃物制备燃料乙醇

一、实验目的

1. 了解纤维乙醇生产的意义。
2. 掌握纤维乙醇生产的关键工艺技术。
3. 掌握纤维乙醇稀酸预处理、酶水解和乙醇发酵工艺过程。

二、实验原理

随着化石资源的日益枯竭，能源问题已成为当今人类面临的最严峻的问题，清洁、可再生能源开发迫在眉睫，而生物质能源是解决能源问题的重要出路。随着新能源研究热潮的到来，涌现出许多新的绿色能源，如燃料乙醇、燃料丁醇、生物柴油、生物制氢、秸秆发电等。其中，燃料乙醇由于无污染、可再生被公认为最有前景的新能源之一，是化石类燃料的理想替代品。传统的淀粉质乙醇生产存在"与人争粮、与粮争地"的问题，而木质纤维素资源是地球上现存量最大的生物质资源，用其来生产生物燃料可有效解决能源和环境两方面的问题，因此燃料乙醇的生产正在由粮食乙醇向纤维乙醇转变。

目前乙醇发酵微生物菌种均不能直接利用木质纤维素，木质纤维素需首先经过预处理和水解糖化成为单糖（葡萄糖、木糖、阿拉伯糖等）后再经过酵母菌的乙醇发酵才可以得到乙醇。因此，纤维乙醇的生产主要步骤包括原料预处理、水解糖化、乙醇发酵和产物提取等过程。

（一）原料预处理

木质纤维素主要由纤维素、半纤维素和木质素等成分组成（图25-1），3种成分在不同的原料中含量不同（表25-1）。其中纤维素和半纤维素可以转化成可发酵糖进而发酵生成乙醇，而木质素在纤维素周围形成保护层，从而阻碍了酶对纤维素的水解作用。原料预处理的作用是去除木质素和半纤维素，降低纤维素结晶度，提高基质的孔隙率，以促进后期纤维素的水解糖化（图25-1）。原料预处理过程的费用占总成本的20%左右，因此高效廉价的预处理方法是原料能否高效利用的前提，也是降低纤维乙醇成本的关键。目前预处理的方法主要有物理法、化学法、生物法及其他联用技术。

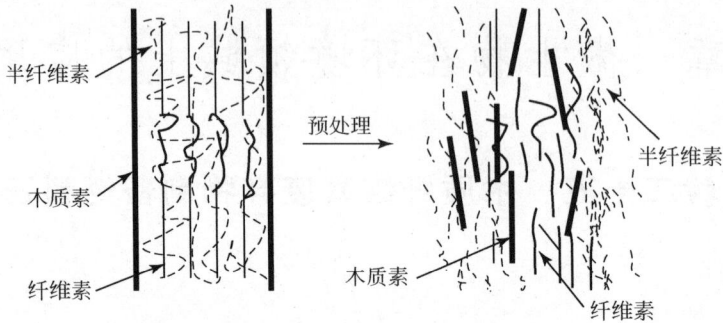

图 25-1　木质纤维素结构示意图及预处理的作用

表 25-1　生物质的主要成分

生物质	纤维素/%	半纤维素/%	木质素/%
阔叶木	40 ~ 55	24 ~ 40	18 ~ 25
软木	45 ~ 50	25 ~ 35	25 ~ 35
坚果壳	25 ~ 30	25 ~ 30	30 ~ 40
玉米秸秆	45	35	15
草	25 ~ 40	35 ~ 50	10 ~ 30
麦秸	30	50	15
树叶	15 ~ 20	80 ~ 85	0
棉籽絮	80 ~ 95	5 ~ 20	0
柳枝草	45	31.4	12.0

1. 物理预处理

物理预处理法包括机械粉碎（球磨、压缩球磨）、高温蒸煮、蒸汽爆破、超声波、微波处理和高能辐射等。物理预处理的目的是通过缩小生物质的粒度来降低结晶度，破坏木质素和半纤维素的结合层，使得物料的比表面积相对增大，软化生物质使部分半纤维素从生物质中分离、降解，从而增加酶对纤维素的可及性，提高纤维素的酶解转化率。

（1）机械粉碎

机械粉碎法通过机械削切和研磨将木质纤维素处理成 10 ~ 30mm 的切片或 0.2 ~ 2.0mm 甚至更为细小的颗粒，可有效降低木质纤维素的结晶度和消化效率，其中震荡球磨的效率较高。相对来说，机械粉碎耗时长、耗能高，无法在工业化生产中广泛使用。

（2）蒸汽爆破

蒸汽爆破法是当今应用最为广泛的木质纤维素预处理技术，其原理是木质纤维素类物质在高温 160～260℃、高压 0.69～4.83MPa 水蒸气中经过短时间蒸煮，高压蒸汽通过扩散作用进入木质纤维素细胞壁内部，使纤维结构的牢固性减弱，待处理结束时迅速降压降温，植物内部的高压气体瞬时释放，使木质纤维物料膨胀破裂。同时，半纤维素被爆破过程中产生的乙酸和其他有机酸所溶解，从而导致纤维素暴露出来，增大了微纤维与酶的可及性。影响蒸汽爆破处理效果的因素主要有以下几方面：压力保持时间、温度、颗粒的粒径大小和含水量等。河南新乡鹤壁正道重型机械厂生产的蒸汽爆破试验设备能够在 0.008 75s 内实现瞬时爆破，爆破能量集中，实现了真正意义上的爆破。陈洪章等利用蒸汽爆破技术生产纤维乙醇，将汽爆的秸秆进行糖化，发现酶解率可有 80%～90%，比未经汽爆的秸秆酶解率提高了 60%～70%。陈尚钘等利用蒸汽爆破技术处理玉米秸秆，结果发现：在蒸汽压为 1.3～1.9MPa、保留时间为 1～9min 的情况下，秸秆回收率为 82.77%～85.94%，木糖损失率为 39.32%～83.57%。罗鹏等用蒸汽爆破法预处理麦草，结果表明，温度为 210℃、停留时间为 8min 的预处理条件下，汽爆麦草原料的纤维分离程度最佳，并且纤维素的酶水解得率最高，达 73.2%。

近几年来，通过加入各种催化剂（酸或碱）或改换不同的蒸汽介质（如氨水），发展出许多新型的爆破技术，有效推动了预处理技术的发展，使蒸汽爆破成为最接近商业化应用的预处理方法。例如，氨纤维爆破法在蒸煮过程中加入液氨，液氨可使木质素发生解聚反应，同时破坏木质素与糖类间的连接，部分脱除木质素，从而改变植物纤维的结构。此外研究表明，蒸汽爆破处理前对原料进行水或酸、碱浸泡可大大提高预处理过程中原料的利用率。大量不同种类的木质纤维素预处理试验证明了蒸汽爆破技术的可行性，其使用规模也在不断扩大。

相对于机械粉碎，蒸汽爆破法可以节省大约 70% 的能量，同时对环境不产生污染，酶解效率高。蒸汽爆破法的局限主要包括半纤维素的分解、木质素的不完全降解，以及在处理过程中产生的对于后续酶水解和发酵有害的物质较多。因此，需要用大量的水冲洗预处理产物以去除这些有害物质。但冲洗的同时带走了可溶性的糖，其中包括一大部分的可溶性半纤维素，降低了总糖的产量。

（3）超临界水处理

超临界水处理是指利用处于超临界状态（$T>374.2℃$、$P>22.1MPa$）的水处理木质纤维素的方法，通常与亚临界水解技术联合使用。在临界点（$T=374.2℃$、$P=22.1MPa$）时，水的溶剂化能力突然增强，电离程度增大，可有效打破木质素的包裹作用，同时降低纤维素的结晶度，使纤维素溶解在超临界水溶液中并分解成低聚糖和葡萄糖。阳金龙等研究了该技术在玉米秸秆预处理中的应用，将 40mg 玉米秸秆和 2.5mL 水置于 380～400℃ 的密闭容器中反应 15～35s，结果表明，玉米秸秆在 388℃ 的超临界水相中，经 21s 的反应时间后，低聚糖转化率和可检测转化率最高，分别为 24.1% 和 43.6%。相对于传统预处理技术，超临界水处理具有反应时间短、水解效率高、资源和环境成本低等优点，但是作为一项新兴技术，其理论研究相对不足，尚无法解决葡萄糖分解产物较多、副产物成分复杂、发酵糖产量较低等问题。

（4）高温热水预处理

高温热水预处理利用高温高压下水穿透生物质的细胞壁，使生物质中的半缩醛键断裂生成酸，酸又会使半纤维素水解成单糖，预处理后的纤维素具有较高的酶消化性。同时，高温时水发生自电离，为整个体系提供酸性介质，通过水解醚键和酯键促进生物质的转化。

（5）辐射预处理

高能辐射预处理是利用电离辐射（包括放射性核素产生的核辐射及加速器产生的粒子束）与物质或材料相互作用产生的物理、化学或生物学变化，对物质或材料进行加工处理的过程。采用高能射线如电子辐射、X 射线对纤维素原料进行预处理，可以降低纤维素原料的聚合度（DP），减少结晶性，增加活性，利于水解。电子辐射剂量在 100Mrad 时，只引起纤维素聚合度的下降，秸秆糖化率仅仅能提高 10%，只有辐射剂量大于 100Mrad 时才能提高纤维物料的水解速度及转化率。采用高能电子辐射预处理秸秆可降低纤维素聚合度，减少使用化学药品造成的废水等环境污染，但需高剂量的辐射才能提高纤维素的水解速度及转化率，预处理成本偏高。

微波是频率从 300M～300GM Hz 的电磁波（波长 1mm～1m），其方向和大小随时间做周期性变化，是一种具有穿透特性的电磁波。李静等进行了微波强化酸预处理玉米秸秆的乙醇发酵工艺的研究，发现微波可以强化酸预处理效果，提高糖化速度，作用时间缩短了 1h。微波具有反应速度快、处理时间短、操作简单、产率高、价格低廉及环境友好的特点。但设备投资费用高，目前还处在实验室研究阶段。

2. 化学预处理

化学预处理中主要有酸水解、碱水解、臭氧分解、有机溶剂分解、氧化降解木质素等方法。该法可使纤维素、半纤维素和木质素膨胀并破坏其结晶性，使天然纤维素溶解并降解，从而增加其可消化性，但存在诸如需高浓度无机酸、碱，处理后纤维素和半纤维素损失大（收率仅 50%），试剂回收、中和和洗涤困难，强酸和强碱对设备的要求高，造成设备成本增加，有机溶剂腐蚀性和毒性大，环境污染严重，形成产物多种多样（如纤维糊精、纤维二糖、葡萄糖、葡聚糖等），产品得率低的缺点。

（1）稀酸预处理

稀酸预处理一般在高温（120～220℃）高压（0.1MPa）条件下进行，造成纤维素内部的氢键破坏，从而有利于纤维素的水解，且稀酸水解木聚糖到木糖转化率很高，糖转化率为 80%～100%。唐锴在研究中发现，稀硫酸预处理方法对秸秆各组分降解率最高，在最适水解条件（0.7% 稀硫酸、121℃、1h）下，半纤维素、纤维素、木质素的降解率分别为 46.15%、43.75% 和 50.00%。虽然稀酸水解法较其他方法相比有更高的水解率，但 Selig 等的研究表明采用稀酸130℃以上预处理木质纤维生物质时，温度超过木质素的相转换温度时会发生液化现象，在纤维素表面可能会形成一些由木质素和木质素与碳水化合物复合物形成的球状液滴，对酶糖化作用有 5% ~20% 的抑制作用。

稀酸预处理作为一种成熟的工艺，虽然具有价格低、工艺简单、木糖回收率高（可在90%以上）等优点。但其缺点也很明显，如高压工艺和为避免严重腐蚀，预处理需要昂贵的设备材料；处理过程中的降解产物对后续生物质发酵有抑止作用，因此需要在糖发酵之前将酸中和并且去除酸中和生成的盐；水解速度慢，需要长达 7d 的预处理反应时间。这些都使得稀酸预处理方法成本大大增加。

（2）碱预处理

碱预处理的作用原理是利用 OH^- 使木质素的醚键发生断裂，随着交联键的断裂，木质纤维素的孔径率增大，从而使木质素大分子碎片化，部分木质素溶解于反应溶液中。同时使纤维素膨胀，半纤维素溶解，并削弱纤维素和半纤维素的氢键及皂化半纤维素和木质素分子之间的酯键。$NaOH$、$Ca(OH)_2$、NH_4OH、$NaHCO_3$ 是应用较多的碱预处理试剂。Mclntosh 等在 121℃ 条件下用 0.75% 和 2.0% 的 NaOH 预处理麦秆 30min，结果表明分别有 20% 和 33% 的半纤维素溶解，酶糖化作用较未处理组提高了 6.3 倍。Chen 等采用 $Ca(OH)_2$ 处理芒草秸秆，半纤维素的水解率大于 67.8%，木质素的去除率为 43.1%。Kim 等发现 15% NH_4OH、60℃、1：6 的料液比，处理玉米秸秆 12h，可以去除 67% ~71% 的木质素，在酶用量足够多的条件下，几乎所有的纤维素都可被水解。

碱处理是现在人们普遍采用的方法，但是在用碱处理秸秆时除溶解掉一部分木质素外，也使部分半纤维素被分解，损失较大，同时与用酸处理相同，用碱进行预处理也存在着试剂的回收、中和及洗涤等问题，这些问题都不可避免地会造成环境污染。随着技术的发展，酸或碱处理通过与其他的物理或化学方法（包括球磨法、蒸汽爆破、微波或氧化技术）进行组合，将形成一些更有效的预处理方法。

（3）有机溶剂法

有机试剂预处理广泛应用于处理各种木质纤维素生物质的工艺中，主要包括一些低分子质量的脂肪醇、有机酸等。乙醇可以降低处理液黏度使得化学物质能够更好地扩散渗透到生物质中，有助于木质素的去除，还能够降低木质素重新沉降的速度，从而减少木质素的凝结，并易于回收。有机试剂预处理后的纤维素具有更好的漂白性及黏度保持性，可以用来生产纤维胶和羧甲基纤维素，但考虑到全过程的经济性，有机试剂的回收是一个关键问题。另外对于具有腐蚀性的有机试剂，该工艺需采用耐腐蚀性设备。

3. 生物法

生物法是利用可降解木质纤维素类物质的微生物产生的酶来降解木质素和溶解半纤维素。微生物方法预处理被认为是目前最有前途的一种处理手段，它具有对环境无污染、降解率高、用途广、周期短、可再生、成本低等优点，能提高秸秆的综合利用效率，利于可持续发展。微生物法主要利用菌类产生的一些酶来降解木质素和半纤维素，而对纤维素的降解作用较小。目前常用的真菌有白腐菌、褐腐菌等，如黄孢原毛平革菌、彩绒革盖菌等，利用这些真菌产生的木质素分解酶系来对物料进行分解。Kurakake 等对城市垃圾中办公室用纸采用两种菌株少动鞘氨醇单胞菌（*Sphingomonas paucimobilis*）和环状芽孢杆菌（*Bacillus circulans*）进行混合预处理，然后再用酶水解。研究表明，混合菌株生物预处理技术能够有效提高废弃办公用纸的酶水解率，糖回收率可达94%，预处理效果显著。陈合等采用黄孢原毛平革菌固体发酵去除秸秆中的部分木质素，再添加外源纤维素酶、木聚糖酶降解纤维素和半纤维素。经过 25d 发酵降解及 6d 的酶解，使秸秆中的纤维素、半纤维素和木质素的降解率分别达 60.4% 、33.0% 和 67.0% 。

表25-2 总结了几种常用的预处理技术及其优缺点，其中稀酸预处理因其廉价性和有效性，是目前被认为最实用、可以进行工业化生产的预处理技术。蒸汽爆破技术减少了酸、碱等化学试剂的使用风险，可以实现纤维素、半纤维素和木质素的组分分离，糖回收率较高，也受到了广泛的关注。将蒸汽爆破配合一定化学物质进行木质纤维素预处理，不仅可以提高还原糖得率，还可以降低成本，被认为是未来可以进行产业化的重要技术。

表 25-2　几种常用预处理技术及其特点

预处理技术	特点	方法	应用前景
蒸汽爆破	处理时间短；能耗相对较低；但发酵抑制物多	2.5MPa 维持 200s，木质素降解 36.65%	具有高经济实用性
微波处理	处理时间短；纤维素的反应活性高；处理费用高	甜高粱渣固液比 1∶10，微波 2000W/g，4min，还原糖 39.8g/100g	难以实现工业化
稀酸法	半纤维素溶解；催化成本低；腐蚀性强；回收难	1%（wt）稀硫酸，140℃处理 40min，总糖产量为 86%	实用性强，易实现工业化生产
稀碱法	降低纤维素结晶度；有效去除木质素；污染大	10%（wt）NaOH，0.8% Na$_2$SO$_3$，140℃、30min，总糖 0.48g/g（玉米秸秆）	应用广泛，但难以规模化生产
液氨法	条件温和；不产生抑制性副产物；损失部分半纤维素	氨水 50%（wt），固液比 1∶5，30℃处理 4 周，降低木质素含量 55%（wt）	实用性好但成本相对较高
臭氧法	高效脱除木质素；不产生抑制物；成本高；污染环境	处理 3d，降解 50% 以上的木质素	生产成本高
蒸汽爆破-化学方法	提高半纤维素水解程度；酶使用成本低；发酵抑制物多	2% CaO 与秸秆质量比 2∶100 处理 3d，蒸汽爆破，糖得率 39.8%	预处理技术研究的发展方向
生物降解	能耗低；无污染；周期长	真菌或木质素酶处理秸秆，单糖产量为 25%~35%	实用性差

（二）水解糖化

预处理后的木质纤维素经进一步水解糖化后形成以葡萄糖和木糖为主的单糖水解液，目前多采用酸水解和酶水解两种途径。

（1）酸水解

纤维素或半纤维素以单糖通过 β-1，4-糖苷键连接而成，在酸性条件及适当温度作用下，糖苷键发生断裂，形成单糖。稀酸水解过程中，绝大部分半纤维素和少量的纤维素被降解成可溶性糖类，形成以木糖为主的水解液，这也是目前纤维素木糖生产工艺中普遍采用的水解方法。Aguilar R 等利用 2% 稀硫酸在 122℃ 下处理 24min，可使蔗渣中 92% 木聚糖水解为木糖；2% 稀硫酸 122℃ 处理 71min，高粱秆的木糖产量为 18.17g/100g（原料）。提高酸的浓度或处理温度可加速纤维素的水解，提高葡萄糖产量。例如，橡木在 83% 硫酸、140℃ 水解几分钟，80% 的纤维素水解为葡萄糖；黄麻秆用 70% 的硫酸，在 40～50℃ 处理 10～20min，总糖产率接近 100%；周兰兰等用浓酸水解木屑，单糖收率在 90% 以上。为了减轻浓酸对设备的危害及对产物质量的影响，也有研究者提出两步稀酸水解法：先采用低温将半纤维素水解再在高温下水解纤维素。例如，王晨霞等采用 72% 浓硫酸，常压下 30℃ 处理 2h，再用 4% 的稀硫酸，在 0.1MPa 压力下水解 1h，玉米芯还原糖和五碳糖的质量转化率分别为 81% 和 46%；王欢等先采用 60% 硫酸，酸固比 12：1，45℃ 水解 30min，再在水固比 220：1 条件下，100℃ 水解 120min，玉米秸秆总糖收率可达 93.81%。但在高温酸性条件下水解纤维素工艺对设备的要求较高，该技术还不能实现商业化生产。

（2）酶水解

不论是采用何种酸水解工艺，都存在酸回收困难、副产物多及必须选用耐腐蚀设备等缺点。而酶水解因具有负影响小，条件温和（pH 为 4.8，温度为 45～55℃），能量消耗小，专一性强，无腐蚀，无环境污染和无发酵抑制物等特点，是目前木质纤维素水解研究的重点和热点。

酶水解是指木质纤维素经预处理后再在纤维素酶和木聚糖酶等的作用下生成相应种类单糖的过程。但是由于木质纤维素原料质地疏松、密度小、浸水性差，致使一次性加料固形物浓度低，水解液中还原糖浓度一般为 30～50g/L，不利于糖的浓缩、提纯。补料糖化是获得高浓度糖、提高设备利用率、降低能耗最直接和有效的方法之一。杨茂华等结合蒸汽爆破和碱性过氧化氢两种预处理方法，在初始物料为 12%（m/V），纤维素酶量为 20FPU/g 的条件下，依次在 12h、36h、60h 添加 6% 的物料，144h 后最终的还原糖含量达 220g/L，原料转化率为 60%。龚信芳等对木渣分批补料糖化进行研究发现，在相同水解和酶添加量条件下，采用 4% 的起始底物，每隔 12h 进行补料，与间歇糖化工艺相比，葡萄糖得率从 53.6% 提高到 72.4%。宋安东等对分批补料获得高浓度玉米秸秆酶解还原糖的条件进行了优化，在 24h、48h

后分别补加物料和酶，还原糖质量浓度从 48.5g/L 提高到 138.5g/L，酶解率达理论值的 62.5%。但是，补料糖化过程增加了酶的用量，还原糖水解得率降低，使得成本大幅度提高。

（三）乙醇发酵

1. 微生物发酵菌种

纤维乙醇发酵的主要菌种为酿酒酵母，然而由于该菌种只能利用葡萄糖等六碳糖，不能利用木糖等五碳糖，限制了纤维乙醇生产的经济可行性。因此，如何有效实现木糖及两种糖的同时同等利用，一直是生产燃料乙醇的巨大挑战，这也是燃料乙醇生产菌种研发过程中不可回避的关键问题。目前能够相对有效利用木糖和葡萄糖生产纤维素乙醇的微生物可分为两类：一类是天然存在的木糖利用菌，如树干毕赤酵母（*Pichia stipitis*）、休哈塔假丝酵母（*Candida shehatae*）和嗜鞣管囊酵母（*Pachysolen tannophilus*）等，另一类是人们构建的基因工程菌，包括酿酒酵母（*Saccharomyces cerevisiae*）、大肠杆菌（*Escherichia coli*）和运动单胞菌（*Zymomonas mobilis*）等。但是这些菌种在葡萄糖和木糖利用的问题上仍然存在不能高效同时同等利用，有较多的副产物积累，还有对高浓度乙醇和水解抑制物耐受性差等一系列问题。

2. 发酵工艺

木质纤维素转化为燃料乙醇的常用发酵工艺有以下几种：分步糖化发酵工艺（separate hydrolysis and fermentation，SHF）、同步糖化发酵工艺（simultaneous saccharification and fermentation，SSF）、同步糖化共发酵工艺（simultaneous saccharification and co-fermentation，SSCF）、联合生物加工工艺（consolidated bioprocessing，CBP）等（图 25-2）。

（1）分步糖化发酵工艺

分步糖化发酵工艺是指纤维素水解和乙醇发酵在不同的反应器内进行，即木质纤维素先经预处理和纤维素酶等酶系水解糖化，再发酵成乙醇的方法。该方法可使水解和发酵在各自的最适宜条件（温度、pH）下进行。但酶水解产生的纤维二糖和葡萄糖会反馈抑制水解反应。随着水解过程中葡萄糖浓度的不断升高，由于葡萄糖的抑制作用使酶水解反应速率逐渐降低，水解反应不完全。

（2）同步糖化发酵工艺

同步糖化发酵工艺是指纤维素的水解与发酵在同一个反应器内进行。该工艺在加入纤维素酶的同时接种乙醇发酵的酵母菌，可使生成的葡萄糖立即被酵母菌发酵成乙醇。该工艺克服了酶解过程中纤维二糖和葡萄糖的反馈抑制作用，提高了酶解效率；水解与发酵同时进行，缩短了反应时间，提高了发酵产率；简化了生产工艺，减少了设备投资。常娟等利用同步糖化发酵工艺，以汽爆的玉米秸秆为主要原料，在优化工艺的条件下，乙醇浓度可以达 42.2g/L，且发现 SSF 与 SHF 相比具有更高的生产效率。彭林才等以造纸污泥为原料，采用同步糖化发酵工艺生产燃料乙醇，经过48h的发酵，乙醇浓度达19.5g/L，是理论值的63.9%。Linde等利用硫酸预处理的蒸汽爆破大麦秸秆作为原料通过SSF生产乙醇，其大麦秸秆的不溶性固体含量为5%，酶添加量为20FPU/g，酵母接种量5g/L，最高乙醇产量达到理论值的82%。Ohgren等通过比较同步糖化发酵和分步糖化发酵两种工艺，结果表明SSF的产量比SHF高13%。2008年，Olofsson等利用一个重组的酿酒酵母菌株TMB340在有氧条件下，以汽爆预处理麦草秸秆为原料进行同步糖化发酵生产燃料乙醇。研究表明，当34℃时，补料发酵乙醇产率为71%，明显优于分批发酵工艺的59%，在不溶性木质纤维素含量为7%时，乙醇产量接近80%。但SSF目前存在的最大缺点为：最佳糖化温度45~50℃与最佳发酵温度28~35℃不一致，因此SSF必须在最佳糖化温度和最佳发酵温度之间做个折中，SSF常在35~38℃下操作，这就使酶活性和发酵效率受影响。因此，SSF技术的关键是选择最适宜的酵母菌，使其发酵的最适温度在45℃以上。

（3）同步糖化共发酵工艺

随着能同时发酵戊糖和己糖的稳定的基因工程菌株的获得，同步糖化共发酵工艺也发展起来。实际上，该工艺是从SSF工艺衍生出来的，它是将预处理中得到的糖液和处理过的纤维素放在同一个反应器中进行，这就进一步简化了流程，但对用于发酵的微生物的要求较高。

（4）联合生物加工工艺

联合生物加工工艺要求纤维素酶生成和乙醇发酵（图25-2）都由一种微生物或一个微生物群体来实行，可将纤维素酶生产、水解和发酵组合一步完成。但乙醇产率不高，还会产生有机酸等副产物，尚需进行大量的基础研究，目前该法还只限于小规模的实验。据Lynd等估计，采用SSCF工艺生产每3.8L乙醇，即使在最理想的条件下用酶生产，用于纤维素水解和糖发酵的成本为18.9美分；而CBP工艺中无酶生产问题，采用CBP工艺生产每3.8L乙醇，用在纤维素水解和糖发酵上的成本仅为4.23美分。这样在原料（干基）的价格为40美元/t时，采用SSCF工艺生产的乙醇每3.8L的批发价至少为77美分，而采用CBP工艺生产的乙醇只需63美分。

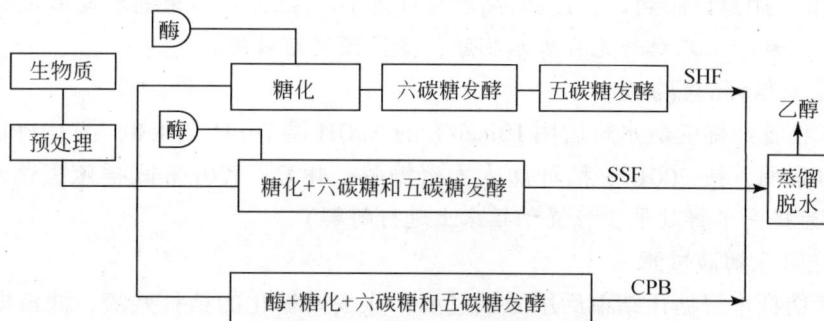

图25-2　燃料乙醇发酵方式

三、实验材料

1. 菌种

酿酒酵母（*Saccharomyces cerevisiae*）。

2. 培养基

1）固体斜面培养基：200g 黄豆芽加入 1L 蒸馏水中，煮沸 30min 后过滤得滤液，加入蔗糖 20g，琼脂 20g，定容至 1L，pH5.0～5.5。121℃灭菌 15min。

2）种子培养基：200g 黄豆芽加入 1L 蒸馏水中，煮沸 30min 后过滤，滤液中加蔗糖 20g，定容至 1L，pH5.0～5.5。250mL 三角瓶装 50mL 培养基，121℃灭菌 15min。

3）发酵培养基：玉米秸秆纤维水解液 1L，酵母膏 3g，蛋白胨 5g，尿素 0.2g，磷酸氢二铵 0.1g，pH5.0～5.5。121℃灭菌 15min。

3. 玉米秸秆

自然风干，粉碎至 10 目过筛。

4. 酶制剂

纤维素酶、木聚糖酶。

5. 试剂

1% 稀硫酸（质量比），10mol/L NaOH。

6. 器材

高效液相色谱，三角瓶，吸管，酒精灯等。

四、实验步骤

（一）纤维水解液制备

1. 玉米秸秆预处理

称取玉米秸秆粉 10g 于 300mL 三角瓶中，按 1∶8（m/V）的固液比加入 80mL 1% 稀硫酸，用封口膜封口，121℃高温预处理 1h（注意：玉米秸秆与酸混合后最好静置过夜以利于玉米秸秆充分吸水膨胀，提高预处理效果）。

2. 玉米秸秆酶解糖化

玉米秸秆经稀硫酸水解后用 10mol/L 的 NaOH 调节 pH 至 4.8，按 10FPU/g 秸秆加入纤维素酶，按 200U/g 秸秆加入木聚糖酶，48℃，120r/min 摇床振荡水解 48h（注意：为提高水解效果，应置于摇床上进行酶解）。

3. 秸秆水解液过滤

玉米秸秆水解糖化结束后用滤纸过滤，除去未糖化的秸秆残渣，滤液即玉米秸秆水解液（注意：玉米秸秆糖化液一般较难过滤，可采用真空抽滤法进行过滤）。

（二）培养基的制备与灭菌

按照发酵培养基的配方在玉米秸秆水解液中添加酵母膏、蛋白胨、尿素、磷酸氢二铵等成分，然后用 10mol/L 的 NaOH 调节 pH 为 5.0～5.5，按每瓶装液量为50mL 分装到 250mL 三角瓶中，封口后，121℃灭菌 15min，备用。同时取过滤后的糖化液，稀释合适的倍数，用液相色谱测定其还原糖含量和木糖含量。

（三）纤维乙醇发酵

1. 种子液的制备

将酿酒醇酵母菌种接种于固体斜面，于 30℃培养 48h。然后取 3 环活化的酵母菌接种于液体活化培养基中，30℃，150r/min 摇床培养 16h。

2. 纤维乙醇发酵

以 10%的接种量将活化菌种培养液接入玉米秸秆水解液培养基中，30℃静置发酵。发酵过程中每 12h 取样 2mL，4℃，12 000r/min 离心，取上清液贮存于–20℃冰箱，待测其中的乙醇产量和底物利用情况。

（四）测定方法

采用高效液相色谱法（HPLC）（Agilent 1200series）测定发酵液中乙醇、葡萄糖和木糖的含量。HPLC 的测定条件如下：以 5mmol/L H_2SO_4 为流动相，色谱柱为Aminex HPX-87H（Bio Rad Laboratories，USA），流速为 0.6mL/min，柱温为 55℃，进样量为 10μL，检测器为 Refractive index（RI）。

五、实验结果

1. 绘制纤维乙醇发酵过程中乙醇的生成、底物的利用曲线图。
2. 计算木质纤维素的水解糖得率、纤维乙醇的产率和产生速率。

六、思考题

1. 分析纤维乙醇生产过程中的主要关键技术及其影响因素。
2. 分析纤维乙醇菌种选育应考虑的主要因素。
3. 影响纤维乙醇生产成本的关键因素有哪些？

七、参考文献

王风芹，尹双耀，谢慧，等．2012．前处理对玉米秸秆蒸汽爆破效果的影响．农业工程学报，28
　　（12）：273-280．
杨娟，滕虎，刘海军，等．2013．纤维素乙醇的原料预处理方法及工艺流程研究进展．化工进展，

32（1）：97-103.

张振，臧中盛，刘苹，等．2012. 木质纤维素预处理方法的研究进展．湖北农业科学，51（7）：
    1306-1308.

Choudhary R，Aloku U，Liang Y，et al. 2012. Microwave pretreatment for enzymatic saccharification of
    sweet sorghum bagasse. Biomass and Bioenergy，39：218-226.

Li X，Kim TH. 2011. Low-liquid pretreatment of corn stover with aqueous ammonia. Bioresource Technol，
    102（7）：4779-4768.

Qiang L，Yang G，Haisong W，et al. 2012. Comparison of different alkali-based pretreatments of corn
    stover for improving enzymatic saccharification. Bioresource Technol，125：193-199.

实验二十六　石油污染土壤的微生物修复

一、实验目的

1. 掌握石油降解菌的分离与培养技术。
2. 比较不同微生物对石油污染土壤的修复能力。
3. 掌握气相色谱仪的使用原理及操作方法。

二、实验原理

1. 背景介绍

石油是现代社会的重要能源之一，被称为工业的血液、黑色的金子，同样，石油工业在国民经济中占有十分重要的地位，是国家综合国力的重要组成部分。我国目前已在 25 个省和自治区中找到了 400 多个油气田或油气藏，自 1978 年以来我国石油年产量突破 1 亿 t 大关，从而成为世界十大产油大国，现在年产石油近 1. 83 亿 t。然而，随着石油开采和使用量的增加，大量的石油及其产品进入环境，不可避免地对环境造成了污染，给生物和人类带来了严重的问题。例如，在石油开采、贮运、炼制加工及使用和运输过程中，引起了一系列土壤石油污染问题。

我国作为石油生产、消费大国，由于生产条件、环保技术等方面相对落后，石油污染问题相当突出。据统计，我国每年有 60 万 t 石油经跑、冒、滴、漏途径进入环境，对土壤、地下水、地表水造成污染。此外，污灌也是造成土壤石油污染的原因之一，如沈抚灌区污灌面积达 187 万 hm^2，全国类似农田有 10 万 hm^2，致使农作物中污染物严重超标，农产品质量低下，同时也造成了严重的地下水污染。每年有近 60 万 t 石油进入环境，污染土壤的石油近 10 万 t，石油污染土地面积约 500 万 hm^2。

石油污染可以使生态系统的结构和功能遭受破坏，石油烃进入土壤后，会破坏土壤结构，分散土粒，使土壤透水性降低，其富含的反应基能与无机氮、磷结合并

限制硝化作用和脱磷酸作用，从而使土壤有效氮、磷的含量减少，使作物减产。其中的多环芳烃等，因具有"三致"效应和通过食物链在生物体内富集，故其在土壤中的累积更具危害性，而且污染土壤中低沸点的燃料油类能引起人体的麻醉、窒息、化学性肺炎等，其中多环芳烃对人还有致癌、致突变和致畸等作用。石油污染土壤给生态环境带来巨大危害的同时也给国家和社会造成巨大的经济损失。因此，解决土壤中石油污染这种与人类生活密切相关的问题具有重要意义。

在石油污染环境中存在着大量的石油烃类物质，这些石油烃常常为能够耐受和利用石油烃的石油降解微生物提供了充足的碳源和能源，因此在自然条件下石油污染土壤和水体中通常含有丰富的石油降解微生物。

Khan 曾报道过降解烃的微生物存在于土壤中，但一般情况下，降解烃的微生物只占微生物群落的 1%，而当有石油污染物存在时，降解者的比率可提高到 10%。采用物理、化学方法对石油污染土壤进行处理，因需要加热降低其黏度，增加了设备的投资和成本费用，而就地堆腐技术是在污染现场，利用微生物对土壤中的石油进行生物降解，具有操作简单、费用低廉、场地适应性强等特点，有广阔的应用前景。

石油污染土壤的微生物修复技术通常包括两种类型，即原位修复技术（*in-situ* bioremediation）和异位修复技术（*on-situ* bioremediation）。其中微生物原位修复技术主要包括投菌法、生物培养法及生物通风处理法等。微生物异位修复技术主要方法有土耕法、生物堆制法、土壤堆肥法、生物泥浆法和预制床法等。

石油污染土壤的微生物修复是指利用微生物酶如脱氢酶对大多数石油污染物的攻击，将石油污染物降解成无害物质的生物工程技术。可以降解石油的微生物主要包括细菌、真菌、酵母菌，这些微生物广泛分布于海洋、淡水和土壤环境中。细菌和酵母菌是水生生态系统中占据主导地位的微生物降解执行者，细菌和真菌则是土壤生态中主要的降解者。

微生物修复技术是利用土壤中的土著菌或向污染土壤中接种选育的高效降解菌，在优化的环境条件下，加速石油污染物的降解。研究表明，在土壤中存在大量的降解石油类物质的异养型微生物，如假单胞菌属、棒状杆菌属、黄杆菌、小球菌等。国内外许多研究者对石油污染土壤的微生物降解原理、影响因素、降解菌筛选等方面进行了大量研究。目前，已知能降解石油中各种烃类的微生物共 100 余属、200 多种，它们分属于细菌、放线菌、霉菌、酵母以至藻类（表 26-1）。一般认为，细菌分解原油比真菌、放线菌容易得多。但有研究表明，真菌的降解效果好于细菌。细菌和真菌是土壤石油生物降解的最基本的作用者，许多放线菌也表现出烃降解能力，但是它很难在污染土壤中取得竞争优势。此外，藻类和原生动物的降解能力不太显著，很少有文献报道。在应用高效降解菌修复污染土壤时，修复的效果主要取决于微生物在不同污染生态系统中的存活与性能，其生长限制因子包括与其他微生物的竞争、土壤环境条件等。

表 26-1　石油降解菌的分类（张珍明等，2010）

细菌、放线菌	真菌	藻类
无色杆菌属（Achromobacter）	枝顶孢属（Acremonium）	阿格藻属（Agmenellum）
不动杆菌属（Acinetobacter）	曲霉菌属（Aspergillus）	双眉藻属（Amphora）
产碱杆菌属（Alcaligenes）	金色担子菌属（Aureobasidium）	鱼腥菌属（Anabaena）
节杆菌属（Arthrobacter）	假丝酵母属（Candida）	隐球藻属（Aphanocapsa）
芽孢杆菌属（Bacillus）	芽枝霉属（Cladosporium）	小球藻属（Chlorella）
色杆菌属（Chromobacterium）	德巴利酵母属（Debaryomyces）	衣藻属（Chlamydomonas）
棒状杆菌属（Corynebacterium）	镰刀霉属（Fusarium）	球绿藻属（Coccochloris）
产黄菌属（Flavobacterium）	地霉属（Geotrichum）	细柱藻属（Cylindrotheca）
微球菌属（Micrococcus）	胶霉属（Gliocladium）	杜氏藻属（Dunaliella）
微杆菌属（Microbacterium）	丛梗孢属（Monilia）	鞘藻属（Microcoleus）
分枝杆菌属（Mycobacterium）	被孢菌属（Mortierella）	念珠藻属（Nostoc）
诺卡菌（Nocardia）	毛霉属（Mucor）	颤藻属（Oscillatoria）
假单胞菌属（Pseudomonas）	青霉菌属（Penicillium）	翅线藻属（Petalonema）
八叠球菌属（Sarcina）	红酵母菌属（Rhodotorula）	紫球藻属（Porphyridium）
沙雷菌属（Serratia）	酵母属（Saccharomyces）	
螺旋状菌属（Spirillum）	掷孢酵母属（Sporobolomyces）	
链霉菌属（Streptomyces）	球拟酵母属（Torulopsis）	
弧菌属（Vibrio）	木霉属（Trichoderma）	
黄单胞菌属（Xanthomonas）	轮枝菌属（Verticillium）	
放线菌属（Actinomycetes）		

　　石油及其产品在紫外线区都有特征吸收，带有苯环的芳香族化合物主要吸收波长为 260nm，一般原油的吸收峰波长为 225nm 及 254nm，带有共轭双键的化合物主要吸收波长为 230nm。其他油品如燃料油、润滑油等的吸收波长也与原油相近。不同产地的石油样品吸收值不同。将实验样品用石油醚进行稀释即可采用紫外分光光度法对石油含量进行测定。

2. 紫外分光光度计的使用原理

　　物质的吸收光谱本质上就是物质中的分子和原子吸收了入射光中的某些特定波长的光能量，相应地发生了分子振动能级跃迁和电子能级跃迁的结果。由于各种物质具有各自不同的分子、原子和不同的分子空间结构，其吸收光能量的情况也就不会相同。因此，每种物质都有其特有的、固定的吸收光谱曲线，可根据吸收光谱上的某些特征波长处的吸光度的高低判别或测定该物质的含量，这就是分光光度法定性和定量分析的基础。分光光度分析是根据物质的吸收光谱研究物质的成分、结构和物质间相互作用的有效手段。

　　许多物质在紫外-可见光区有特征吸收峰，因此可用紫外分光光度法对这些物质分别进行测定（定量分析和定性分析）。紫外分光光度法的使用基于朗伯-比耳定律（Lambert-Beer）。

朗伯-比耳定律是光吸收的基本定律，俗称光吸收定律，是分光光度法定量分析的依据和基础。当入射光波长一定时，溶液的吸光度 A 是吸光物质的浓度 C 及吸收介质厚度（吸收光程）的函数。凡具有芳香环或共轭双键结构的有机化合物，根据在特定吸收波长处所测得的吸收度，可进行药品的鉴别、纯度检查及含量测定。

3. 气相色谱法原理及优缺点

可以用气质联用的方法（气相色谱法）分析原油中烃类成分，分析石油降解菌对石油组分的分解情况。用气体作为移动相的色谱法称为气相色谱法。根据所用固定相的不同可分为两类：固定相是固体的，称为气固色谱法；固定相是液体的，称为气液色谱法。按色谱操作形式来分，气相色谱属于柱色谱，根据所使用的色谱柱粗细不同，可分为一般填充柱和毛细管柱两类。一般填充柱是将固定相装在一根玻璃或金属的管中，管内径为 $2 \sim 6mm$。毛细管柱则又可分为空心毛细管柱和填充毛细管柱两种。空心毛细管柱是将固定液直接涂在内径只有 $0.1 \sim 0.5mm$ 的玻璃或金属毛细管的内壁上，填充毛细管柱是近几年才发展起来的，它是将某些多孔性固体颗粒装入厚壁玻管中，然后加热拉制成毛细管，一般内径为 $0.25 \sim 0.5mm$。

气相色谱仪的基本构造有两部分，即分析单元和显示单元。前者主要包括气源及控制计量装置、进样装置、恒温器和色谱柱；后者主要包括检测器和自动记录仪。色谱柱（包括固定相）和检测器是气相色谱仪的核心部件（图26-1）。

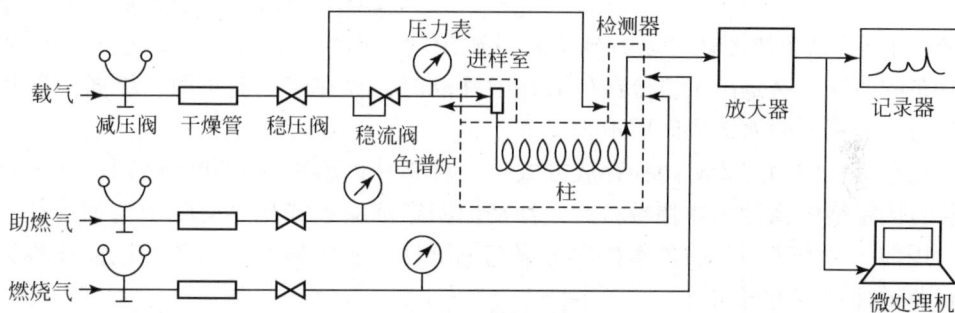

图26-1　气相色谱基本构造图

1）载气系统：气相色谱仪中的气路是一个载气连续运行的密闭管路系统。整个载气系统要求载气纯净、密闭性好、流速稳定及流速测量准确。

2）进样系统：进样就是把气体或液体样品迅速而定量地加到色谱柱上端。

3）分离系统：分离系统的核心是色谱柱，它的作用是将多组分样品分离为单个组分。色谱柱分为填充柱和毛细管柱两类。

4）检测系统：检测器的作用是把被色谱柱分离的样品组分根据其特性和含量转化成电信号，经放大后，由记录仪记录成色谱图。

5）信号记录或微机数据处理系统：近年来气相色谱仪主要采用色谱数据处理机。色谱数据处理机可打印记录色谱图，并能在同一张记录纸上打印出处理后的结果，如保留时间、被测组分质量分数等。

6）温度控制系统：用于控制和测量色谱柱、检测器、气化室温度，是气相色谱仪的重要组成部分。

气相色谱系统由盛在管柱内的吸附剂或惰性固体上涂着液体的固定相和不断通过管柱的气体的流动相组成。将欲分离、分析的样品从管柱一端加入后，由于固定相对样品中各组分吸附或溶解能力不同，即各组分在固定相和流动相之间的分配系数有差别，当组分在两相中反复多次进行分配并随移动相向前移动时，各组分沿管柱运动的速度就不同，分配系数小的组分被固定相滞留的时间短，能较快地从色谱柱末端流出。以各组分从柱末端流出的浓度 C 对进样后的时间 t 作图，得到的图称为色谱图（图 26-2）。

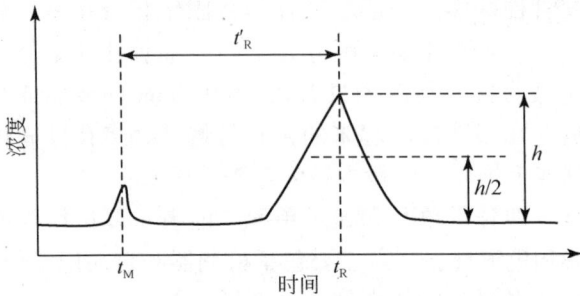

图 26-2　气相色谱图

从色谱图可知，组分在进样后至其最大浓度流出色谱柱时所需的保留时间 t_R，与组分通过色谱柱空间的时间 t_M，以及组分在柱中被滞留的调整保留时间 t'_R 之间的关系是：$t'_R = t_R - t_M$，而 t'_R 与 t_M 的比值表示组分在固定相比在移动相中滞留时间长多少倍，称为容量因子 k。从色谱图还可以看到从柱后流出的色谱峰不是矩形，而是一条近似高斯分布的曲线，这是由于组分在色谱柱中移动时，存在着涡流扩散、纵向扩散和传质阻力等因素，因而造成区域扩张。

在色谱柱内固定相有两种存放方式，一种是柱内盛放颗粒状吸附剂，或者盛放涂敷有固定液的惰性固体颗粒；另一种是把固定液涂敷或化学交联于毛细管柱的内壁。用前一种方法制备的色谱柱称为填充色谱柱，后一种方法制备的色谱柱称为毛细管色谱柱（或称开管柱）。

通常借用蒸馏法的塔片概念来表示色谱柱的效能，如使用"相当于一个理论塔片的高度" H 或"塔片数" n 来表示柱效。

气相色谱具有以下优点。

1）分离效率高，分析速度快。例如，可将汽油样品在两小时内分离出 200 多个色谱峰，一般的样品分析可在 20min 内完成。

2）样品用量少和检测灵敏度高。例如，气体样品用量为 1mL，液体样品用量为 0.1μL，固体样品用量为几微克。用适当的检测器能检测出含量在十亿分之几至百万分之十几的杂质。

3）选择性好，可分离、分析恒沸混合物，沸点相近的物质，某些同位素，顺式与反式异构体，邻、间、对位异构体，旋光异构体等。

4）应用范围广，虽然主要用于分析各种气体和易挥发的有机物质，但在一定的条件下，也可以分析高沸点物质和固体样品。应用的主要领域有石油工业、环境保护、临床化学、药物学、食品工业等。

气相色谱同时也存在一些缺点。在对组分直接进行定性分析时，必须用已知物或已知数据与相应的色谱峰进行对比，或者与其他方法（如质谱、光谱）联用，才能获得直接肯定的结果。在定量分析时，常需要用已知物纯样品对检测后输出的信号进行校正。

综上所述，本实验可利用紫外/可见分光光度计先对污染样品的微生物修复降解情况进行分析，根据紫外/可见分光光度计的读数，可以推测各个实验组污染样品的降解修复程度。在此基础上，选用气相色谱法对已降解组分及难降解组分进行测定与分析，再结合紫外/可见分光光度计的结果，得到不同种属微生物对石油污染土壤修复能力的差异。

三、实验材料

1. 石油来源

原油。

2. 污染土壤来源

自行制备。选择原油作为石油污染的代表物，为使石油与土壤充分、均匀的混合，原油以石油醚（30~60℃）作为溶剂，与土壤充分混合，通风吹脱石油醚，制成石油污染土壤。

3. 仪器

紫外/可见分光光度计，气相色谱分析仪。

4. 试剂与材料

$MgSO_4$，KH_2PO_4，NH_4NO_3，$NaCl$，KNO_3，$FeSO_4 \cdot 7H_2O$，琼脂粉，蔗糖，酵母膏，牛肉膏，蛋白胨，可溶性淀粉，蒸馏水，石油醚，无菌滤纸等。

5. 培养基的制备

1）选择性培养基：$MgSO_4$ 2g/L，KH_2PO_4 1g/L，NH_4NO_3 302.5g/L，石油40~50g/L，琼脂20g/L。

2）查氏培养基：蔗糖30g/L，酵母膏50g/L，$MgSO_4$ 10g/L，琼脂20g/L。

3）肉汁蛋白胨培养基：牛肉膏3.0g，蛋白胨10.0g，$NaCl$ 5.0g，琼脂20.0g，蒸馏水1000mL，pH调为7.0~7.2。

4）高氏一号培养基：可溶性淀粉20.0g，KNO_3 1.0g，K_2HPO_4 0.5g，$MgSO_4 \cdot 7H_2O$ 0.5g，$NaCl$ 0.5g，$FeSO_4 \cdot 7H_2O$ 0.01g，琼脂20.0g，蒸馏水1000mL，pH调为7.4~7.6。

6. 混合菌种

细菌：假单胞菌（*Pseudomonas*）、芽孢杆菌（*Bacillus*）。

真菌：短刺小克银汉菌（*Cunninghamella blakesleeana*）、毛霉（*Mucor*）。

放线菌：链霉菌（*Streptomycete*）。

四、实验步骤

1. 石油降解菌株的筛选及优势降解菌的培养

1）降解石油菌种的筛选：以原油为唯一碳源，采用选择性培养基进行筛选。

2）降解石油菌种的复筛：将小片无菌滤纸放入上述已涂石油的平板上，挑菌点在小滤纸片上，置30℃培养箱中倒置培养24h后，观察小纸片周围，颜色变淡的为石油降解菌。

2. 紫外分光光度法测降解率

将筛选出的菌种（任选两株）及实验室提供的混合菌种接入相应的含石油污染土壤的液体培养基中，28℃培养5d，取上清液在OD_{260}下测定石油浓度C，以含等量石油醚的培养基做调零，初始浓度C_0为含石油污染土壤的上清液在OD_{260}下的吸收值，将结果记录下来，根据公式计算石油降解率。

3. 不同培养条件对微生物（混合菌种）修复石油污染土壤的影响

以选择性培养基为基础，分别对不同培养条件进行单因素实验，用紫外分光光度法测定降解率，以选择最佳降解条件，并测定最优条件下的原油降解率。

1）pH：初始pH范围设定为4、5、6、7、8、9、10。摇床转速设为150r/min，28℃培养5d。

2）摇床转速：培养时转速设定值分别为100r/min、150r/min、200r/min和250r/min。培养基初始pH调至7.0，28℃培养5d。

3）培养温度：将几组菌分别在20℃、25℃、28℃和30℃下进行培养。培养基初始pH调至7.0，150r/min下培养5d。

4）培养时间：培养时间分别设定为1d、3d、5d、7d、9d。培养基初始pH调至7.0，28℃，150r/min培养。

5）最佳氮源：同时选择$NaNO_3$、KNO_3、$(NH_4)_2SO_4$和NH_4Cl 4种氮源进行试验。

6）最佳磷源：K_2HPO_4和KH_2PO_4作为磷源进行试验。

4. 气相色谱法分析石油降解情况

可以用气质联用的方法（气相色谱法）分析原油中烃类成分，分析不同组别的石油降解菌对石油组分的分解情况。测定降解前原油的组分及降解后组分，分析易降解组分。执行标准为SY/T 5779—1995《原油全烃气相色谱分析方法》。测试条件为：色谱柱为弹性石英毛细柱30cm、OV-1、内径0.22mm；检测器为氢火焰离子化检测器，温度为320℃；汽化室温度为310℃，柱温为50~310℃，速率为6℃/min；氢气为30mL/min，空气为300mL/min；分流为30mL/min。

注意：

1）紫外/可见分光光度计测量注意，空白溶液与供试品溶液必须澄清，不得有浑浊。如有浑浊，应预先过滤，并弃去初滤液。待数值稳定后进行读数。

2）筛选过程中应注意无菌操作，以防其他杂菌生长，混淆实验结果。

3）配制不同 pH 的培养基时应使用 pH 计准确进行调节。

五、实验结果

1. 筛选结果：记录下筛选得到的各类微生物的数目并将各菌的菌落特征（列举3 个即可）及显微照片贴在相应的微生物分类后面（表 26-2）。

表 26-2　筛选得到的各类微生物的数目及各菌的菌落特征

特征 ＼ 类别	细菌（共　种）	放线菌（共　种）	真菌（共　种）
菌落大小			
表面特征及质地			
光泽			
色素			
气味			
透明度			
显微照片			

2. 降解率分析：根据实验步骤进行操作并填表 26-3，按照下述公式计算。

$$石油降解率（\%）=\frac{初始石油浓度\ C_0-测定石油浓度\ C}{初始石油浓度\ C_0}×100\%$$

表 26-3　实验结果

	筛选得到菌株 1	筛选得到菌株 2	混合菌株
初始石油浓度 C_0			
测定石油浓度 C			
污染样品降解率			

3. 将混合菌种降解原油最佳组合条件填入表 26-4。

表 26-4　混合菌种降解原油最佳组合条件

	最适 pH	最佳培养转速	最佳培养温度	最佳培养时间	最适氮源	最适磷源	最优组合下降解率
最适条件							

4. 原油的组分是什么？

5. 降解菌对石油组分的分解情况如何？

六、思考题

1. 分析不同菌属和混合菌剂对相同污染土壤降解效率不同的原因。

2. 紫外/可见分光光度计使用原理及注意事项是什么？

3. 气相色谱法的原理及注意事项是什么？

4. 阐述微生物修复石油污染土壤的优点和缺点。

七、参考文献

唐金花，于春光，张寒冰，等. 2011. 石油污染土壤微生物修复的研究进展. 湖北农业科学，50
（20）：4125-4128.

张巍，窦森. 2010. 石油污染土壤的生物修复技术. 北方环境，（2）：28-30.

张珍明，林昌虎，何腾兵，等. 2010. 浅析石油污染土壤的微生物修复研究现状. 贵州科学，（3）：
76-81.

Khan RA. 1993. Petroleum biodegradation and spill bioremediation. Bull Environ Contam Toxicol，50：
125-131.

Perry JJ，Scheld HW. 1968. Oxidation of hydrocarbons by micro organisms isolated from soil. Can J
Microbiol，14（5）：403-407.

实验二十七　微生物絮凝剂产生菌的
筛选及絮凝剂成分分析

一、实验目的

1. 了解微生物絮凝剂及其应用范围。

2. 掌握微生物絮凝剂产生菌的分离过程及方法。

3. 掌握絮凝剂絮凝活性的测定方法。

二、实验原理

随着世界水污染问题的日益严重，水处理也变得越来越重要。当前水处理的方法有很多种，如吸附、化学氧化、电渗析、离子交换等，而针对于水中的胶体和悬浮物颗粒来说，絮凝沉淀法是一种较为有效且成本较低的预处理方法（图版6）。该方法用到的絮凝剂是一类使液体中不易沉降的悬浮颗粒凝聚沉淀的物质，现已广泛应用于水处理、食品工业和发酵工业中。

絮凝剂一般可分为无机絮凝剂、有机絮凝剂及生物絮凝剂。无机絮凝剂和有机絮凝剂是传统的絮凝剂，目前使用的絮凝剂主要有两类：一类是以铝系和铁系混凝剂为代表的无机高分子类；另一类是以丙烯酰胺为代表的合成有机高分子絮凝剂。然而这两类絮凝剂存在较大不安全性和潜在的二次污染的问题。例如，无机絮凝剂中铝离子容易引起老年痴呆症，铁盐絮凝剂对设备的腐蚀作用极易形成某些难溶的化合物沉淀。有机合成高分子絮凝剂聚丙烯酰胺多聚体虽本身没毒性，但其难降解性又造成了二次污染，且聚合单体丙烯酰胺具有强烈的神经毒性，是强致癌物。生物絮凝剂具有高效、使用安全、无毒害作用、无二次污染等优点，从而越来越受到人们的关注，是陆续开始使用的新型絮凝剂，见表27-1。

表 27-1 絮凝剂的分类

分类		名称	化学式或主要成分
无机絮凝剂	铝系	硫酸铝	$Al_2 (SO_4)_3 \cdot 18H_2O$
		明矾	$KAl (SO_4)_2 \cdot 12H_2O$
		聚合氯化铝（PAC）	$[Al_2 (OH)_n Cl_{6-n}]_m$
		聚合硫酸铝（PAS）	$[Al_2 (OH)_n (SO_4)_{3-n/2}]_m$
	铁系	三氯化铁	$FeCl_3 \cdot 6H_2O$
		硫酸亚铁	$FeSO_4 \cdot 7H_2O$
		聚合氯化铁（PFC）	$[Fe_2 (OH)_n Cl_{6-n}]_m$
		聚合硫酸铁（PFS）	$[Fe_2 (OH)_n (SO_4)_{3-n/2}]_m$
	其他	石灰、氯化钙、酸、碱、高岭土等	$Ca (OH)_2$、$CaCl_2$
有机絮凝剂	天然	淀粉、纤维素、单宁、甲壳素、腐殖酸等	略
	人工合成	阴、阳、非离子聚丙烯酰胺、聚氧乙烯等	略
微生物絮凝剂	微生物分泌物	红平红球菌、拟青霉菌、酱油曲霉等微生物分泌物	主要成分为蛋白质、多糖、糖蛋白、核酸、脂类等
	微生物菌体	真菌、细菌、放线菌、酵母菌体	略
	微生物细胞壁提取物	藻类、酵母、霉菌、细菌等细胞壁提取物	主要有褐藻酸、葡聚糖、甘露聚糖、N-乙酰葡萄糖胺等

早在19世纪50年代，人们就发现了能产生絮凝作用的细菌培养液，但真正深入的研究却始于1976年，Naknmura等对能产生絮凝效果的微生物进行了研究。从霉菌、酵母菌、细菌、放线菌等214种菌株中筛选出19种具有絮凝能力的微生物，其中霉菌8种，酵母1种，细菌5种，放线菌5种，并以酱油曲霉（*Aspergillus sojae*）产生的絮凝剂AJ7002效果最佳，由此开始了微生物絮凝剂的研究热潮。20世纪80年代，日本苍根隆一郎从日本的旱土土壤中分离筛选到红平红球菌 S-1

（*Rhodococcus erythropolis* S-1），并将该菌产生的微生物絮凝剂命名为 NOC-1，且该絮凝剂在医药、食品加工、废水处理等方面具有广泛的应用。国内在微生物絮凝剂研发方面也取得了一定进展。例如，黄民生等从活性污泥中分离得到一株絮凝剂生产菌 Q3-2，其产生的絮凝剂对高岭土悬浊液、土壤悬浊液和碱性染料废水具有良好的净化效果。柴晓利等从废水、土壤、活性污泥中筛选到 2 株絮凝剂产生菌（*Azomonas* sp.），废水絮凝实验表明，该菌种所产絮凝剂可絮凝各种水溶液中的悬浮物质。胡筱敏等利用芽孢杆菌 A-9 产生的生物絮凝剂 MBFA9 处理硫化染料废水和淀粉黄浆废水，对悬浮物和化学需氧量（COD）的去除率均明显高于聚丙烯酰胺等化学絮凝剂。陶涛等用黑酵母以淀粉水解物或葡萄糖为原料发酵产生的水溶性无定型多糖大分子物质——普鲁兰（短梗霉多糖），具有较强的絮凝效果。刘伟杰等从活性污泥中分离到一株絮凝剂产生菌大邱金黄杆菌（*Chryseobacterium daeguense*）W6，其能在较低的营养条件下发酵产生絮凝剂，该絮凝剂含蛋白质 32.4%、多糖 13.1% 和核酸 6.8%，其絮凝过程可能是由于蛋白质大分子的捕捉效应实现的。

微生物絮凝剂一般可以分为 3 类。第一类是利用微生物细胞壁提取物的絮凝剂，如褐藻酸、葡聚糖、蛋白质、*N*-乙酰葡萄糖胺等。第二类是利用微生物细胞代谢产物的絮凝剂，如多肽、蛋白质、脂类等。第三类是直接利用微生物细胞的絮凝剂，如某些细菌、霉菌、放线菌和酵母等，它们大量存在于土壤、活性污泥和沉淀物中。其中微生物胞外絮凝剂絮凝效果好，易于提取分离，是现在生物絮凝剂的主要研究方向。絮凝剂产生菌普遍存在于细菌、放线菌、真菌和藻类中，其合成的絮凝剂的成分各不相同，包括糖、糖蛋白、糖脂、蛋白质、DNA、RNA 等几大类，其中又以多糖及糖蛋白最为普遍（表 27-2）。近年来，研究者们利用傅里叶红外光谱、核磁共振等技术研究了絮凝剂的基团结构，发现微生物絮凝剂的主要成分中含有亲水的活性基团，如氨基、羟基、羧基、甲氧基等。不同的微生物产生的絮凝剂的种类、分子质量、分子结构等有所不同，一般来讲分子质量越大，絮凝活性越高，线形结构的大分子絮凝效果越好。细胞的年龄也影响絮凝活性，通常絮凝剂产生菌处于培养后期，细胞表面疏水性增强，产生的絮凝活性也高。在众多影响发酵生产微生物絮凝剂的因素（碳源、氮源、碳氮比、无机盐、培养基的初始 pH、温度和溶氧量等）中，碳氮比是影响微生物产生絮凝剂的一个重要因素。而絮凝剂的投加量、助絮凝离子的添加和 pH 则是影响生物絮凝剂絮凝时生物活性的主要因素。

表 27-2　生物絮凝剂的化学组成和物质属性（韩省等，2011）

絮凝剂产生菌	絮凝剂	化学组成	物质属性
地衣芽孢杆菌（*Bacillus licheniformis*）X14	ZS-7	半乳糖、葡萄糖、甘露糖和鼠李糖，物质的量比为 14.2 : 2.2 : 4.5 : 3.4	多糖类
农杆菌属（*Agrobacterium* sp.）	M-503	中性糖、糖醛酸、氨基糖和蛋白质，质量比 85.0 : 9.9 : 2.1 : 3.0	多糖类

续表

絮凝剂产生菌	絮凝剂	化学组成	物质属性
地衣芽孢杆菌（*Bacillus licheniformis*）	ZL-P	89%糖类物质和11%蛋白质，其中中性糖、氨基糖和糖醛酸的质量比为7.9∶4∶1	多糖类
大邱金黄杆菌（*Chryseobacterium daeguense*）	MBF-W6	32.4%蛋白质、13.1%多糖、6.8%核酸	蛋白质类
克雷伯肺炎菌（*Klebsiella pneumoniae*）	H12	葡萄糖、甘露糖、半乳糖和葡萄糖苷，物质的量比为3.9∶1.0∶2.3∶3.6	多糖类
红平红球菌（*Rhodococcus erythropolis*）	NOC-1	蛋白质，并含有疏水氨基酸（丙氨酸、谷氨酸、甘氨酸、天冬氨酸）	蛋白质类
红平红球菌（*R. erythropolis*）	S-1	葡萄糖单霉菌酸酯、海藻糖、单霉菌酸酯、海藻糖二霉菌酸酯	脂类
芽孢杆菌（*Bacillus sp.*）	DP-152	葡萄糖、甘露糖、半乳糖、岩藻糖，物质的量比为8∶4∶2∶1	多糖类
巨大芽孢杆菌（*Bacillus megaterium*）	A25	葡萄糖、甘露糖，物质的量比为4∶1	多糖类
枯草芽孢杆菌（*Bacillus subtilis*）	BP25	聚 γ-谷氨酸	蛋白质类

　　微生物絮凝剂是微生物分泌的带有电荷的生物大分子，其絮凝作用的本质是多聚糖和蛋白质等大分子与悬浮颗粒间相互作用的结果，关于它的絮凝机制主要有吸附架桥、电荷中和效应与卷扫作用。此外还有很多假说，如 Crabtree 的 PHB 酯合假说、Fridman 的菌体外纤维素行为假说、Butterfield 的黏质假说、荚膜学说及离散细胞和伸展桥键之间的三维基质模型假说等。目前普遍接受的是"桥联作用"理论，认为胶体颗粒与絮凝剂大分子借助离子键、氢键和范德华力相互靠近、吸附，在颗粒间产生"架桥"现象，从而形成一种三维网状结构而沉淀下来。但絮凝的形成是一个复杂的过程，"架桥"机制并不能解释所有现象，絮凝剂的广谱活性也证明吸附机制不是单一的，目前提出的一些假说还不能解释所有的絮凝现象，需要进行更深入研究。

　　不同的微生物产生的絮凝剂种类不同，其絮凝机制也不尽相同。分析微生物絮凝剂成分对于理解该絮凝剂的絮凝机制至关重要。本实验拟从活性污泥中分离出具有较好絮凝活性的菌株，并提取出微生物絮凝剂，对其中的多糖、蛋白质及 DNA 3 种主要成分的含量进行测定。其中多糖含量的测定采用硫酸-苯酚法测定，蛋白质含量的测定采用 Lowry 法，DNA 含量的测定采用二苯胺法。

三、实验材料

1. 样品
采自污水处理厂的活性污泥。

2. 培养基

1）分离培养基：酵母粉 5g，蛋白胨 10g，NaCl 10g，葡萄糖 15g，琼脂 16g，水 1000mL，pH7. 2 ~ 7. 5。

2）发酵培养基：酵母粉 0.5g，葡萄糖 15g，尿素 0.5g，$MgSO_4 \cdot 7H_2O$ 0.2g，KH_2PO_4 1g，NaCl 0.1g，$FeSO_4 \cdot 7H_2O$ 0.01g，水 1000mL，pH7. 2 ~ 7. 5。

3. 试剂

（1）多糖含量测定相关溶液

1）葡萄糖标准液：准确称取干燥恒重葡萄糖 100mg，用去离子水定容至 100mL，获得 1mg/mL 的葡萄糖储存液，摇匀后准确吸取 10mL，用去离子水稀释定容至 100mL，即得 100μg/mL 的葡萄糖标准液。

2）苯酚溶液：准确移取苯酚 6mL，用去离子水定容至 100mL，即得 6% 苯酚液，棕色瓶避光保存。

（2）蛋白质含量测定相关溶液

1）溶液 A：0.5g $CuSO_4 \cdot 5H_2O$ 和 1g $Na_3C_6H_5O_7 \cdot 2H_2O$ 加双蒸水至 100mL。

2）溶液 B：20g Na_2CO_3 和 4g NaOH 加双蒸水至 1L。

3）溶液 C：1mL 溶液 A 和 50mL 溶液 B。

4）溶液 D：10mL Folin-酚试剂和 10mL 双蒸水。

5）牛血清白蛋白标准液：称取 25mg 牛血清白蛋白，溶于 100mL 蒸馏水中，使最终浓度为 250μg/mL。

（3）DNA 含量测定相关溶液

1）DNA 标准溶液：取小牛胸腺 DNA 钠盐以 0.01mol/L 氢氧化钠溶液配置成 200μg/mL 的溶液。

2）二苯胺溶液：称取纯二苯胺（如不纯，需在 70% 乙醇中重结晶 2 次）1g 溶于 100mL 分析纯的冰醋酸中，再加入 10mL 过氯酸（60% 以上），混匀待用。当所用药品纯净时，配得试剂应为无色，临用前加入 1mL 1.6% 乙醛溶液（乙醛溶液应保存于冰箱中，一周内可使用），棕色瓶储存。

4. 器材

高压灭菌锅，恒温培养箱，摇床振荡器，分光光度计，电子天平，无菌操作台，显微镜，玻璃瓶皿。

四、实验步骤

1. 培养基的制备及灭菌

1）无菌水的制备。在 150mL 三角瓶中加入 90mL 蒸馏水，放 20 ~ 40 粒玻璃珠（用以打碎污泥颗粒，使其中的微生物游离出来）。另外，取 5 支试管，每支试管装入 9mL 的蒸馏水，塞上硅胶塞，包扎好，灭菌备用。

2）分离培养基制备。按照上述分离培养基配方配置 200mL 固体培养基，121℃，灭菌 20min 备用。

3）分离平板制备。灭菌完成后，取出分离培养基，然后冷却为 45℃左右，在无菌条件下，倾注于无菌培养皿内，其厚度约为 0.3cm。根据经验，直径为 9cm 的培养皿一般倾注 15～20mL 培养基为宜。

4）发酵培养基。按照上述发酵培养基的配方配制发酵培养基，每 150mL 三角瓶中加入 30mL 发酵培养基，115℃，灭菌 30min，备用。

2. 絮凝剂产生菌的分离筛选

1）样品稀释。称取 10g 样品，以无菌操作加到 90mL 无菌水（内有玻璃珠）中，振荡，摇匀，浓度即 10^{-1} 的菌液；静止片刻后，在无菌条件下，用移液器取 1mL 上述菌液加入到一支装有 9mL 无菌水的试管中，震荡，摇匀，浓度即 10^{-2} 菌液，依照此法分别制备 10^{-6}～10^{-3} 的菌液，备用。

2）涂布平板。选取 10^{-6}～10^{-4} 3 个浓度梯度的菌液，分别吸取 0.2mL 菌液涂布于分离培养基平板上，每个稀释度涂 3 个平板作为平行，另外需要 3 个没有涂布样品的平板作为阴性对照。涂布完成后将涂布菌液的平板与对照平板一起放入 30℃恒温培养箱中倒置培养 48h。

3. 絮凝剂产生菌初筛

1）絮凝剂样品制备。首先将分离到的菌株进行编号，然后用接种环分别将上述分离到的菌种接种到装有 30mL 发酵培养液的 150mL 三角瓶中进行预发酵培养，温度设定为 30℃，摇床转速为 160r/min，18～24h 后，按 2.5%的接种量将预发酵培养液接种到发酵培养基中进行发酵培养 72h（温度和摇床转速与预发酵同）。发酵完成后，将发酵液于 12 000r/min 离心 10min，取上清液作为絮凝剂样品，备用。

2）絮凝产生菌初筛。在 100mL 量筒中加入 93mL 4g/L 高岭土悬浊液，5mL 1%（wt）$CaCl_2$，2mL 培养液，将量筒颠倒 3～5 次，目测，使高岭土悬浊液絮凝成较大絮状体的为有絮凝活性的菌株。

4. 絮凝活性的测定

根据上述初筛的实验结果，选取絮凝能力较强的菌株，对所选菌株产絮凝剂的絮凝活性进行测定。本实验中，以絮凝率来表征该菌株产生絮凝剂的絮凝活性。具体方法如下：在 100mL 量筒中加入 80mL 蒸馏水、0.4g 高岭土、5mL 1%的 $CaCl_2$ 溶液、2mL 絮凝剂样品，然后加蒸馏水至 100mL，调节 pH 至 7.0，溶液倒入 150mL 烧杯中，放在磁力搅拌器上快速搅拌 1min，慢速搅拌 3min，静置 3min，用吸管吸取一定深度的液层用 722 型分光光度计于 550nm 处测定吸光度，以不加发酵液的吸光度为对照来确定菌株发酵液的絮凝程度。

$$絮凝率 = (A-B)/A \times 100\%$$

式中，A 为对照上清液 550nm 处的吸光度；B 为样品上清液 550nm 处的吸光度。

5. 菌落特征及个体形态

对上述絮凝能力较强菌株的菌落特征及个体形态进行观察，为菌株的进一步鉴定打下基础。其中菌落特征包括该菌落的大小、形状、表面结构、颜色、透明度、边缘情况、质地软硬等，个体形态指微生物的个体大小、形态等。观察完毕后，对分离到的絮凝能力强的菌株进行保存。

6. 絮凝剂的提取

参考 Liu 等所述微生物絮凝剂提取方法。

1）选取上述分离到的絮凝能力较强的菌株，按步骤 3 所述条件进行培养，培养后，将发酵液于 6000r/min 离心 20min 去除细胞残体，收集上清液。

2）向上清液中加入 2 倍体积的预冷无水乙醇，然后迅速在 10 000r/min，4℃下离心 10min 收集沉淀。

3）将收集到的离心产物溶解于少量 ddH₂O 中，4℃透析过夜（透析袋截留相对分子质量为 8000）。

4）透析后，利用冷冻干燥机将透析过的样品冻干，所得产物即絮凝剂纯品。

7. 硫酸-苯酚法测定多糖含量

（1）标准曲线的绘制

取 8 支干净的具塞试管分别加入不同体积的葡萄糖标准液（0mL、0.1mL、0.2mL、0.4mL、0.6mL、0.8mL、1.0mL、1.2mL），用去离子水补加至 2.0mL，然后加入 1.0mL 苯酚溶液和 5.0mL 浓硫酸，摇匀后放置 5min，置沸水浴中加热 15min，取出迅速冷却至室温，以 0 号作为空白对照，测定 OD_{490}。以葡萄糖浓度为横坐标（μg/mL），OD_{490} 为纵坐标，绘制标准曲线（表 27-3）。

表 27-3　多糖含量测定标准曲线的制作步骤

管号	0	1	2	3	4	5	6	7
葡萄糖/mL	0.0	0.1	0.2	0.3	0.4	0.6	0.8	1.0
水/mL	2.0	1.9	1.8	1.7	1.6	1.4	1.2	1.0
苯酚/mL	0.5	0.5	0.5	0.5	0.5	0.5	0.5	0.5
浓硫酸/mL	3.0	3.0	3.0	3.0	3.0	3.0	3.0	3.0

（2）待测样品中多糖含量的测定

将提取到的微生物絮凝剂用蒸馏水溶解，取溶解后的溶液，按标准曲线中的测定方法，测定吸光度 OD_{490}，按标准曲线计算微生物絮凝剂中多糖的含量。

注意：测定时根据光密度值确定取样的量，光密度值最好为 0.1～0.3。样品检测时，硫酸沿壁加入后需要立即摇匀。

8. Lowry 法测蛋白质含量

（1）标准曲线的绘制

以牛血清白蛋白为标准品，制作标准曲线（表 27-4）。用双蒸水稀释样品至

1.0mL，配制成不同浓度的蛋白质标准液，分别加入 5mL 溶液 C，混匀在室温下反应 10min，加入 0.5mL 溶液 D，混匀反应 20min 后，用分光光度计测定 750nm 处吸光度。以牛血清白蛋白浓度为横坐标，OD_{750} 为纵坐标，绘制标准曲线。

表 27-4　蛋白质含量测定标准曲线的制作步骤

管号	0	1	2	3	4	5	6	7
牛血清白蛋白/mL	0.0	0.1	0.2	0.3	0.4	0.6	0.8	1.0
水/mL	1.0	0.9	0.8	0.7	0.6	0.4	0.2	0.0
溶液 C/mL	5	5	5	5	5	5	5	5
溶液 D/mL	0.5	0.5	0.5	0.5	0.5	0.5	0.5	0.5

（2）待测样品中蛋白质含量的测定

将提取到的微生物絮凝剂用去离子水溶解，取溶解后的溶液，按标准曲线中的测定方法，测定吸光度 OD_{750}，按标准曲线计算微生物絮凝剂中蛋白质的含量（注意：各管加溶液 D 时必须快速并立即摇匀，不应出现浑浊。因为 Lowry 反应的显色随时间不断加深，所以各项操作必须精确控制时间）。

9. 二苯胺法测 DNA 含量

（1）标准曲线的绘制

以小牛胸腺 DNA 为标准品，制作标准曲线（表 27-5）。配制成不同浓度的小牛胸腺 DNA 溶液，分别加入 4.0mL 二苯胺溶液，混匀，60℃水浴保温 45min，冷却至室温后，测定 OD_{595}，然后以 DNA 浓度为横坐标，吸光度 OD_{595} 为纵坐标，绘制标准曲线。

表 27-5　DNA 含量测定标准曲线的制作步骤

管号	0	1	2	3	4	5
DNA 标准溶液/mL	0.0	0.4	0.8	1.2	1.6	2.0
蒸馏水/mL	2.0	1.6	1.2	0.8	0.4	0
二苯胺试剂/mL	4.0	4.0	4.0	4.0	4.0	4.0

（2）待测样品中 DNA 含量的测定

配制微生物絮凝剂溶液，按标准曲线中的测定方法，测定吸光度 OD_{595}，根据标准曲线计算微生物絮凝剂中 DNA 的含量（注意：二苯胺法测定 DNA 含量灵敏度不高，待测样品中 DNA 含量低于 50mg/L 即难以测定）。

五、实验结果

记录分离得到的菌株及其絮凝能力于表 27-6 中。

表 27-6　分离得到的菌株及其絮凝能力

样品	菌株编号	菌落形态	个体形态	是否有絮凝能力	絮凝率	多糖含量	蛋白质含量	DNA 含量

六、思考题

    1. 絮凝剂产生菌分离过程中应注意什么？

    2. 发酵培养基的成分是否会影响絮凝剂的活性？

    3. 多糖含量测定时操作中应注意什么？

    4. 蛋白质含量测定时会有哪些干扰因素？

七、参考文献

常青. 2003. 水处理絮凝学. 北京：化学工业出版社.

韩省，黄晨野，刘超，等. 2011. 生物絮凝剂的研究进展及展望. 山东食品发酵，3：32-35.

马放，李淑更，金文标，等. 2002. 微生物絮凝剂的研究现状及发展趋势. 工业用水与废水，33（1）：7-9.

郑怀礼. 2004. 生物絮凝剂与絮凝技术. 北京：化学工业出版社.

Gong WX, Wang SG, Sun XF, et al. 2008. Bioflocculant production by culture of *Serratia ficaria* and its application in wastewater treatment. Bioresource Technol, 99（11）：4668-4674.

Liu WJ, Yuan HL, Yang JS, et al. 2009. Characterization of bioflocculants from biologically aerated filter backwashed sludge and its application in dying wastewater treatment. Bioresource Technol, 100（9）：2629-2632.

实验二十八　细菌冶金活性测定

一、实验目的

    1. 了解细菌冶金的基本原理。

    2. 学习了解细菌冶金的具体实施方法。

    3. 掌握摇瓶法判断细菌冶金能力的技能。

二、实验原理

    细菌冶金又称微生物浸矿，是近代湿法冶金工业上的一种新工艺。它是利用细菌的生物活性溶浸贫矿、废矿、尾矿和大冶炉渣等，以回收某些贵重有色金属和稀有金属，从而达到防止矿产资源流失，最大限度地利用矿藏的一种冶金方法。与传统的物理、化学选冶方法相比，生物冶金设备简单，工艺流程短，大大减少了投资和运行成本；主要利用微生物、空气、水等天然物质从矿石中提取有价金属；反应条件自然温和，不需要高温及强酸碱的苛刻化学环境，低成本、低能耗、低药剂消耗量、低劳动力需求；无废，少排放或不排放废物、废水、废气，环境友好，工艺清洁；并且可利用的资源范围广，适合储量小、品位低、成分复杂的矿物冶炼，使更多不同种类及低品位矿物得到有效、经济的利用。

细菌冶金最早出现在我国北宋时期，当时人们就知道用酸性水浸铜（胆水浸铜），西班牙人在 1762 年也开始利用矿坑水浸出含铜黄铁矿中的铜。但是人们对微生物浸出的深入研究始于 1947 年美国人 Colmer 发现细菌的氧化作用。1951 年美国人 Temple 和 Colmer 从煤矿的酸性矿坑水中首先分离出一种能氧化金属硫化物的细菌，命名为氧化铁硫杆菌（*Thiobacillus ferrooxidans*），它能以 Fe^{2+}、S 或硫化矿为能源，从这些物质的氧化过程中摄取能量，合成自身生命物质及维持其他生物活动，并同时产生酸及其他代谢物，如 Fe^{3+}、过氧化物、有机物等，这些代谢物往往是良好的浸矿剂。1954 年，Buyner 等较系统地研究了各种硫化物的微生物浸出过程，研究了氧化亚铁硫杆菌在硫化矿浸出中的作用。1958 年，美国肯尼柯铜矿公司取得了第一个微生物浸出的专利并首先利用氧化亚铁硫杆菌渗滤硫化铜矿获得成功，成为细菌冶金的一个里程碑。目前该技术已成功应用于铜、钴、镍、锌、铀等金属的浸出。

细菌冶金的机制非常复杂，涉及多个领域，目前被人们广泛接受的是 Crundwell 于 2003 年提出的浸出理论，主要包括以下 3 个方面。

1）间接浸出，指细菌氧化 Fe^{2+} 产生 Fe^{3+}，Fe^{3+} 可在酸性条件下将硫化矿氧化溶解，其作用机制如下所示。

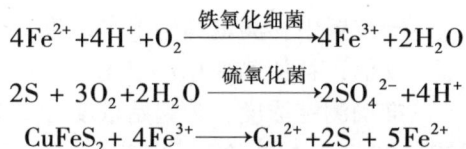

$$4Fe^{2+}+4H^{+}+O_2 \xrightarrow{\text{铁氧化细菌}} 4Fe^{3+}+2H_2O$$

$$2S + 3O_2 + 2H_2O \xrightarrow{\text{硫氧化菌}} 2SO_4^{2-}+4H^{+}$$

$$CuFeS_2 + 4Fe^{3+} \longrightarrow Cu^{2+}+2S + 5Fe^{2+}$$

2）直接浸出，指细菌通过胞外多聚物与矿物表面直接结合，在分泌的胞外酶的作用下氧化矿物。其作用机制如下所示。

$$CuFeS_2 + 4O_2 \xrightarrow{\text{硫氧化菌}} Cu^{2+}+Fe^{2+} + 2SO_4^{2-}$$

3）间接接触浸出，指细菌吸附到矿物表面后，通过胞外多聚层中的糖醛酸等物质富集三价铁离子，形成一种胞外多聚物与三价铁离子的复合体，用于氧化并溶解矿物。其作用机制如下所示。

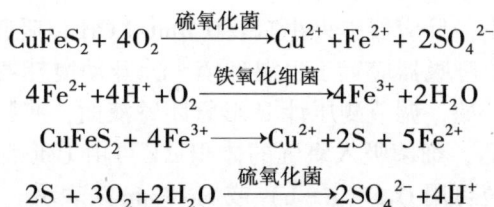

$$CuFeS_2 + 4O_2 \xrightarrow{\text{硫氧化菌}} Cu^{2+}+Fe^{2+} + 2SO_4^{2-}$$

$$4Fe^{2+}+4H^{+}+O_2 \xrightarrow{\text{铁氧化细菌}} 4Fe^{3+}+2H_2O$$

$$CuFeS_2 + 4Fe^{3+} \longrightarrow Cu^{2+}+2S + 5Fe^{2+}$$

$$2S + 3O_2 + 2H_2O \xrightarrow{\text{硫氧化菌}} 2SO_4^{2-}+4H^{+}$$

参与细菌冶金的微生物种类很多，但典型的具有冶金能力的细菌属于嗜酸硫杆菌属（*Acidithiobacillus*），其中研究最多的是化能自养菌嗜酸氧化硫硫杆菌（*A. thiooxidans*）、嗜酸氧化亚铁硫杆菌（*A. ferrooxidans*）及喜温嗜酸硫杆菌（*A. caldus*），这 3 株菌都属于革兰氏阴性 γ-变形杆菌，它们一般多耐酸，甚至在 pH 1

以下仍能生存。这类细菌可从无机物如元素硫、还原性硫化物的氧化过程中获得能量，固定空气中的 CO_2 并利用无机含氮化合物来合成细胞物质。按照浸矿微生物生长最适温度不同，可将其分为 3 类。

1）嗜中温菌：最适生长温度为 30 ~ 35℃，能够耐受低 pH，如氧化亚铁硫杆菌、氧化硫硫杆菌、氧化亚铁微螺菌（*Leptospirillum ferrooxidans*）等常见浸矿菌都属于此类。

2）中等嗜热菌：最适生长温度为 45 ~ 55℃，喜温硫杆菌属于此类。

3）嗜高温菌：最适生长温度为 60 ~ 85℃，耐受低 pH，可快速代谢硫铁矿、黄铜矿、磁黄铁矿，是一类具有很大应用前景的浸矿菌。嗜酸热硫化叶菌（*Sulfolobus acidocaldarius*）是这类菌的典型代表。

目前所用的浸矿微生物绝大部分是从矿石（石油）的开采现场的水样或土样中人工分离获得，细菌的活性是微生物浸矿的重要参数，目前表示细菌活性的方法主要有亚铁离子的氧化速率法、二氧化碳的固定速率（吸收速率）法、氧的消耗速率法及目的矿物的氧化速率法等。

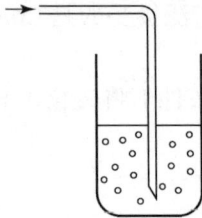

（1）亚铁离子的氧化速率法

氧化 Fe^{2+} 为 Fe^{3+} 是氧化亚铁硫杆菌的重要特征，其测定装置如图 28-1 所示：取 25mL 待测菌液（或矿浆）于装置中，测定其中 Fe^{2+} 浓度，然后根据测得的 Fe^{2+} 浓度值，补加 $FeSO_4 \cdot 7H_2O$ 至 Fe^{2+} 浓度为 10 ~ 15g/L，再准确测定浓度，为起始浓度 C_0。将装置置于恒温培养箱内充气培养 2h，温度保持在 30℃，再测定菌液中 Fe^{2+} 浓度，为终浓度 C_f。细菌活性可使用以下公式计算。

图 28-1　细菌活性测定装置

$$A = (C_0 - C_f)/2$$

式中，A 为测得的细菌活性 [g/(L·h)]；C_0 为起始 Fe^{2+} 浓度（g/L）；C_f 为最终 Fe^{2+} 浓度（g/L）。

（2）氧的消耗速率法

细菌对氧的消耗速率可用瓦勃呼吸器（图 28-2）测定，测定时将 1.5 ~ 2.5mL 矿浆放进瓦勃呼吸器中，反应器中央小瓶装 0.5mL KOH 以吸收二氧化碳，然后将反应瓶接上测压计。整个呼吸器应置于恒温环境中，开动搅拌器，当测压计温度与环境温度相同时，反应开始，调节测压计 U 形管闭臂液面，使其达到零点，关闭三通开关。反应一段时间后，细菌吸入氧气的体积 ΔV 可由 U 形测压计液柱差的读数换算得出。细菌活性单位可用 $O_2 g/(L \cdot h)$ 或 mol/min 来表示。

虽然目前浸矿细菌对酸、热、重金属耐受的分子机制尚不清楚，但其抗逆机制主要包括以下几个方面。

（1）耐酸机制

1）细胞膜对 H^+ 的低渗透性。Vossenberg 等研究发现，细胞膜上的脂质体对维

持细胞内的低 pH 具有重要作用。这种脂质体在 pH3.0
和 4.0 时可以形成有规则的囊泡结构，这种结构对 H⁺
的渗透性极低，而在 pH7.0 时不能形成有规则的囊泡结
构，且出现漏洞，因此能很好地适应酸性环境并维持体
内 pH 的稳定。

　　2）跨膜电位差 $\Delta\phi$。驱动 H⁺ 从细胞外通过 ATPase
进入细胞的力称为质子移动力 ΔP，$\Delta P = \Delta\phi -$
$(2.303RT/F) \times \Delta\mathrm{pH}$，$\Delta\mathrm{pH}$ 为细胞内外 pH 差，R 为气
体常数，T 为绝对温度，F 为法拉第常数。在正常代谢
过程中，$\Delta\phi$ 保持在一个较低水平，此时 H⁺ 的输出量等
于输入量，$\Delta\mathrm{pH}$ 保持稳定。而对于嗜酸菌来说，当 pH
变化时，$\Delta\phi$ 迅速升高，ΔP 降至很低甚至趋于 0，从而
使胞内 pH 基本保持稳定。

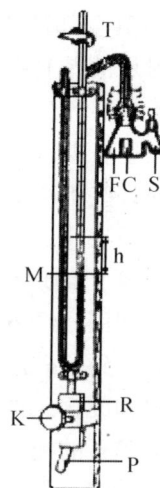

图 28-2　瓦勃呼吸器示意图

T. 三通开关；M. 压力计的定点；
R. 压力计的储液囊（用 K 螺旋压
橡胶管，调整液柱高度）；F. 容器；
S. 侧室；C. 副室；P. 轴；
h. 左臂液面高度

　　3）周质空间的蛋白。在常温型嗜酸氧化亚铁硫杆菌
的周质空间纯化获得硫代硫酸脱氢酶，其最适 pH 为 3.0，
另外也分离获得铁质兰素酸稳定性蛋白质，这些蛋白质
具有高的酸稳定性，对其适应酸性环境具有重要贡献。

　　（2）耐热机制

　　1）类脂的敏感作用。随温度升高，嗜热菌细胞膜中长链饱和脂肪酸增加，不
饱和脂肪酸减少，因此嗜热菌在高温下能维持膜的功能。

　　2）重要代谢产物的迅速再合成。嗜热菌中 tRNA 的周转率大于中温菌，并且核
酸中 GC 含量也比中温菌高，而且代谢快，其速率等于或大于热不稳定代谢物的转
化，因此重要代谢物可迅速再合成。

　　3）嗜热菌的酶和蛋白质比中温菌的具有较高的热稳定性。

　　4）嗜热菌的核糖体比中温菌抗热性高，在高温下仍能正常发挥功能。

　　（3）耐重金属机制

　　1）可将有毒金属排出细胞，如 ArsB 蛋白可将 As³⁺ 排出细胞。

　　2）在细胞内/细胞外对重金属进行绑定，以降低重金属的毒性。

　　3）通过渗透障碍阻止重金属进入细胞。

　　4）调节细胞中某些成分，使其降低对重金属的敏感性。

　　5）将重金属转化为无毒形式排出体外，如将 Hg²⁺ 还原为 Hg，Hg 随之挥发出细胞。

　　自美国 1958 年细菌法浸铜和加拿大 1966 年细菌浸铀的研究和工业应用成功之后，
已有前苏联、日本、法国等 30 多个国家开展了这方面的工作。据统计，世界上铜产量
的近 25% 是采用生物浸出技术获得，每年约 30 万 t，美国细菌浸出铜占其铜产量 10%
以上，其中比尤特铜矿一个矿山，利用细菌浸出露天废石堆就年产金属铜 7 万 t。加
拿大 1966 年细菌浸铀年产 U₃O 8230t，法国 1971 年用细菌浸出法产铀（金属量）

87.6t，占其全部铀产量的7.3%。美国黄金产量的1/3是用生物堆浸法生产的。

　　我国是世界上少有的几个矿产品种较齐全、矿产资源较丰富的国家之一。虽然我国矿产种类齐全，总量较大，但是人均产量严重不足，贫矿多，富矿少；中小型矿多，大型矿少；综合矿多，单一矿少。由于近些年的过度开采、资源利用率低，使我国的某些矿产资源面临枯竭。从中国矿业联合会获悉，近年来中国矿产资源紧缺矛盾日益突出，石油、煤炭、铜、铁、锰、铬储量持续下降，缺口进一步加大，45种主要矿产的现有储量，能保证2020年需求的只有6种。因此，加强细菌浸矿的研究和利用，经济合理的开发和利用矿产资源，尽量多地从矿石或废弃的尾矿中回收金属，延长矿山寿命，提高金属自给率，淘汰环境污染严重的冶金工艺，充分利用资源和废物，这对于保障我国的经济及国防安全具有十分重要的意义。

　　根据矿石的配置状态，细菌冶金的方法主要有以下3种。

　　（1）堆浸法

　　通常在矿山附近的山坡、盘地、斜坡等地上，铺上混凝土、沥青等防渗材料，将矿石堆集其上形成矿石堆，然后将事先准备好的含菌浸液用泵自矿堆顶面上浇注或喷淋矿石的表面（在此过程中随之带入细菌生长所必需的空气），使之在矿堆上自上而下浸润，在低处建立收集池收集浸出液，经过一段时间浸提后，根据不同金属性质采取适当方法回收有用金属。回收金属之后的含菌浸液用硫酸调节pH后，可再次循环使用。

　　该浸出工艺的特点是规模大、浸出时间长，所需劳动力也较大，可广泛用于处理贫矿、废矿和尾矿。对于这类矿石的堆浸，一般可不经过破碎，直接由井口或露天采场运入堆矿场地，矿石粒度较大，最大直径可达数百毫米，每堆的矿石量可以是数万吨甚至上亿吨。对于品位比较高的富矿，如要求回收率高和在较短时间内回收金属时，一般可将矿石破碎成5~50mm的粒度，从而加快进度。

　　目前，细菌堆浸工艺技术已经成熟，正逐渐成为处理低品位铜，铀，含硫、砷金矿石等矿的重要手段。例如，美国纽蒙特黄金公司（Newmont）在内华达州卡林（Carlin）矿区有4个地下矿山、3个选厂，其细菌堆浸规模可达每堆数千万吨。其矿山生产成本平均为每盎司[①]210美元。另外，澳大利亚的Conzine Riotinto公司、美国的Cananea矿山公司、加拿大的Giant Bay公司等很多微生物冶金公司都取得了一定成就。

　　（2）池浸法

　　池浸法主要用来处理较富的金属矿石或精矿，如金属硫化矿的细菌浸出及难浸金矿的细菌氧化处理等。用于浸出的物料是粒度很细的矿粉，在较低的固液比（<20%）条件下进行浸出。一般是在耐酸池中，堆集几十至几百吨矿石粉，池中充满含菌浸提液，再加以机械搅拌以增大冶炼速度。这种方法虽然只能处理少量的矿石，但却易于控制。其中，搅拌的作用一方面在于使矿物与浸出液充分混合，增加

---

① 　1盎司=28.35g

矿物与浸出液的接触机会，提高浸出传质效率；另一方面是使液相和气相充分接触，使矿浆吸入更多空气，为细菌提供充足的 O_2 和 CO_2。为了提高浸出效率，可通过充气和控温的方式促进微生物的生长和金属的浸出。

1986 年，南非建成了世界上第一座具有工业规模的池浸法细菌氧化提金厂，目前，该工艺已经在南非的菲尔维（Fairview）（处理量 35t/d）、巴西的桑本托（Sao Bento）（处理量 150t/d）、澳大利亚的哈伯拉兹（Harbour Light）（处理量 40t/d）、澳大利亚的维鲁纳（Wiluna）（处理量 115t/d）、肯尼亚加纳的阿尚蒂（Ashanti）（处理量 1000t/d）、澳大利亚的犹安米（Youanmi）（处理量 120t/d）获得工业应用。以上矿山具有一些共同的特点：①浸出时间都在 4d 左右，矿浆 pH2.0 ~ 2.2，给矿液固比约 1/4，浸出槽都采用机械搅拌装置并充入空气；②生产过程全程计算机监控，自动化程度较高；③所有装置露天，基建投资低，但开发费用高。

（3）地下浸提法

地下浸提法也称溶浸采矿，是一种直接在矿床内浸提金属的方法。这种方法大多适用于难以开采的矿石、富矿开采后的尾矿、露天开采后的废矿坑、矿床相当集中的矿石等。其具体方法是在开采完毕的场所和部分露出的矿体上浇淋细菌溶浸液，或者在矿区钻孔至矿层，将细菌溶浸液由钻孔注入并提供一定的营养液、通气，溶浸一段时间后定期测定流出的浸出液的金属浓度，待浓度低于最小经济浓度时，可停止操作，抽出溶浸液进行回收金属处理，计算总的金属回收率。这种方法的优点是矿石不需运输，不需开采选矿，可节约大量人力和物力，矿工不用在矿坑内工作，增加了人身安全度，还可减轻环境污染。

要确切地了解某种矿物的细菌浸出可行性，最快捷的方法就是进行摇瓶试验。用此法一般可在 1 ~ 2 周得出矿石的最大浸出率、浸出速度、酸耗和产酸量等数据，由此判断矿石是否适合细菌地下浸提。由于受矿脉、水文地质条件及矿石埋藏深度所限，地下浸提法的应用远少于堆浸法和池浸法，已不是细菌浸出的主要发展方向。

三、实验材料

1. 菌种

氧化亚铁硫杆菌，氧化硫硫杆菌（注意：菌种室温接种于 9K 培养基中保藏，1 个月转接一次，以保证菌株的活性）。

2. 器材

三角瓶，摇床，研磨机，筛子，FJA-15 型氧化还原电位 Eh 测定仪。

3. 培养基（9K 培养基）

$(NH_4)_2SO_4$ 3.0g/L，KCl 0.1g/L，K_2HPO_4 0.5g/L，$MgSO_4 \cdot 7H_2O$ 0.5g/L，$Ca(NO_3)_2$ 0.01g/L，蒸馏水 700mL，pH3.0，121℃灭菌 15min，加入 300mL 预先配制的 14.78% 的 $FeSO_4 \cdot 7H_2O$ 溶液。

四、实验步骤

1）将矿样（原矿或精矿）根据实验要求磨至−12mm 左右的粒度大小，根据接种量取一定体积的 9K 培养基（液体）于 250mL 或 500mL 三角瓶中，称取磨好的矿样 5～10g，加入到培养基中。

2）为避免矿石中耗酸的碳酸盐矿物造成 pH 迅速升高，应先用硫酸调矿浆 pH（注意：使 pH 稳定在 2.0 左右）。硫酸用量可作为矿石最高耗酸量的估计值。

3）pH 稳定后进行接种（注意：接种量提前预试），接种完毕后，在瓶口塞上棉花，瓶子上贴好标签，记下起始参数，然后将三角瓶置于生化培养箱或恒温振荡器中，在 30～45℃、转速为 90～170r/min 的条件下振荡培养。

4）按同样的方法逐次减少接种量进行转移培养，经过反复转移培养（注意：3 次以上活化培养），借助培养基的高酸度，可以淘汰那些不噬酸的杂菌，而以氧化二价铁离子获取能量的氧化亚铁硫杆菌得以充分生长、繁殖，活性越来越大。

5）为保证浸出结果的可靠性，同一试验条件至少重复两次。同时为对比无菌时纯化学浸出效果，经高压蒸汽灭菌后，有菌、无菌对比实验在相同的条件下进行同步浸出。

6）实验开始时，测定矿浆 pH、氧化还原电位（Eh）、Fe^{2+} 和全铁含量（TFe），同时定时用移液管取 1mL 浸出液进行分析。测定浸出过程中的有关参数，取出的液体量用培养基补给，蒸发了的水用蒸馏水补给，以保持浸出体系的总体积不变。每换一次溶浸液称为浸出一次。当 $C(Fe^{3+})/C(Fe^{2+})$ 不发生变化时认为氧化结束。

五、实验结果

1. 填写摇瓶浸出试验数据记录表 28-1。

表 28-1　摇瓶浸出试验数据记录表

矿石：_____　　样品质量：_____　　粒度分布：_____　　接种菌株：_____

培养基：_____　　培养基量：_____　　接种量：_____

瓶号	日期	室温 /℃	矿浆温度 /℃	质量 /g	pH	Eh	$C(Fe^{2+})$ /(g/L)	$C(Fe^{3+})$ /(g/L)	$C(TFe)$ /(g/L)	$C(MFe)$ /(g/L)	备注

注：MFe 为磁性铁含量。

2. 计算浸矿细菌的生物活性。

六、思考题

    1. 细菌浸矿的优缺点分别是什么？

    2. 请简述细菌浸矿的主要方式。

    3. 外界因素对细菌冶金的效果有什么影响？

七、参考文献

刘相梅，林建群，田克立，等．2008. 极端嗜酸性专性化能自养硫细菌有机质代谢的研究进展．生物工程学报，24（1）：1-7.

张春生，刘刚．2006. 谈谈湿法冶金新技术在矿产资源开发中的应用．有色金属设计，33（4）：6-9.

Panda S，Sanjay K，Sukla LB，et al. 2012. Insights into heap bioleaching of low grade chalcopyrite ores-A pilot scale study. Hydrometallurgy：125-126，157-165.

Rohwerder T，Gehrke T，Kinzler K，et al. 2003. Bioleaching review part A：progress in bioleaching：fundamentals and mechanisms of bacterial metal sulfide oxidation. Appl Microbiol Biotechnol，63：239-248.

Watling HR，Elliot AD，Maley M，et al. 2009. Leaching of a low-grade，copper-nickel sulfide ore. 1. Key parameters impacting on Cu recovery during column bioleaching. Hydrometallurgy，97：204-212.

实验二十九　微藻生物柴油的制备

一、实验目的

    1. 了解微藻柴油生产的原理。

    2. 掌握微藻的培养模式。

    3. 掌握微藻生长的测定方法。

    4. 掌握微藻油脂的测定及提取方法。

二、实验原理

    微藻是一类单细胞生物，能利用太阳光和 CO_2 进行光合自养。微藻可在淡水和海水中生长，一般微藻的含油量在 5% ~ 20%，部分微藻的含油量为 50% ~ 60%，甚至高达 80%。微藻对太阳能利用效率高、个体小、生长繁殖迅速、对环境的适应能力强。微藻的产油率是油料作物（如大豆）的 30 ~ 100 倍（表 29-1）。而且藻类生长在水体中，不占用耕地资源，也不依靠土壤特性，可高密度大规模生产（如生物反应器）。除了可以利用光能和CO_2进行正常的光合自养生长外，很多微藻还可以在无光条件下利用有机碳源，进行异养生长繁殖。

表 29-1　中国油料作物及林木与产油微藻生产力比较

原料	油脂产量/(L/亩)	土地需求（×10⁶亩[①]）	中国现有种植面值的百分比/%
黄豆	29.7	4377	243
油菜籽	79.3	1639	91.1
麻风树	126.1	1031	57.3
椰子	179.3	725	40.1
油棕	396.7	328	18.2
微藻[②]	9126.7	14.2	0.8
微藻[③]	3913.3	33.2	1.8

注：①满足中国运输燃料的50%；②油脂含量70%；③油脂含量30%；1亩≈667m^2。

关于利用微藻进行可再生替代能源的生产是一个古老的课题，最早是在20世纪50年代提出的，其研究是利用污水作为培养基和营养物，进行微藻培养，同时生产甲烷气体。由于20世纪70年代的能源危机，该方面的研究成为当时最有前景的研究领域。

利用微藻进行生物柴油的生产最早是1978年由美国国家可再生能源实验室开始。其工作主要包括微藻资源的调查收集筛选、微藻产脂的生理生化研究及微藻的分子生物学初步研究。但由于当时原油价格低廉，藻类制油成本没有竞争力，使该研究计划于1996年终止。2007年，美国推出"微型曼哈顿计划"，其宗旨在于向海洋藻类要能源，以帮助美国摆脱严重依赖进口石油的窘境。2010年6月，美国能源部资助2400万美元，以解决微藻可再生能源商业化规模生产各环节中的关键问题。2008年10月，英国碳基金公司启动了目前世界上最大的藻类生物燃料项目，投入2600万英镑用于发展相关技术和基础设施，该项目预计到2020年实现商业化。亚洲对微藻生物能源的研究起步较晚。1990~2000年，日本国际贸易和工业部资助了一项名为"地球研究更新技术计划"的项目，耗资近3亿美元，分离出1万多种微藻。但由于20世纪90年代后期油价大幅降低，而微藻制油的关键技术未获突破，成本过高，导致其相关技术研究处于停滞状态。微藻制备生物柴油的具体流程如图版9所示。

1. 产油微藻

产油微藻种类很多，但不同微藻间油脂含量差异很大，拜尔代维勒杜氏藻（*Dunaliella bardawil*）W-8-1油脂含量仅为6.64%，而大多数微藻的含油量为20%~50%。常见微藻的含油量及产油率见表29-2。

表 29-2　常见微藻的含油量及产油率

微藻种类	含油量 /(% 干重)	油脂产率 /[mg/(L · d)]	生物量产率 /[g/(m² · d)]
纤维藻 (Ankistrodesmus sp.)	24 ~ 31	—	11.5 ~ 17.4
布朗葡萄藻 (Botryococcus braunii)	25 ~ 75	—	3
牟勒氏角毛藻 (Chaetoceros muelleri)	33.6	21.8	—
钙质角毛藻 (Chaetoceros calcitrans)	14.6 ~ 16.4/39.8	17.6	—
浮水小球藻 (Chlorella emersonii)	25 ~ 63	10.3 ~ 50	0.91 ~ 0.97
原始小球藻 (Chlorella protothecoides)	14.6 ~ 57.8	1214	—
麦根腐小球藻 (Chlorella sorokiniana)	19 ~ 22	44.7	—
普通小球藻 (Chlorella vulgaris)	5 ~ 58	11.2 ~ 40	0.57 ~ 0.95
蛋白核小球藻 (Chlorella pyrenoidosa)	2	—	72.5/130
寇氏隐甲藻 (Crypthecodinium cohnii)	20 ~ 51.1	—	
杜氏盐藻 (Dunaliella salina)	6 ~ 25	116	1.6 ~ 3.5/20 ~ 38
普氏杜氏藻 (Dunaliella primolecta)	23.1	—	14
特氏杜氏藻 (Dunaliella tertiolecta)	16.7 ~ 71	—	
小眼虫 (Euglena gracilis)	14 ~ 20	—	
雨生红球藻 (Haematococcus pluvialis)	25	—	10.2 ~ 36.4
球等鞭金藻 (Isochrysis galbana)	7 ~ 40	—	
单胞藻 (Monodus subterraneus)	16	30.4	
盐生单肠藻 (Monallanthus salina)	20 ~ 22	—	12
微拟球藻 (Nannochloropsis oculata)	22.7 ~ 29.7	84 ~ 142	
富油新绿藻 (Neochloris oleoabundans)	29 ~ 65	90 ~ 134	
卵泡藻 (Oocystis pusilla)	10.5	—	40.6 ~ 45.8
盐生巴夫藻 (Pavlova salina)	30.9	49.4	—
路氏巴夫藻 (Pavlova lutheri)	35.5	40.2	—
三角褐指藻 (Phaeodactylum tricornutum)	18 ~ 57	44.8	2.4 ~ 21
紫球藻 (Porphyridium cruentum)	9 ~ 18.8/60.7	34.8	25
斜生栅藻 (Scenedesmus obliquus)	11 ~ 55		
四尾栅藻 (Scenedesmus quadricauda)	1.9 ~ 18.4	35.1	
中肋骨条藻 (Skeletonema costatum)	13.5 ~ 51.3	17.4	
钝顶螺旋藻 (Spirulina platensis)	4 ~ 16.6		1.5 ~ 14.5/24 ~ 51
极大螺旋藻 (Spirulina maxima)	4 ~ 9		25
假微型海链藻 (Thalassiosira pseudonana)	20.6	17.4	
四肩突四鞭藻 (Tetraselmis suecica)	8.5 ~ 23	27 ~ 36.4	19

2. 微藻的代谢及培养模式

微藻为自养型微生物，由于其细胞内存在光合作用系统 PS II，又被称为微藻植物。在一定条件下，为了更好地生存和生长，它们也可以通过改变自己的代谢状况来进行异养生长，主要可分为以下 4 类。

1）光合自养型（photoautotrophically），以光照为唯一能源，通过光合作用将光能转化为化学能。

2）异养型（hetertrophically），只利用有机化合物作为碳源和能源。

3）混养型（mixotrophically），以光照为主要的能源，但有机化合物和 CO_2 都是必需的。兼养（amphitrophy），是混养的一种，表示生物体根据有机物的浓度和光照强度既可以自养也可以异养。

4）光合异养型（photoheterotrophycally），也称为光合有机营养型（photoorgan-otrophy）、光合同化型（photoassimilation）、光合代谢型（photometabolism），是指需要光照来利用有机化合物作为碳源的一种代谢类型。光合异养和混养型新陈代谢没有明确的区分度，特定情况下它们可以根据生长所需的能源和特殊代谢产物的不同来定义。

相应的微藻培养模式包括光照自养培养、异养培养、混合培养。光合异养和混合培养没有一个很明确的界限，一般在有机培养基中光照培养，两种代谢方式均有可能发生。

（1）光照自养培养模式

自养培养微藻作为生物柴油的原料有如下优势：①微藻较其他产油植物具有更高的光合效率；②微藻一年四季都可生长，可以不间断地为生物柴油提供原料；③微藻可以生长在海水和废水中，减少水资源的浪费；④微藻利用 CO_2 产油，使用微藻产的柴油可以实现 CO_2 零排放；⑤生产的生物柴油无毒，而且可以高度生物降解；⑥可利用废弃的土地、不能耕种的土地及海边滩涂地来培养微藻，从而不占用有限的可耕地资源；⑦可利用工业排放的 CO_2 来培养微藻，减少 CO_2 的排放；⑧培养微藻所需的肥料（如磷、氮等）可以从废水中获得；⑨微藻培养不需要杀虫剂或除草剂；⑩微藻提油后的残留物可以用作肥料或饲料，也可以用来发酵产乙醇或沼气。微藻规模化自养培养的模式有两种：跑道式大池培养和管状光生物反应器培养。跑道式大池培养是螺旋藻和小球藻等少数微藻进行商业化生产常用的方法，由于很多微藻不抗杂菌或抵抗杂菌的能力较弱，跑道式大池培养发展受到很大限制。管状光生物反应器培养可以很好地控制培养条件，使其更适合于微藻生长，一年四季都可以培养。但管状光生物反应器目前还存在微藻粘壁的现象，影响其产量，同时存在光不能照射到管道中部的问题。

（2）异养培养模式

微藻异养培养不受光照的影响，生长较自养快，因此可以取得更高的产量，同时可缩短培养周期。异养培养基一般都是在自养培养基的基础上适量添加有机物后改进而成的。不同的微藻所需求的有机物有差异，葡萄糖的应用最多，并能达到很高的产量，但葡萄糖并非所有微藻的最好碳源和能源。例如，Kotzabasis 等采用每天 0.005% 的量将甲醇作为有机碳源加入培养极微小球藻（*Chlorella minutissima*）的培养基中，相比未添加甲醇时的 $1.19×10^8$ 个/mL 的细胞浓度，添加甲醇的细胞浓度达 $1.36×10^8$ 个/mL。Miao 和 Wu 向培养基中加入 10g/L 的葡萄糖作为有机碳源对原始小球藻（*Chlorella protothecoides*）进行异养培养，培养得到的油脂含量为55%，比自养培养（14.6%）高得多。

（3）混合培养模式

和异养培养相比，混合培养（或光异养培养）以光照作为刺激因子可以得到更高的生长速率和油脂含量。混合培养和光照异养的区别在于是否往培养基中通入 CO_2，而在有些研究中，这两种培养模式归为一类。混合培养的优势在于可以充分利用光暗交替的资源空间，在光照的情况下可以有效利用光能生长，而在黑暗条件下又能够利用有机碳源来生长。很多微藻是能够通过这种方式进行培养的，而且相对于光合自养更能够促进微藻的生长。此外，相对异养培养，混合培养往往也能获得更高的微藻生物量产量。Liang 等（2009）以葡萄糖为有机碳源对普通小球藻（*Chlorella vulgaris*）进行培养，通过比较光照和非光照条件的培养结果显示，在光照条件下能获得最大的生物质产率和油脂产率。Day 和 Tsavalos（1996）比较了四爿藻（*Tetraselmis*）在异养和混养（光异养）培养的生长状况，结果显示混养（光异养）得到的微藻油脂含量是异养的 5.8 倍。Cheirsilp 等同时对淡水小球藻（*Chlorella* sp.）、海洋小球藻、微拟球藻（*Nannochloropsis* sp.）和角毛藻（*Cheatoceros* sp.）进行了自养、异养及光合异养的研究，结果也表明和自养及异养相比，混合培养大大提高了 4 株藻的生物量产量及油脂产量。

3. 影响微藻油脂合成的因素

（1）碳源

微藻可利用 CO_2 进行自养生长，但大气中的 CO_2 浓度仅为 0.03%~0.05%，远不能满足微藻生长的需要。研究表明，CO_2 浓度对微藻的生长及油脂的积累有重要作用，在一定范围内，较高的 CO_2 浓度更有利于微藻的生长。Emma 等研究发现，一些藻类可将 Na_2CO_3 和 $NaHCO_3$ 转化为 CO_2 用于微藻生长。

部分微藻可以有机物为碳源进行异养生长，一般而言异养培养油脂含量显著高于自养培养。以葡萄糖为碳源异养培养蛋白核小球藻（*Chlorella pyrenoidosa*），该藻的生物量和油脂含量分别从优化前的 3.37g/L 和 40.15% 增加到 6.56g/L 和 59.9%。杨金水等以极微小球藻（*Chlorella minutissima*）UTEX2341 为出发藻株，在以甘油为碳源的情况下，培养时间由自养培养时的 30d 缩短到 6d，生物量由 0.2g/L 干物质增加到 1.78g/L 干物质，油脂产率可达 30%。

（2）氮源

微藻培养所需的氮源包括无机氮源和有机氮源。富油新绿藻（*Neochloris oleoabundans*）的培养发现，硝酸盐作为氮源时，不仅促进藻体生长且有利于胞内油脂的积累，尿素效果次之，铵盐最差；而栅藻（*Scenedesmus* sp.）的研究也支持同样的结论。因此在选择无机氮源时，一般选用硝酸盐作为氮源对微藻进行培养。而杨金水等的研究发现，有机氮源对微藻生长的效果要显著优于无机氮源。另外研究发现，限氮培养虽然不利于藻体生物量的积累，但可提高单个细胞的油脂含量。

（3）其他影响因素

培养基盐度、微量元素、温度、光照强度等物理因素也对微藻的生长及油脂积累具有明显的影响。对于海洋微藻和盐碱湖分离的微藻，盐度会改变细胞膜透性，从而影响其生长及油脂积累。对杜氏藻（*Dunaliella*）而言，当盐浓度从 0.5mol/L增至 1mol/L 时，含油量由 60% 增至 67%，当盐浓度为 1mol/L，藻体生长对数期末，再补充加入 0.5mol/L 或 1mol/L 盐时，含油量可增至 70%。Fe^{3+} 可改变微藻的代谢途径，刘志媛等在高 Fe^{3+} 浓度条件下培养 *C. vulgaris*，使油脂出现两次积累高峰，含油量提高 7 倍，达细胞干重的 56.6%。光强对微藻的生长具有重要作用，当光照强度为 50～100μmol/（m² · s）时，中肋骨条藻（*Skeletonema costatum*）的比生长速率达 0.04h^{-1}，油脂含量为 44%～47%，若光强低于 20μmol/（m² · s）或高于 400μmol/（m² · s），细胞生长受到限制，油脂含量仅为 35%～40%。温度变化会导致细胞内酶的活性发生改变，油脂积累量也随之改变。温度降低时，微藻不饱和脂肪酸的含量会增加，而温度升高时微藻细胞中饱和脂肪酸的含量增加。据李文权等报道，随着温度升高，等鞭金藻、盐生杜氏藻、三角褐指藻的不饱和脂肪酸含量呈下降趋势，其饱和脂肪酸含量则呈上升趋势。Converti 等研究表明，*C. vulgaris* 在 25℃和 30℃条件下生长速率一样，但是在 25℃条件下生长的藻油脂的积累速率和产量分别是后者的 2.7 和 5.0 倍。Sato 和 Somerville 分别在研究丹麦棕鞭藻和微拟球藻后发现，在一定温度范围内，它们的油脂含量随着温度的增加而增加。相反，Patterson 的研究发现，麦根腐小球藻（*Chlorella sorokiniana*）生长在不同温度下脂肪酸含量没有显著的变化。

4. 微藻的收集

（1）离心

离心法是一种快速收集细胞的方法，但对于规模化养殖需要较大的设备投资，能耗也较大。Chisti 等阐述了选择合适离心机的原则，Heasman 比较了离心法对 9 株藻采收率及活性的影响，发现离心力为 13 000*g* 时 95% 的藻体可沉降收集，但离心力低至 1300*g* 时采收率仅为 40%。

（2）过滤

对个体较大的藻体，如钝顶螺旋藻（*Spirulina platensis*）（细胞长 400～600μm）、星空藻（*Coelastrum* sp.）（直径 50～100μm）采用沙滤、纤维素滤器、硅藻土过滤等方法都能取得良好的脱水效果；对于直径小于10μm的金藻（*Isochrysis*）、杜氏藻（*Dunaliella*）、小球藻（*Chlorella*）等微藻，微滤和超滤可以有效地截留藻细胞，但需注意以下几点。

1）滤膜选择。膜材料可选纤维陶瓷膜、PVC膜或PAN膜，截留分子质量为40~60kDa，对剪切力敏感的藻可用微滤法。

2）操作条件。加压或抽真空可提高膜通量，并可进行连续浓缩。

3）膜污染控制。过滤时，藻体易堵塞膜孔降低膜通量，同时有机质残存也可导致膜污染，NaClO溶液进行周期性清洗是控制膜污染的常用的方法。

（3）絮凝沉降

絮凝沉降法是目前应用最广泛的微藻收集技术之一。其作用原理是通过絮凝作用使藻体聚集成团，并在重力的作用下沉降。根据具体作用机制又可分为阳离子絮凝剂、pH介导絮凝、电场介导絮凝等。

1）阳离子絮凝剂。阳离子絮凝剂可分为Fe^{3+}、Al^{3+}、Mg^{2+}、Ca^{2+}等无机金属离子盐类；聚合硫酸铁、聚合硫酸铝等聚合金属盐类及聚丙烯酰胺、壳聚糖等有机高分子聚合物三大类。$FeCl_3$和$Al_2(SO_4)_3$是最常用的无机金属离子絮凝剂。聚合硫酸铁是最常用的聚合盐类絮凝剂，与无机金属离子絮凝剂相比，适用pH范围较广，絮凝率也明显提高，脱水等后处理更简便。壳聚糖是一种天然高分子化合物，因其无毒可用于食品级藻类的絮凝回收，通常壳聚糖对淡水藻的絮凝沉降作用优于盐水藻。低速搅拌有利于加快絮凝速度，而高速搅拌会破坏藻体聚集成团。阳离子絮凝剂选用的原则：价格便宜、对藻体无致死作用、絮凝率高、残留对后续处理无影响。

2）pH介导的絮凝。当培养过程中CO_2消耗或添加$NaOH/[Ca(OH)_2]$导致藻液pH升高时，也会引起藻体的自絮凝现象。其原理是pH升高导致细胞表面净电荷为零，藻体自发沉淀。与阳离子絮凝剂介导的絮凝相比，操作简易且絮凝率相对较高。研究表明，当pH达10时，假微型海链藻（*Thalassiosira pseudonana*）的自絮凝率为（97±2）%。而对于*Chlorella*而言，即使细胞浓度较低（0.18g/L），碱化后絮凝率仍在90%以上。

3）电场介导的絮凝。在水溶液中，藻细胞呈负电荷，在外电场的作用下向正极移动，一旦到达正极即发生电中和作用，继而产生絮凝；同时溶液中的水在电极附近解离产生O_2和H_2，大量气泡带动絮凝藻团浮于水体表层，便于收集。该法特别适用于含药用或食用物质藻体的收集。

5. 微藻的油脂合成途径（图29-1）

（1）脂肪酸合成途径

微藻油脂的合成起始于乙酰CoA，乙酰CoA在乙酰CoA羧化酶的作用下，形成丙二酰CoA，乙酰CoA的羧化为不可逆反应，是脂肪酸合成的限速步骤，故乙酰CoA羧化酶的活性高低控制着脂肪酸合成的速度。丙二酰基从CoA转移到蛋白辅因子酰基载体蛋白（ACP）形成丙二酰-ACP。ACP是脂肪酸生物合成必需的辅因子，此后所有反应都需要它参与，直到脂肪酸准备形成各种甘油酯或被运出叶绿体。丙二酰-ACP 在脂肪酸合成酶（FAS）的作用下经过一系列碳链加长和脱饱和反应最终形成以 C16 和 C18 为主的脂肪酸。

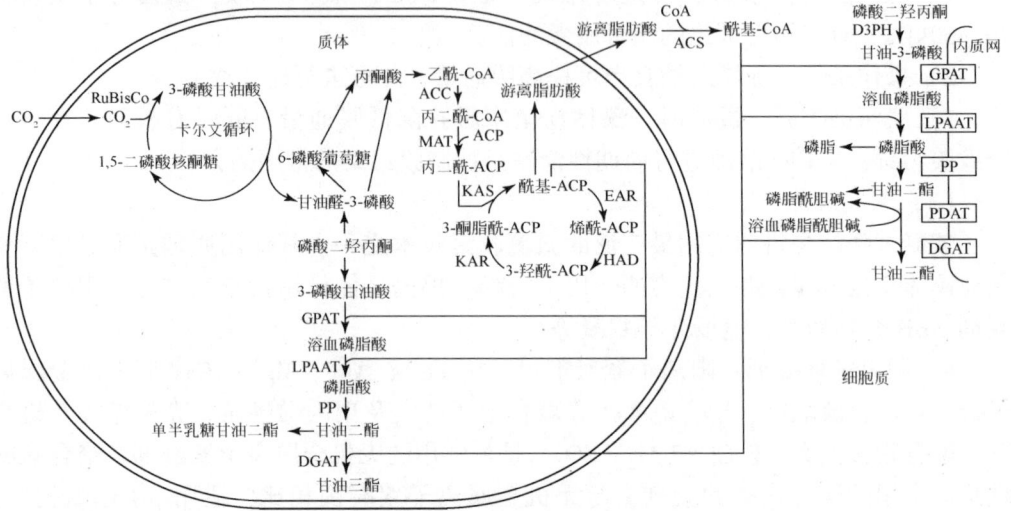

图 29-1　微藻油脂合成途径示意图

ACC. 乙酰-CoA 羧化酶；MAT. 丙二酰-CoA ACP 转酰酶；KAS. 3-酮脂酰-ACP 合酶；KAR. 3-酮脂酰-ACP 还原酶；HAD. 3-酮酯酰-ACP 脱水酶；EAR. 烯酰-ACP 还原酶；GPAT. 3-磷酸甘油酰基转移酶；LPAAT. 溶血磷脂酸酰基转移酶；PP. 磷脂酸磷酸酯酶；DGAT. 甘油二酯酰基转移酶；ACS. 乙酰-CoA 合酶；D3PH. 甘油-3-磷酸脱氢酶；PDAT. 磷脂甘油二酯酰基转移酶；RuBisCo. 核酮糖-1，5-二磷酸羧化酶/加氧酶

（2）三酰基甘油合成途径

甘油（TAG）合成的第一步是 3-磷酸甘油（G3P）和乙酰 CoA 在 3-磷酸甘油酰基转移酶（GPAT）的作用下在 sn-1 位发生酯化反应生成溶血磷脂酸（LPA），接着由溶血磷脂酸酰基转移酶（LPAAT）在 sn-2 位发生酯化生成磷脂酸（PA）。在磷脂酸磷酸酶（PAP）催化下 PA 脱去磷酸形成二酰甘油（DAG），最后经甘油二酯酰基转移酶（DGAT）催化在 sn-3 位上酯化形成 TAG。

6. 微藻油脂含量的测定

传统的油脂含量测定方法主要是有机溶剂提取法，主要采用氯仿/甲醇或乙醚提取，等溶剂挥发后称重测定油脂含量。此外，也可用荧光染料尼罗红（Nile red）对微藻的油脂含量进行定量分析。尼罗红是一种脂溶性染料，具有活性原位测定的特性。红外光谱也可用于测定微藻油脂、碳水化合物及蛋白质 3 种成分的含量，其中油脂分子中的甲基与亚甲基在 $2800 \sim 3000 cm^{-1}$ 处有特征吸收峰，通过计算峰面积可求得其含量。此外，蔗糖和氯化铯密度梯度离心法、核磁共振技术也可以用来测定微藻的油脂含量。微藻油脂含量的测定是评价微藻作为生物柴油原料的一个重要指标，因此建立快速简便的油脂测定方法对于高油微藻的选育及微藻收获时间的确定都是非常关键的因素。

7. 微藻油脂的提取

微藻油脂的提取技术包括有机溶剂萃取法、超临界萃取法、热裂解法等。但这些方法都需要将藻体干燥浓缩，这不仅耗时，而且还影响油脂的提取效率。为避免浓缩干燥等过程，目前发展出亚临界水萃取、原位酯化、原位萃取及促使微藻油脂分泌到胞外等技术，但尚不成熟，仅限于实验室阶段。

（1）双溶剂体系萃取法

Bligh 和 Dyer 于 1959 年提出的甲醇/氯仿体系是最常用的微藻油脂提取方法。但是氯仿有神经毒性，正己烷/异丙醇、DMSO/石油醚、正己烷/乙醇等低毒性体系也已建立。一些常见有机溶剂提取率比较见表29-3。

表29-3　一些常见有机溶剂提取率比较

处理	溶剂顺序	提取时间/h	脂肪产率/（mg/g）	效率/%
湿细胞	W-M-C	20	164±2.1	76
干细胞	C-M-W	20	215±4.3	100[a]
干细胞	C-M-W	2	213±2.3	99
干细胞	W-M-C	2	185±0.5	86
干细胞	C-M-W	2	148±6.8	69
液氮处理	C-M-W	2	201±0.5	93
干冰处理	C-M-W	2	187±3.2	87

注：W-M-C 为水–甲醇–氯仿；a 为最高提取率，定义为100%。

（2）快速溶剂提取法

快速溶剂提取法是一种在 50～200℃ 和 10.3～20.6MPa 压力下萃取固体或半固体样品的处理方法。其原理是高温高压有助于溶剂快速渗入细胞内，同时降低溶剂介电常数使其极性接近油脂，从而提高萃取效率。与传统的双溶剂萃取法相比，作用时间短（5～10min），溶剂消耗少，油脂提取率高。例如，采用传统的氯仿/甲醇对绿藻（*Rhizoclonium hieroglyphicum*）的油脂提取率为44%～55%，而用等量溶剂在压力10.3MPa，120℃时，仅提取5min 即可有85%～95% 的提取率。

（3）原位酯化

原位酯化指冷冻干燥的藻粉在强酸催化剂（盐酸或硫酸）的作用下与醇（甲醇）发生转酯反应生成脂肪酸甲酯。该法省去了脂肪酸的提取步骤，有效简化了生物柴油的生产工艺。研究表明，微藻在密闭反应器中仅需 1h 就可反应完全，在体系中加入正己烷可以实现产物脂肪酸甲酯的进一步纯化。

（4）超临界 CO_2 萃取法

超临界 CO_2 萃取法对藻体油脂的提取率远高于普通的有机溶剂，其作用条件为 40～50℃，24.1～37.9MPa，提取后油脂溶解在超临界液态 CO_2 中，回收时只需控制

温度和压力使 CO_2 恢复气态即可分离油脂。超临界萃取是环境友好的提取技术，但因涉及温度和压力控制，工艺能耗高，经济性较差，不适用于大规模应用。

（5）亚临界水萃取法

水在略低于临界温度时其极性降低，具有类似有机溶剂的性质，对油脂的溶解性也提高，同时利用高压使水维持在液态，高温促使水快速进入细胞，使脂类萃取到水相，当体系冷却至室温时，水的极性升高，溶解在水相中的油脂与水分层便于收集。该法可以对藻液直接处理，无需加入有机溶解，但能耗较高，限制其工业应用。

三、实验材料

1. 实验藻株

Chlorella minutissima UTEX2341（实验室保存）。

2. N8Y 培养基

KNO_3 1g，KH_2PO_4 0.74g，Na_2HPO_4 0.207g，$CaCl_2 \cdot 2H_2O$ 0.013g，FeNaEDTA 0.01g，$MgSO_4 \cdot 7H_2O$ 0.025g，酵母粉 0.1g，微量元素母液 1mL，加去离子水定容至 1L，调节 pH 至 7.0。1L 微量元素母液中包括 $Al_2(SO_4)_3 \cdot 18H_2O$ 3.58g，$MnCl_2 \cdot 4H_2O$ 12.98g，$CuSO_4 \cdot 5H_2O$ 1.83g，$ZnSO_4 \cdot 7H_2O$ 3.2g。

3. IM 培养基

甘油 1g，酸水解酪蛋白 1.385g，酵母粉 0.1g，KH_2PO_4 0.74g，Na_2HPO_4 0.207g，$CaCl_2 \cdot 2H_2O$ 0.013g，FeNaEDTA 0.01g，$MgSO_4 \cdot 7H_2O$ 0.025g，微量元素母液 1mL，定容至 1L，调节 pH 至 7.0。微量元素母液同 N8Y。

4. 氯仿/甲醇萃取剂

以体积比 1:2 的比例将氯仿和甲醇混合得到氯仿/甲醇萃取剂。

5. 器材

三角瓶，光照恒温摇床，超净工作台，高速离心机，分光光度计，气相色谱-质谱联用仪（GC-MS）。

四、实验步骤

1. 微藻的纯化培养及保存

取少量微藻藻种保存液在固体平板培养基划线，置 25℃光照恒温培养箱倒置培养，待长出单藻落后，挑取单藻落接种于液体培养基，置光照恒温培养箱静置培养。培养 4~7d 后镜检确认无杂菌后，用于实验种子液。

取培养 4~7d 的微藻培养液 10mL 置 15mL 玻璃试管中，放置于 4℃冰箱低温无光保存（注意：为保证藻株活力，每两个月转接一次）。

2. 微藻的培养

取培养 4d 的微藻培养种子液接种于 200mL N8Y 及 IM 培养基中，接种量 10%（注意：种子浓度 $10^7 \sim 10^{10}$ 个/mL），光照强度为 50μmol/(m^2·s），转速 250r/min，培养温度 28℃，培养 7d，每天取样测定其生物量和油脂积累量（注意：为提高微藻的生物量，可改变光照强度和光暗周期）。

3. 微藻细胞预处理及油脂提取

将 0.5g 干藻体加入 20mL 4mol/L 的盐酸，混匀后室温放置 30min 后，沸水浴 3min 后置冰上冷却。向上述处理的微藻细胞悬浮液中加入萃取剂进行萃取，使用的萃取剂为氯仿/甲醇，体积比为 1∶2。具体步骤如下：将经过处理的藻液 20mL 转移至 50mL 的玻璃离心管中，加入等体积（20mL）的萃取剂，充分混匀后，1000r/min 离心 10min。取下层溶液于一预先称重的玻璃离心管中，置通风橱中通入氮气干燥。干燥后产物即提取的微藻油脂（注意：为提高油脂得率，对萃取后的上层混合物可进行二次萃取）。

4. 微藻油脂脂肪酸成分分析

取 20～50mg 的微藻油脂样品于玻璃试管中，加入 4mL 氯乙酰/甲醇（1∶10）溶液溶解。向以上溶液中加入 5mL 正己烷及一定量的内标（正十九烷酸甲酯，C：19）。盖紧试管帽，80℃水浴 2h。冷却至室温后，加入 5mL 7% 的 K_2CO_3 溶液，混匀，室温静置，待溶液分层后，取上层溶液进行气相色谱检测。

制备的待测样品使用 HP 6890 气相色谱仪进行分析，使用氢火焰离子化监测仪，J&W DB-23 毛细管柱（65.0m×250μm×0.25μm）。使用氦气作为载气，流量为 45mL/min。进样口温度为 250℃，程序升温设置：初始温度 180℃，以 4℃/min 的速度升至 200℃，维持 15min 后，再以 10℃/min 的速度升至 230℃，维持 6min。

5. 燃烧实验

取少量提取的油脂放置于培养皿中，用火柴点燃，观察其燃烧情况。

五、实验结果

1. 记录微藻在两种不同的培养基中生物量和油脂积累量随时间的变化曲线。
2. 计算微藻的最终油脂产量和产率。
3. 分析油脂中的各脂肪酸含量并对其应用的可行性进行分析。

六、思考题

1. 结合实验结果分析如何提高微藻的生物量及产油率。
2. 微藻大规模培养的限制性因素是什么？
3. 比较分析微藻油脂含量在两种培养基中出现差异的原因。

七、参考文献

郑洪立, 张齐, 马小琛, 等. 2009. 产生物柴油微藻培养研究进展. 中国生物工程杂志, 29 (3): 110-116.

朱顺妮, 王忠铭, 尚常花, 等. 2011. 微藻脂肪合成与代谢调控. 化学进展, 23 (10): 2169-2176.

Brennan L, Owende P. 2010. Biofuels from microalgae-A review of technologies for production, processing, and extractions of biofuels and co-products. Renewable and Sustainable Energy Reviews, 14: 557-577.

Cheirsilp B, Torpee S. 2012. Enhanced growth and lipid production of microalgae under mixotrophic culture condition: effect of light intensity, glucose concentration and fed-batch cultivation. Bioresource Technol, 110: 510-516.

Day J, Tsavalos A. 1996. An investigation of the heterotrophic culture of the green alga *Tetraselmis*. Journal of Applied Phycology, 8: 73-77.

Li ZS, Yuan HL, Yang JS, et al. 2011. Optimization of the biomass production of oil algae *Chlorella minutissima* UTEX2341. Bioresource Technol, 102: 9128-9134.

Liang Y, Sarkany N, Cui Y. 2009. Biomass and lipid productivities of *Chlorella vulgaris* under autotrophic, heterotrophic and mixotrophic growth conditions. Biotechnology Letters, 31: 1043-1049.

Yang JS, Rasa E, Tantayotai P, et al. 2011. Mathematical model of *Chlorella minutissima* UTEX2341 growth and lipid production under photoheterotrophic fermentation conditions. Bioresource Technol, 102: 3077-3082.